江苏省高等学校重点教材（编号：2021-2-147）

热红外遥感

主　编　祝善友　林芬芳

副主编　张桂欣　徐永明　丁海勇

科学出版社

北　京

内 容 简 介

本书从热红外遥感概述、热红外遥感物理基础、热红外遥感数据获取、热红外遥感数据处理、地表发射率遥感估算、地表温度热红外遥感反演、热红外遥感应用等方面讲述了热红外遥感的基础理论与应用。全书以热红外遥感领域的相关基础知识为重点内容，同时对组分温度的热红外遥感反演、地表温度降尺度等热红外遥感的难点与热点问题进行了简要介绍，力求结构合理、体系完整、内容丰富。

本书可作为遥感、测绘、地理、环境等学科的本科生和研究生教材，也可作为热红外遥感相关领域教师及科技工作者的参考书。

审图号：GS 京(2022)1006 号

图书在版编目(CIP)数据

热红外遥感/祝善友, 林芬芳主编. —北京：科学出版社，2023.2
江苏省高等学校重点教材
ISBN 978-7-03-073783-0

Ⅰ. ①热… Ⅱ. ①祝… ②林… Ⅲ. ①红外遥感–高等学校–教材 Ⅳ. ①TP722.5

中国版本图书馆 CIP 数据核字(2022)第 221155 号

责任编辑：王腾飞 沈 旭/责任校对：郝璐璐
责任印制：赵 博/封面设计：许 瑞

科学出版社 出版
北京东黄城根北街 16 号
邮政编码：100717
http://www.sciencep.com

北京科印技术咨询服务有限公司数码印刷分部印刷
科学出版社发行 各地新华书店经销
*
2023 年 2 月第 一 版 开本：720×1000 1/16
2024 年 1 月第二次印刷 印张：15
字数：300 000

定价：99.00 元

前　言

遥感是20世纪60年代发展起来的对地观测综合性技术。作为遥感的重要有机组成部分，热红外遥感在理论、技术、方法和应用等方面都得到了长足发展，被广泛应用于全球变化、环境监测、气候研究、防灾减灾及国防建设等诸多领域。

本书主要面向热红外遥感初学者，特别是遥感科学与技术等专业本科学生。在教材内容上，着重于热红外遥感基础理论、经典方法与应用的介绍。由于热红外遥感的研究越来越深入，应用领域越来越广，同时考虑到本书的定位，教材中还设有包括热红外辐射的方向性模型等知识。

本书由多位从事热红外遥感教学与科研工作的教师合作编写。具体编写分工为：第1章绪论，祝善友、林芬芳；第2章热红外遥感物理基础，林芬芳、祝善友；第3章热红外遥感数据获取，徐永明、林芬芳；第4章热红外遥感数据处理，张桂欣、祝善友；第5章地表发射率遥感估算，林芬芳；第6章地表温度热红外遥感反演，张桂欣、祝善友、林芬芳、丁海勇；第7章热红外遥感应用，徐永明、丁海勇、张桂欣。

在编写过程中，研究生罗雨梅、陈星宇、李悦丽、高奕尧等进行了部分图表的绘制与编辑工作；研究生吉蒙、张杨、李湘雨、李健慷进行了部分材料的收集与整理工作。

本书的出版得到了江苏省高等学校重点教材建设项目(编号：2021-2-147)、南京信息工程大学教材建设项目(编号：18JCLX020)的资助。

本书是在我们长期教学实践过程中所使用的讲义基础上编著而成，编写过程中参考了国内外大量优秀教材、专著、研究论文等相关资料，在此表示衷心的感谢。虽然我们试图在参考文献中全部列出这些参考资料，但仍难免有疏漏之处，对此我们表示深深的歉意。由于热红外遥感技术的快速发展和编者水平的限制，本书难免会有不当和需要完善之处，恳请各位同行专家和读者批评指正并提出宝贵意见，以便我们后续修订完善。

祝善友

2022年7月

前言

目 录

第1章 绪 论

1.1 热红外遥感的定义

遥感是20世纪60年代发展起来的一项对地观测综合性技术，是指从不同高度的平台上，使用各种传感器，接收来自地球表层的各种电磁波信息，并对这些信息进行加工处理，从而对不同的地物及其特性进行远距离探测和识别的综合技术。

根据工作平台、工作波段、应用目的、工作方式等的不同，可以将遥感分为不同类型。其中，依据探测电磁波的工作波段，可将遥感分为紫外遥感、可见光遥感、红外遥感、微波遥感等。红外遥感是指传感器工作波段位于红外波段范围之内(0.76～1000 μm)的，通过探测目标反射或辐射红外能量获取目标有关信息的遥感手段，以确定地面物体性质、状态和变化规律。红外波段又可以分为四个部分：近红外/短波红外(0.76～2.5 μm)，卫星传感器在这个光谱范围接收到的主要是地表对太阳辐射的反射能量，地球自身辐射的贡献非常小；中红外(2.5～6.0 μm)，在白天，遥感传感器接收到的信息中既包含目标自身的热辐射，又包含目标对太阳中红外辐射的反射辐射，两者数量级相当；热红外(6.0～15.0 μm)，以地物的自身热辐射为主，反射太阳辐射的部分可以忽略；超远红外(15.0～1000 μm)，该波段范围在对地遥感观测中应用得相对较少。

无论是中红外还是热红外波段范围，都提到了“热辐射”。热辐射是一种自然现象，是指温度超过绝对零度(0 K或–273.15℃)的所有物质不断地向外发射的红外辐射，是自然界中存在最为广泛的辐射。红外辐射是一种看不见、摸不着的电磁辐射。红外辐射依赖于温度，因而称“热辐射”，辐射能量大小与波长有关。例如，根据人体体温，可以计算出人体所发出的不同波段辐射能量。

热红外遥感就是通过热红外探测器收集、记录地物辐射出来的人眼看不到的热红外辐射信息，并利用这种热红外信息来识别地物和反演地表参数(如温度、发射率、湿度、热惯量等)的遥感技术。从大气窗口角度来看，热红外遥感的工作波段范围一般为8.0～14.0 μm。

1.2 热红外遥感的特点

可见光-反射红外遥感用于研究、监测和对比地面物体反射太阳辐射能的差异，通过不同地物的反射率光谱特征差异来识别区分地物和反演估算地物特征参数。热红外遥感主要探测地面物体发射辐射能的差异，是获取地表热状况信息的重要手段，在植物生长、地表水分蒸发及循环、气候变迁、城市热环境等领域被广泛应用。

相对于可见光-反射红外遥感，热红外遥感具有不同的特点，主要表现为如下6个方面。

(1)热红外遥感是一种全天时的遥感手段。温度超过0 K的物体在任何时间都会不断地向外辐射热红外能量，因此热红外遥感可以在白天或黑夜的任何时候进行。

(2)地物本身的热过程非常复杂。地物从辐射能量吸收(增温)到能量发射(降温)，存在着一个热储存和热释放的过程。这个过程不仅与地物本身的热导率、热容量、热惯量等热学参数有关，还与环境条件等多因素有关。整个热过程存在着“滞后”效应，要定量表达这一过程，是相当复杂的。

(3)热红外信息受地表状况与环境条件的影响。风速、风向、空气温度、湿度等微气象参数，土壤含水量、植被生长状况、地表粗糙度、地形地貌等多种因素共同影响热红外波段传感器的探测结果。

(4)热红外遥感的大气影响更为复杂。电磁辐射在穿过大气层时，与大气层相互作用，产生了随波长变化的反射、散射、吸收等现象，从而使到达传感器的辐射能量衰减。在热红外波段，大气对辐射的散射削弱较小，一般可忽略不计。但是，大气分子与悬浮粒子对辐射的吸收作用却非常明显，尤其是在热红外大气窗口内，大气水汽、二氧化碳和臭氧等成分的影响尤为显著。除了大气对电磁辐射的吸收以外，大气自身的热辐射也是不可忽视的，这种热辐射与所探测的地面信息无关，它叠加于地面目标的热辐射信号之上，从而使热红外遥感问题变得更加复杂。

(5)温度与发射率的分离是热红外遥感的一个难点。热红外探测器所获得的物体发射辐射信息中既包含了物体温度，也包含了表示物体辐射能力的发射率(或比辐射率)。根据热红外波段辐射传输原理，要从一个方程中同时获取两个未知数，这在数学上是欠定的。为了从热红外遥感中获取地表温度和发射率，需要其中一个参数已知，如何将两者有效分离是定量热红外遥感的难点问题。

(6)热红外遥感图像的非同温混合像元问题突出。热红外遥感图像的空间分辨率一般低于可见光-近红外遥感图像，混合像元问题就显得特别突出。对于热红外遥感而言，一个像元由多个组分组成，不同组分的表面温度不同，加大了地表温度反演的难度。热辐射定律，例如普朗克定律，适用于表面温度均一的地表，而当地表包含两个及以上显著不同温度的地物时，需要对这些定律进行尺度校正。

1.3 热红外遥感的发展

1.3.1 热红外遥感系统发展

根据热红外遥感的应用领域，热红外遥感系统的发展史可以从红外热成像系统和对地热红外遥感发展两个方面进行介绍。

1. 红外热成像系统

自从赫歇尔 1800 年发现了红外线，人类开辟了应用红外技术的广阔道路。1840 年，赫歇尔的儿子约翰爵士，把一个热的图像聚焦在一张薄油膜上时，发现薄油膜不同部位的蒸发稍有差别。根据油膜对光的反应，人眼能够从反射光中看到热成像。约翰爵士设法在纸上粗糙地记录下了这个热成像，将其称之为“热记录器”，这在历史上被称为第一个所谓的“热像”。直到 1962 年，第一台真正意义上的红外测温仪才诞生，可用于测量一个区域内的平均温度，获得单点温度。

1) 第一代红外热成像系统

第二次世界大战后，美国得克萨斯仪器公司在 1964 年根据响尾蛇的捕猎原理，首次研制成功第一代用于军事领域的红外热像装置——“红外前视”(forward looking infrared，FLIR) 系统。这类装置先利用光学元件的机械运动，对目标的热辐射进行图像分解扫描，然后应用光电探测器进行光/电转换，最后形成视频图像信号，并在荧屏上显示。FLIR 是一种非实时的自动温度分布记录仪，随着锑化铟和锗掺汞光子探测器的发展，高速扫描及实时显示目标热图像的系统才开始出现。第一代热像仪采用多元线列或小面阵探测器，光机扫描机构复杂，信号处理简单，图像质量低于黑白电视图像。红外前视系统至今仍是军用飞机、舰船和坦克上的重要装置。

2) 第二代红外热成像系统

20 世纪 60 年代中期，瑞典 AGA 公司和瑞典国家电力局在红外前视装置的基础上，开发了具有温度测量功能的热红外成像装置。这种第二代红外热成像系统由红外光学系统、红外探测器、后续电路、图像处理软件等部分组成，通过探测目标物体的红外辐射，经过光电转换、电信号处理等手段，将目标物体的温度分布图像转换成视频图像，并能够为人体肉眼所见。

由于保密等原因，红外热成像系统在发达国家中也仅限于军事使用。它可穿过黑夜或浓厚云雾探测对方目标，识别伪装目标和高速运动目标。在红外热成像系统发展的初始阶段，仪器成本很高，需要投入的研制开发费用很大。为了工业生产中的实用性，并结合工业红外探测特点，降低生产成本，研发人员通过减小扫描速度等措施来提高图像分辨率，使得红外热成像系统逐渐发展至民用领域。

20 世纪 70 年代，法国汤姆孙公司研制出不需制冷的红外热成像产品。1986 年，瑞典研制出工业用的实时成像系统，该系统无须液氮或高压气，以热电方式制冷，可用电池供电；1988 年又推出全功能红外热成像系统，它将温度的测量、修改、分析，图像采集、存储合于一体，重量小于 7 kg，仪器的功能、精度和可靠性都得到了显著的提高。

20 世纪 90 年代中期，美国研制成功由军用技术的焦平面阵列(focal plane array，FPA)转民用并商品化的新一代红外热像仪——电荷耦合器件(charge-coupled device，CCD)，它属于焦平面阵列式结构的一种凝视成像装置，技术功能更加先进。现场测温时只需对准目标摄取图像，并将信息存储到机内的 PC 卡上，即完成全部操作，获取的数据可后续利用专业软件进行处理与分析，并直接得出检测报告。由于技术改进和结构改变，复杂的机械扫描被取代，仪器重量已小于 2 kg，使用中如同手持摄像机一样，单手即可方便操作。

第二代红外热成像系统采用长线列或与黑白电视分辨率相当的凝视焦平面阵列，读出电路采用大规模集成电路并有一定的信号处理功能。通过缩小体积、降低功耗，在技术功能上更加先进，操作更加方便。但红外焦平面阵列的探测单元数目较小，无法获取高分辨率的红外图像。

3)第三代红外热成像系统

进入 21 世纪，红外焦平面阵列的研发得到进一步的发展，改善了第二代红外热成像系统中焦平面阵列探测单元少，无法获取高分辨率红外图像的问题，这标志着红外热成像系统进入了第三代。美国罗克韦尔研究中心成功研制了短波 2048 像素× 2048 像素大小的碲镉汞(HgCdTe)型红外焦平面阵列，并将其成功应用到航天和天文观测等领域。德国 AIM 公司成功研制中长波 HiPIR-640-MCT 640 像素×512 像素的碲镉汞型红外焦平面阵列。法国 Sofradir 公司成功研制一款中波 1280 像素× 720 像素碲镉汞型红外焦平面阵列，主要用于航空航天和工业监测等领域。

随着红外焦平面阵列技术的迅速发展，美国、日本、英国、法国、德国、以色列等西方发达国家都在竞相研制和生产先进的红外焦平面阵列摄像仪，其中美国在红外焦平面阵列传感器的发展水平方面处于领先地位，其焦平面阵列规模已达 2048 像素×2048 像素，已接近于可见光硅 CCD 摄像阵列的水平。日本在世界上首先实现了 100 万像素集成度的单片式红外焦平面阵列，将 HgCdTe、InSb、GaAlAs/GaAs 量子阱和 PtSi 非制冷红外焦平面阵列等各类产品推向市场，抢占商机。法国、荷兰、瑞典、英国、德国和意大利等国家在非制冷红外热摄像仪技术的发展方面，处于前沿的竞争地位。

第三代红外热成像系统的特点是采用长线列或与高清晰度电视分辨率相当的凝视焦平面阵列，具有多个工作波段，读出电路采用超大规模集成电路并具有复杂信号处理功能。另外，焦平面阵列结构向混合型发展，读出电路向高电荷容量、高转移效率、低噪声和低功率耗散方向发展。兆像素级、多色制冷探测器，高性能非制冷探测器，以及低成本微型非制冷探测器，逐渐实现了高灵敏度、高分辨率、高帧率的图像采集功能。

4) 我国红外热成像系统的发展

我国红外热成像系统的研发起步于20世纪70年代。70年代，中国有关单位已经开始对红外热成像技术进行研究。80年代末，中国已经研制成功了实时红外成像样机，其灵敏度、温度分辨率都达到很高水平。进入90年代，随着国内经济的进一步发展和科研实力增强，我国在红外成像设备上使用低噪声宽频带前置放大器、微型制冷器等关键技术方面有了发展，并且从实验走向应用，如用于部队的便携式野战热像仪、反坦克飞弹、防空雷达，以及坦克、军舰火炮等。1995年成功研制32像素和128像素线列红外探测器。2004年昆明物理研究所成功研制了128像素×128像素的非制冷型焦平面阵列。2009年，北方广微科技有限公司成功研制了一款160像素×120像素的非制冷型氧化钒焦平面红外探测器。2012年，浙江大立科技股份有限公司首次公开展示了多款国产红外探测器，器件性能接近国外水平。目前国内正朝着1024像素×1024像素或者更高分辨率的方向发展，探测器阵列面积越来越小，温度灵敏度高于0.01℃，对目标的识别精度越来越高。

2. 对地热红外遥感

对地热红外遥感指通过搭载在各种平台上的红外敏感元件来探测地球表面物体的热辐射能量，通过处理后显示目标物体的发射率、辐射温度或真实温度的对地遥感技术。不同高度的遥感平台搭载的热红外传感器有所不同。

1) 地面平台热红外遥感的发展

将传感器搭载在三脚架、遥感塔、遥感车船、建筑物顶部等平台上，可用于获取地物发射率光谱或表面辐射温度。这些发射率光谱可用于获取矿物、岩石、土壤、植被和人工材料等物质的化学或物理参数，或者用于分离得到地表真实温度，对传感器的光谱分辨率要求较高。

早期，为了获取地物发射率光谱，主要根据基尔霍夫定律，在实验室内先测量得到目标的定向半球反射率(directional-hemispherical reflectance，DHR)，然后利用1减去定向半球反射率得到发射率。随着硬件和理论的发展，野外测量地物发射率光谱的仪器随之出现。例如，美国D&P仪器公司生产的便携式傅里叶变换热红外光谱仪Model 102F，可用于野外测量地物发射率，其光谱分辨率可以达到4 cm^{-1}。

近几年，地面平台热红外仪器正在朝着成像系统方向发展。加拿大Telops公司生产的Hyper-Cam仪器是一种结合了高空间分辨率和高光谱分辨率的被动红外高光谱成像系统，可以提供实时的、经过校准的辐射数据，用于气体和固体的检测和识别。Hyper-Cam 每个像素都记录了一个完整的干涉图，这些干涉图可以产生一个 320 像素×256 像素的发射光谱阵列。Hyper-Cam 能够获取 7.7～11.8 μm 波段范围内的影像，并且有两个集成黑体用于辐射定标。

2）航空平台热红外遥感的发展

航空平台主要以无人机和有人驾驶飞机为主，搭载全波段、多波段和高光谱热红外传感器，实现对地观测的热红外图像与数据采集。机载热红外成像系统已经在核电站废弃热水排放监测、海冰监测、城市热岛效应监测与预防、海洋搜救以及军事目标探测等领域得到广泛应用。长波红外探测不受黑夜因素限制，可有效提高航空遥感探测应用范围，为全天时航空遥感探测提供了可能，因此航空平台红外遥感在世界各国的科技发展战略中均占有举足轻重的地位。受红外探测器的发展水平限制，热红外成像系统必须加入光机扫描结构和光子型探测器制冷设备来获取满足应用需要的热红外遥感图像。

国内外具有热红外波段探测功能的航空遥感系统主要通过光谱成像设备予以实现。随着长波红外面阵探测器、红外精细分光技术以及低温光学技术的发展，长波红外高光谱成像技术得到了迅速发展。20 世纪 90 年代，美国军方为解决单一谱段的长波红外探测器探测方面的一些难题，提出“联合多光谱计划（JMSP）”。在此背景下，1996 年美国著名的航空设备制造商 Aerospace 公司研制了机载中/长波高光谱成像仪 SEBASS。2006 年，美国喷气推进实验室（Jet Propulsion Laboratory，JPL）研制的量子阱红外高光谱成像仪（quantum well infrared earth science testbed，QWEST）的光谱范围为 8～12 μm，通道数达到 256 个，光谱分辨率为 16 nm。2010 年，美国 Aerospace 公司研制了高性能的机载热红外高光谱成像仪 MAKO，其探测器为 128 像素×128 像素的非本征硅探测器，系统响应波长为 7.8～13.4 μm。2013 年法国 ONERA、挪威 Norsk Elektro Optikk（NEO）和挪威防务研究中心（Norwegian Defence Research Establishment，NDRE）对其联合研制的机载高光谱成像系统 SYSIPHE 进行试飞，该系统在热红外波段选用的探测器由法国 ONERA 研制，其探测范围为 8～11.5 μm，采用推扫式扫描成像方式。加拿大研制的机载热红外成像光谱仪（thermal airborne spectrographic imager，TASI）具有 1.186 mrad 的瞬时视场角，翼展视场为 40°，工作波段为 8～11.5 μm，同样采用了推扫式扫描成像方式。2016 年，美国 JPL 公司最新研制的机载热红外高光谱成像仪 HyTES，是目前水平较高的机载热红外高光谱成像仪，为气体排放、矿物识别、环境保护、军事等领域提供支撑。

我国于 20 世纪 60 年代开始研究红外扫描照相技术，从单波段、单元件接收技术逐步发展到多元件列阵和多光谱成像，先后研制成功了航丁-42 低空红外扫描相机、海上机载多光谱扫描仪（marine airborne multi-spectrum scanner，MAMS）、实用型模块化成像光谱仪(operational modular imaging spectrometer，OMIS)、模块化机载成像光谱仪(modular airborne imaging spectrometer，MAIS)等多台具有热红外谱段探测功能的航遥设备，并开展了能够工程应用的长波红外高光谱成像仪的研制。

3)航天平台热红外遥感的发展

1978 年，美国发射热惯量卫星(heat capacity mapping mission，HCMM)，首次用卫星观察地球表面的温度差异，标志着热红外卫星遥感开始发展。1982 年之后，美国发射的 Landsat 4 和 Landsat 5 上搭载的专题制图仪(thematic mapper，TM)改进了多光谱扫描仪系统(multispectral scanner sgstem，MSS)带来的问题，并能够获得高质量的热红外数据。1999 年，搭载增强型专题制图仪(enhanced thematic mapper plus，ETM+)的 Landsat 7 卫星发射成功。人们开始将 Landsat 系列卫星获取的热红外遥感数据应用于地球热制图、植物胁迫、城市热环境监测等方面。2013 年，Landsat 8 卫星成功发射，卫星搭载的热红外传感器(thermal infrared sensor，TIRS)覆盖有两个通道的热红外波段，成像方式由摆扫式变为推扫式。在推扫式传感器中，每个空间元件都具有其自身的探测器，集成时间可以更长，从而提高噪声性能，并且无须大型、连续移动的扫描镜或扫描线校正器。2021 年，成功发射的 Landsat 9 卫星搭载了第二代热红外传感器 TIRS-2，与 Landsat 8 存在 8 天的时间偏移。

1978 年，美国 NOAA(National Oceanic and Atmospheric Administration)系列气象卫星开始陆续发射，其上搭载的先进甚高分辨率辐射仪(advanced very high resolution radiometer，AVHRR)设有热红外通道，可以获取日夜双时相数据，但与 Landsat 系列陆地资源卫星相比，热红外遥感数据的空间分辨率较低。

从 20 世纪 90 年代开始，美国、中国、日本和欧洲各国竞相发射携带有热红外波段传感器的卫星。热红外遥感器的通道数由单通道增加到多通道，空间分辨率不断提高，比如美国 TERRA 和 AQUA 卫星上搭载的中分辨率成像光谱仪(moderate-resolution imaging spectroradiometer，MODIS)有 8 个热红外通道且具有较高时间分辨率，TERRA 卫星上搭载的高级星载热辐射与反射辐射计(advanced spaceborne thermal emission and reflection radiometer，ASTER)有 5 个热红外通道且空间分辨率达 90 m。我国发射的资源卫星、海洋卫星、风云极轨与静止气象卫星上都搭载了具有热红外通道的传感器，高分五号卫星搭载有 4 个热红外通道的全谱段光谱成像仪(VIMS)。

1.3.2 热红外遥感反演理论方法的发展

热红外遥感器技术的快速发展及其提供的温度观测参数，为热红外遥感应用提供了海量数据。早期的热红外遥感应用直接使用传感器观测值，利用辐射亮度、亮度温度等参数，区别目标区域的相对温度高低，但这种方法难以确定真实温度的绝对大小。自20世纪70年代开始，国内外学者不断致力于地表真实温度的反演研究，从热红外基础理论、反演模型建立、结果精度评估和实际应用等方面开展了大量工作。

地表温度热红外遥感反演开始于海表温度反演。1975年，McMillin基于AVHRR的第4和第5两个热红外通道，提出了海表温度的分裂窗反演方法(McMillin，1975)；1983年，McClain等研究了一种反演海表温度的线性方法——多通道海表温度反演方法(MCSST)，并依据该方法，采用AVHRR热红外波段图像，反演了全球范围的海表温度，取得了良好效果(McClain et al.，1983)；1991年，美国国家环境卫星、数据和信息局(National Environmental Satellite, Data, and Information Service，NESDIS)对海表温度反演算法作进一步简化，开发了一种非线性海表温度算法(non-linear sea surface temperature，NLSST)，并将该算法投入业务使用。此后，国内外学者通过考虑云层覆盖、传感器灵敏度、反演算法、海面发射率、水汽吸收、卫星观测角等诸多因素的影响，开展了大量有关海表温度热红外遥感反演的方法研究，逐渐形成了分裂窗算法、单通道直接反演算法、单通道统计方法和多角度海温遥感反演等多种方法。

相比海洋，陆表类型与陆地热辐射更为复杂。陆表温度遥感反演问题最早可追溯到TIROS-Ⅱ气象卫星上搭载的热红外辐射计，其波段为8～14 μm。大家发现传感器得到的陆表温度和地面实测的沙漠表面温度差异很大。Buettner和Kern(1965)通过测量发射率，发现沙子的发射率明显小于1，从而解释了这个矛盾。Nimbus 4气象卫星上的IRIS(infrared interferometer spectrometer)测量结果也证实了沙地在9 μm附近发射率明显小于1。随着热红外遥感器的发展，多通道、多时相、多角度热红外遥感数据的出现，用于海表温度反演的各类方法被陆续改进与发展，用于陆表温度反演中。

单通道地表温度反演算法，顾名思义，是利用大气窗口内的单个热红外通道的辐射亮度来反演地表温度。由于大气剖面数据难以获取，早期的单通道算法忽略大气对地表热辐射的影响，假设地表热辐射亮度等于传感器接收到的热辐射亮度，只对发射率的影响进行修正，并基于普朗克定律和基尔霍夫定律，利用星上辐射亮度直接计算出地表温度。在大气水汽含量较高的条件下，只修正发射率影响方法估算的地表温度精度较差，误差可以达10 K，难以满足气象、气候、农业和能量交换等研究需要的精度。Hurtado等(1996)根据地表能量平衡方程和标准气候参数，提出了一种新的大气校正法，用于从Landsat TM数据中反演地表温度。但这种方法的计算过程很复杂，许多参数都无法确定，难以推广应用。随着大气剖面获取技术的发展，学者们结合大气剖面数据和大气辐射传输模型(如LOWTRAN、MODTRAN等)来反演地表温度。以大气剖面数据作为大气辐射传输模型程序的输入，模拟大气透过率、大气上行辐射强度和大气下行辐射强度，利用大气参数修正大气自身热辐射和大气对地表热辐射衰减的影响，通过反解辐射传输方程来计算地表温度。基于这种方法的地表温度反演精度很大程度上受输入的大气剖面和大气辐射传输模型精度的影响。为了摆脱对大气剖面数据的依赖，研究者们探寻更加实用的单通道算法，通过用大气剖面中对地表温度反演影响显著的要素，如大气水汽含量和近地表大气温度，来代替整个大气剖面的影响。这种方法被称为基于统计的单通道方法，具有代表性的两种算法分别由 Qin 等(2001b)、Jiménez-Muñoz 和 Sobrino(2003)提出。

受海表温度成功反演的启发，20 世纪 80 年代开始，国内外学者开始尝试将分裂窗技术用于地表温度反演。Price(1984)最早通过引入发射率改正项，将用于 SST 反演的分裂窗算法简单扩展到农田地区的地表温度反演。Becker(1987)从理论上证明了使用分裂窗方法反演地表温度的可行性，并且第一次从理论上给出了使用分裂窗方法时发射率对地表温度反演结果的影响。随后 Becker 和 Li(1990b)结合地表实测数据，分析了不同大气状况下，陆地表面发射率对 NOAA-AVHRR 第 4、第 5 通道辐射亮温的影响，给出了针对天顶角小于 50°的局地分裂窗算法。Wan 和 Dozier(1996)在 Becker 等的研究基础上提出了一种普适性地表温度反演算法。考虑大气对线性分裂窗方法系数的影响，Coll 等(1994)首先提出了二次项分裂窗方法。Sobrino 等(1994)考虑大气透过率的非线性特点，把大气透过率之比和地表发射率的影响同时考虑进来，改进了分裂窗方法。截至目前，已公开发表了十多种分裂窗地表温度反演算法。类似分裂窗方法，学者们发展了多通道反演算法，利用 3 个或多个热红外通道或中红外通道亮温数据的线性或非线性组合反演地表温度。例如，Sun 和 Pinker(2007)提出了一种用于 SEVIRI (spinning enhanced visible and infrared imager)数据的四通道非线性反演算法，算法中的系数与土地覆盖类型有关，以校正发射率对地表温度的影响。

由于卫星在不同角度观测同一物体时所经过的大气路径不同，依据不同大气路径上大气吸收的差异，发展得到了多角度算法，该类算法主要基于双角度传感器发展而来，如搭载在第一代欧洲空间局遥感卫星(ERS-1)上的沿轨迹扫描辐射计(along-track scanning radiometer，ATSR-1)、ERS-2 卫星上搭载的 ATSR-2 和 ENVISAT 卫星上搭载的先进型沿轨迹扫描辐射计(advanced along-track scanning radiometer，AATSR)。Sobrino 和 Jiménez-Muñoz(2005)的研究结果表明，如果地表比辐射率(land surface emissivity，LSE)的角度变化和光谱变化处于同一数量级，多角度算法比分裂窗方法反演精度更高。由于自然地表的角度效应是未知的，地表发射率和地表温度的角度相关性限制了多角度算法在实际中的应用。

发射率精确与否直接决定着地表温度的反演精度，尤其是对于陆地表面而言。实际上，在全球尺度上精确估算发射率是非常具有挑战性的。如果假定发射率在较短时间内不随时间变化，可以利用不同时间的测量结果同时反演地表温度和地表发射率。Becker 和 Li(1990a)提出了独立于温度的热红外波谱指数(temperature independent spectral indices，TISI)。Watson 提出两温法(1992a)，假设用双通道辐射计对同一目标观测两次，在两次观测中目标的发射率不变，温度不同，就有 4 个方程，4 个未知数。Wan 和 Li(1997)进一步提出了日夜双时相物理反演方法，利用白天和晚上的中红外以及热红外数据同时反演地表温度和发射率。

实际上，陆面温度反演还存在诸多难点。当面临非均质、非同温地表时，以上这些反演陆地表面温度的算法的适用性就需要进一步开展研究。在热红外遥感图像中，非同温混合像元通常占绝大多数，使得陆地表面温度在一个像元内变化很大。非同温混合像元意味着在像元尺度上的非热平衡状态，因此像元尺度上分子动能谱并不遵循 Maxwell 分布(李小文等，2000)。对这样的像元而言，定义有效平均温度比较困难。关于这类非同温混合像元的陆面温度遥感问题需要专门讨论。对于反演来说，需要考虑像元内部多种组分的温度和发射率差异，而不能简单地反演像元平均温度和平均发射率。这就极大地增加了反演需要考虑的未知数，对遥感数据以及反演算法都提出了更高的要求。此外，由于地表温度时空变异特征明显，如何对利用像元尺度的卫星数据反演得到的像元平均地表温度进行验证也是热红外遥感研究与应用需要深入考虑的问题之一。

第 2 章　热红外遥感物理基础

2.1　电磁辐射基本理论

2.1.1　电磁波及电磁波谱

所有物质，只要其温度超过绝对零度，就会不断向外发射电磁辐射。热辐射是一种电磁波振动，遵循光的所有规律。根据麦克斯韦的电磁场理论，电磁波是电磁场的传播；而电磁场具有能量，因而波的传播过程也就是电磁能量的传播过程。电磁波是一种横波，它既表现出波动性，又表现出粒子性，即电磁波具有波粒二象性。连续的波动性和不连续的粒子性是相互排斥、相互对立的，但两者又是相互联系并可以在一定的条件下相互转化的。

不同的电磁波由不同的波源产生。γ 射线、X 射线、紫外线、可见光、红外线、微波、无线电波等都属于电磁波。按照电磁波在真空中传播的波长或频率递增或递减顺序排列，就得到了电磁波谱图。根据电磁波谱图，电磁波的波长范围非常宽，从波长最短的 γ 射线到最长的无线电波，它们的波长之比高达 10^{22} 倍以上。作为红外遥感的一种类型，热红外遥感是利用不同平台搭载的、工作在 8.0～14.0 μm 大气窗口波段的热红外传感器收集、记录地物的热红外辐射信息，并对这些信息进行处理和应用的遥感技术。

电磁波的波动性把电磁振动的传播作为光滑连续的波对待，用波长、频率、振幅等参数描述，这些参数的定义如下。

1. 波长

波长指波在一个振动周期内传播的距离，即沿波的传播方向、两个相邻的同相位点间的距离，一般用 λ 表示，常用单位包括微米(μm)、纳米(nm)，两者的换算关系为 1μm=1000 nm。

在热红外遥感中，波数也常被用来描述波谱范围。波数是指在波的传播方向上单位长度内所含波长的数目，一般用 ν 表示。波数的常用单位是厘米$^{-1}$(cm^{-1})。若波长取微米(μm)为单位，则在数值上波长与波数满足如下关系：

$$\lambda \cdot \nu = 10\,000 \tag{2.1}$$

例如，8 μm 波长对应 1250 cm^{-1} 波数，14 μm 波长对应 714.29 cm^{-1} 波数。

2. 频率

频率也可以用来描述电磁波谱的范围。频率指在单位时间(1 s)内，通过波传播方向上一个固定点的波峰数，一般用 f 表示。频率的单位有赫兹(Hz)、千赫(kHz)、兆赫(MHz)、吉赫(GHz)等。

电磁辐射的频率与波长满足如下换算关系：

$$c = f \cdot \lambda \tag{2.2}$$

式中，c 为电磁辐射在介质中的传播速度。在真空中 c 为光速($c \approx 2.998 \times 10^8 \mathrm{m \cdot s^{-1}}$)，在大气中 c 略小于光速。

在可见光-红外遥感中，常用波长来描述波谱范围；而在微波遥感中，常用频率来描述波谱范围。当波进入物体时，频率是不会改变的，但波长将随传播速度的改变而变化。

3. 振幅

振幅指振动物理量偏离平衡位置的最大位移，即每个波峰的高度或每个波长间隔的能量级，它表示电磁波传递的能量大小。

2.1.2 电磁辐射度量

电磁辐射源以电磁波的形式向外传送能量。任何物体都可以是辐射源，它既可能自身发射能量(即发射辐射)，又可能被外部能量激发而辐射能量(即反射辐射)。不同辐射源可以向外辐射不同强度和不同波长的辐射能量。利用遥感手段探测物体，实际上是对物体辐射能量的测定与分析。为了定量描述目标地物辐射的电磁波能量，需了解热红外遥感相关的电磁辐射度量基本术语(宋贵才等，2018)。

1. 立体角

一个半径为 r 的球面，从球心向球面作任意形状的锥面，锥面与球面相交的面积为 A，则 A/r^2 就是此锥体的立体角，一般用 Ω 表示，单位为球面度 sr，如图 2.1 所示。

立体角的微分定义是

$$\mathrm{d}\Omega = \mathrm{d}A / r^2 \tag{2.3}$$

在球坐标中，

$$\mathrm{d}A = (r\sin\theta\mathrm{d}\varphi)(r\mathrm{d}\theta) = r^2\sin\theta\mathrm{d}\varphi\mathrm{d}\theta \tag{2.4}$$

式中，θ 和 φ 分别为极坐标中的天顶角(与 Z 轴的夹角)和方位角(与 X 轴的夹角)。天顶角 θ 的取值范围为[0°, 180°]，其中，[0°, 90°]代表向上半球，[90°, 180°]代表向下半球。方位角 φ 取值范围为[0°, 360°]。

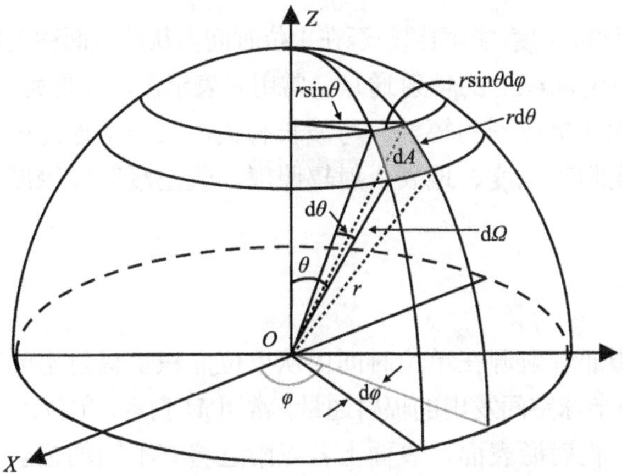

图 2.1　立体角在球坐标中的示意图(改绘自唐伯惠等，2014)

因此，

$$d\Omega = \sin\theta d\varphi d\theta \tag{2.5}$$

一个球面的表面积为 $4\pi r^2$，因此球体的立体角是 4π。

2. 辐射能量

辐射能量指电磁辐射能量的度量，常用 Q 表示，单位是焦耳(J)。辐射能量既可以表示辐射源发出的电磁波能量，也可以表示被辐射表面接收到的电磁波能量。

3. 辐射通量

辐射通量指单位时间内通过某一表面的辐射能量，常用 Φ 表示，单位是瓦(W)，即焦耳·秒$^{-1}$ ($J \cdot s^{-1}$)，表达为

$$\Phi = dQ / dt \tag{2.6}$$

辐射通量也称为辐射功率，与时间、波长有关。不同波长的电磁波具有不同的辐射通量。总辐射通量是所有波长电磁波的辐射通量之和或辐射通量在整个波长范围内的积分。

4. 辐射通量密度

辐射通量密度指单位时间内通过单位面积的辐射能量，或描述为通过某单位面积的辐射通量，单位是瓦·米$^{-2}$ ($W \cdot m^{-2}$)。具体考虑辐射的入射和发射，可分为辐射照度和辐射出射度。

5. 辐射照度

辐射照度，简称辐照度，指面辐射源在单位时间内从单位面积上接收的辐射能量，或指照射到物体单位面积上的辐射通量。常用E表示，单位是瓦·米$^{-2}$ ($W \cdot m^{-2}$)。

辐照度描述物体接收到的辐射，与波长有关。在光学遥感中，常用的辐照度参数有大气层外太阳辐照度、地表入射辐照度、天空漫射辐照度和太阳直射辐照度等。

6. 辐射出射度

辐射出射度指面辐射源在单位时间内从单位面积上辐射出的辐射能量，或指物体单位面积上向半球空间发出的辐射通量，常用M表示，单位是瓦·米$^{-2}$ ($W \cdot m^{-2}$)。对于发射不均匀的辐射源表面，表面上各点附近将有不同的辐射出射度，一般来说，辐射出射度是源表面位置的函数。

辐射出射度描述物体向外发出的辐射，与波长有关。太阳、地球及大气等不同的物体发射(吸收)的性质不同，它们的辐射能量随波长的分布互不相同。例如，大气主要在红外波段发射，且能量随波长的变化明显；太阳辐射的能量随波长的变化比较连续，主要集中在可见光波段。

设一个物体的辐射出射度为 $M(W \cdot m^{-2})$，在波长λ至$\lambda + d\lambda$间隔的辐射能为dM，则

$$M_\lambda = dM / d\lambda \tag{2.7}$$

式中，M_λ是单位波长间隔中的辐射出射度，是波长的函数，称为分光辐射出射度，或辐射通量谱密度。不同辐射性质的物体，其M_λ具有不同的函数形式。M_λ不仅决定于物体的性质，而且决定于物体所处的状态，如温度等。辐射光谱是指辐射能按波长的分配，M_λ随波长λ变化的曲线被称为辐射光谱曲线。

7. 辐射强度

辐射强度是描述点辐射源特性的辐射量。辐射源尺寸的大小是相对的，如果辐射源与观测点之间的距离大于辐射源最大尺寸 10 倍时，可当作点源处理。辐射强度是指点辐射源在单位立体角、单位时间内向某一方向发出的辐射能量，或点辐射源在单位立体角内发出的辐射通量。常用I表示，单位为瓦·球面度$^{-1}$ ($W \cdot sr^{-1}$)。

8. 辐射亮度

辐射亮度，简称辐亮度，指面辐射源在单位立体角、单位时间内向某一垂直于辐射方向单位面积(法向面积)上辐射出的辐射能量，或辐射源在单位投影面积

和单位立体角内的辐射通量。常用 L 表示，单位为瓦·米$^{-2}$·球面度$^{-1}$（W·m^{-2}·sr^{-1}），表达为

$$L = \frac{\mathrm{d}^2\Phi}{\mathrm{d}\Omega \mathrm{d}A\cos\theta} \tag{2.8}$$

式中，θ 是面辐射源的法线与辐射方向之间的夹角。

辐亮度是遥感中最重要的基本物理量之一，具有与距离无关的特性，但随波长变化，具有方向性。辐射源向外辐射电磁波时，辐射亮度 L 往往随着 θ 的变化而变化。

辐射亮度与方向无关的辐射源称为朗伯辐射源。针对朗伯表面，漫射表面的辐射出射度 M 和辐亮度 L 之间存在以下关系：

$$L = \frac{M}{\pi} \tag{2.9}$$

9. 双向反射率

物体表面对电磁波的反射有三种形式：镜面反射、漫反射和方向反射。镜面反射（mirror reflection）的反射能量集中在一个方向，此时，反射角 θ 等于入射角 θ_s。漫反射（diffuse reflection）即物体的整个表面都均匀地向各个方向反射入射光。这种漫反射体被称为朗伯辐射源，它的反射属于朗伯反射，即各向同性漫反射。在自然界，纯粹的朗伯辐射源是不存在的，但有不少自然表面对可见光和近红外的波长而言是粗糙表面。当表面足够粗糙并且分布较均匀时，对太阳短波辐射的反射辐射亮度在以目标物为中心的 2π 空间内接近常数，反射辐射亮度随观测角度的变化很小，可近似视为朗伯辐射源。

介于镜面反射和漫反射之间的反射称为方向反射，也称非朗伯反射。产生方向反射的物体在自然界中占绝大多数，即它们对入射辐射的反射与散射具有各向异性性质。当遥感应用进入定量分析阶段，已不能满足“目标是朗伯辐射源”的假设。描述方向反射不能简单地用反射率来表达，各方向的反射率都不一样，通常用双向反射率分布函数（bidirectional reflectance distribution function，BRDF）来表达方向反射。非朗伯辐射源对太阳短波辐射的反射、散射能力不仅随波长而变，同时亦随散射方向而变，式（2.10）给出了双向反射率分布函数的定义。

$$f(\theta,\varphi,\theta_s,\varphi_s,\lambda) = \frac{\mathrm{d}L_T(\theta_s,\varphi_s,\theta,\varphi,\lambda)}{\mathrm{d}E(\theta_s,\varphi_s,\lambda)} \tag{2.10}$$

双向反射率分布函数的物理意义是：来自（θ_s，φ_s）方向地表辐照度的微增量与其所引起的（θ,φ）方向上反射辐射亮度增量的比值。BRDF 恰当地表达了地物的非朗伯辐射源特性。在现实世界中，投射到地物表面的辐射能量往往由两部分

组成，即来自太阳的直射辐射与天空的散射辐射，而传感器在某个方向上观测的辐射亮度是空间入射辐射场的综合效应，它不仅与该地物的反射特性有关，而且与辐射环境(即入射辐射亮度的空间分布函数)有关。但是同时也必须看到，虽然BRDF 在理论上能够较好地表达地表物体的非朗伯辐射源特性，但实际测量困难较大，这是由于精确地测量 $\mathrm{d}E(\theta_s,\varphi_s,\lambda)$ 非常困难。

2.2 热红外辐射基本理论

2.2.1 热辐射的基本定律

所有的物体都通过辐射方式交换着能量，如果没有其他方式的能量交换，物体热状态的变化就取决于发射与吸收辐射能量的差异。当物体的辐射能量等于吸收的外来辐射能量时，该物体处于热平衡状态。热力学定律可以用于研究平衡辐射吸收与发射的规律。

1. 绝对黑体

热辐射随着构成物体的物质和条件的不同而发生变化，因而需要引入黑体这一概念作为热辐射定量研究的基准。绝对黑体指在任何温度对任何波长的电磁辐射都全部吸收的物体，并且吸收完后重新发射它所接收到的所有能量。黑体的吸收率为 1，反射率和透射率都等于 0。实际上，自然界并不存在绝对意义上的黑体，所有物体都会反射少量的入射能，而不是完全的吸收体。太阳和恒星被看作是接近黑体的辐射源，自然界中接近黑体的物体是黑色的烟煤，其吸收系数接近 0.99。

尽管黑体是一个物理学上的理想体，但是它的行为表现能够被实验室设备所模拟，比如一个人造的黑体——孔腔。这个孔腔是一个带有小孔的空腔，孔腔壁由不透明的材料制成，对于辐射只有吸收与反射作用。由于孔腔口的面积比腔体总面积小得多，从小孔进入的辐射经腔体内壁多次反射后，大部分被吸收，而逸出小孔的辐射几乎可以略去不计。

2. 热辐射定律

1) 普朗克定律

1900 年，普朗克引进量子概念，将辐射当作不连续的量子发射后，把非连续能级理论应用于球形黑体内部的热辐射场方面，成功地推导出了描述黑体辐射规律的普朗克函数，其表达式为

$$M_b(\lambda,T)=\frac{2\pi hc^2}{\lambda^5\cdot\left[\exp\left(ch/k\lambda T\right)-1\right]}=\frac{c_1}{\lambda^5\left[\exp(c_2/\lambda T)-1\right]} \tag{2.11}$$

式中，$M_b(\lambda,T)$是黑体辐射出射度，单位是 $W \cdot m^{-2} \cdot \mu m^{-1}$；$c$ 是光速，$c \approx 2.998 \times 10^8$ $m \cdot s^{-1}$；h 是普朗克常量，h=$6.626 \times 10^{-34} W \cdot s^2$；$k$ 是玻尔兹曼常量，k=1.381×10^{-23} $W \cdot s \cdot K^{-1}$；λ 是波长，单位是 μm；T 是绝对温度，单位是 K；c_1 和 c_2 分别为第 1、第 2 辐射常数，分别取值为 $3.742 \times 10^{-16} W \cdot m^2$ 和 $1.439 \times 10^4 \mu m \cdot K$。

当$c_2 / \lambda T >> 1$时，即$ch/\lambda >> kT$，此时对应短波或低温情形，普朗克定律中的指数项远大于 1，可以把分母中的 1 忽略，此时普朗克定律变为$M_b(\lambda,T) = c_1 \exp(-c_2/\lambda T)/\lambda^5$，这就是适用于黑体辐射短波部分的维恩公式。当$c_2 / \lambda T << 1$时，即$ch/\lambda << kT$，此时对应长波或高温情形，可将普朗克定律中的指数项展成级数，并取前两项，即$\exp(c_2 / \lambda T) \cong 1 + c_2/\lambda T$，此时普朗克定律变为$M_b(\lambda,T) = c_1 T / (c_2 \lambda^4)$，这就是适用于黑体辐射长波部分的瑞利–金斯公式。

绝对黑体服从朗伯定律，因此其光谱辐射亮度为

$$B_\lambda(T) = \frac{M_b(\lambda,T)}{\pi} \tag{2.12}$$

式中，$B_\lambda(T)$为绝对温度 T 的黑体在 λ 波长处的光谱出射辐射亮度，单位是 $W \cdot m^{-2} \cdot \mu m^{-1} \cdot sr^{-1}$。

如果采用波数来表达普朗克函数，则黑体的光谱辐射亮度可以写为

$$B_\upsilon(T) = \frac{c_3 \nu^3}{\exp(c_4 \nu / T) - 1} \tag{2.13}$$

式中，$B_\upsilon(T)$单位为 $W \cdot m^{-2} \cdot sr^{-1} \cdot cm$；$\nu$为波数，单位是 cm^{-1}；c_3 和 c_4 都是常数，分别为 $1.191 \times 10^{-8} W \cdot m^{-2} \cdot sr^{-1} \cdot cm^4$ 和 1.439×10^4 cm·K。

普朗克定律对遥感理论的发展意义重大，它给出了辐射出射度、温度和波长三者之间的关系。在某一单位波长间隔内，黑体光谱辐射亮度与波长 λ 的关系会随温度的变化而变化，图 2.2 给出了不同温度物体辐射亮度随着波长发生变化的曲线。

2) 维恩位移定律

利用普朗克黑体辐射公式中的辐射出射度对波长进行微分，并令其等于 0，则可以推导得出维恩位移定律。该定律描述了黑体辐射光谱的极大值所对应的波长与温度之间的定量关系，表示为

$$\lambda_{\max} = \frac{b}{T} \tag{2.14}$$

式中，$\lambda_{\max}$为光谱辐射亮度达到最大时的波长位置，单位为 μm；T 为热力学温度，单位为 K；b 是常数，b=2.8983×10^{-3} m·K。

维恩位移定律表明，黑体最大辐射强度所对应的波长与黑体的绝对温度成反比，温度越高，$\lambda_{\max}$越小，即黑体的温度越高，辐射出射曲线的峰值波长越往短

波方向偏移(图 2.3)。

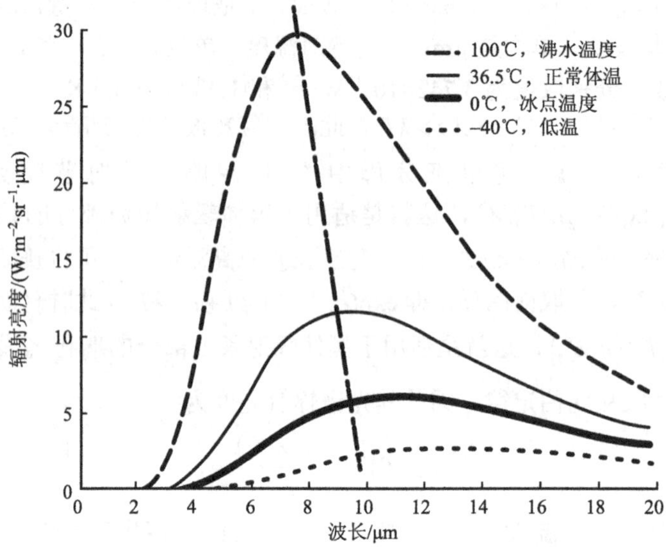

图 2.2　不同温度下的黑体光谱(改绘自田国良等，2014)

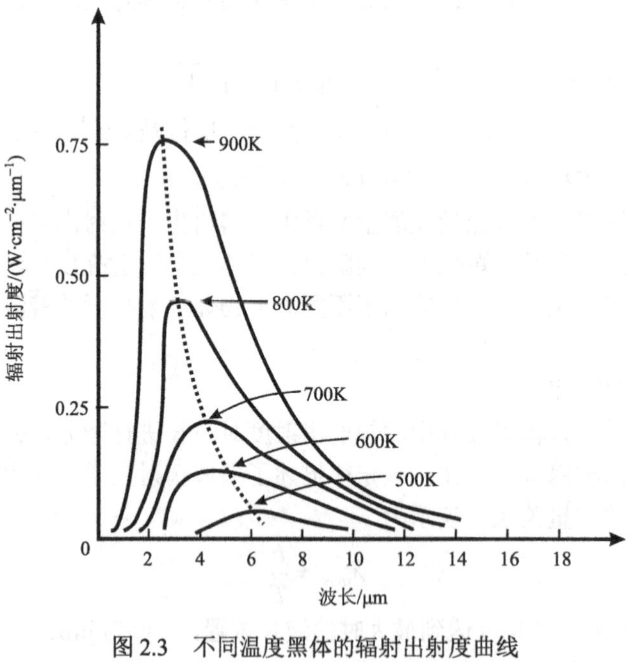

图 2.3　不同温度黑体的辐射出射度曲线

将太阳、地球以及其他恒星看作接近黑体的辐射源，则可以用与这些天体辐射出射度相同的黑体的温度作为天体有效温度。太阳的表面温度近似 6000 K，其最高能量峰值波长约为 0.48 μm。这部分辐射是人的眼睛和摄影胶片较为敏感的波段，因而我们可以在日光下观察到地球特征。地球表层的平均温度约 300 K，根据维恩位移定律，它的最大辐射能量对应的峰值波长约为 9.66 μm，刚好处于热红外波段中，有利于热红外遥感的探测。综合上述分析，针对要探测的目标温度，可以结合维恩位移定律选择最佳的遥感波段和传感器。

3) 斯特藩-玻尔兹曼定律

对普朗克方程在全波段内进行积分，可以得到各向同性黑体发射的通量密度表达式，这就是斯特藩-玻尔兹曼定律，即

$$M_b(T)=\int_0^{\infty}M_b(\lambda,T)\mathrm{d}\lambda=\int_0^{\infty}\frac{2\pi hc^2}{\lambda^5\cdot[\exp(ch/k\lambda T)-1}\mathrm{d}\lambda=\sigma\cdot T^4 \tag{2.15}$$

式中，$M_b(T)$为黑体表面发射的总能量，即总辐射出射度，单位 $\mathrm{W\cdot m^{-2}}$；T为温度，单位 K；σ为斯特藩-玻尔兹曼常数，取值 $5.6697\times10^{-8}\mathrm{W\cdot m^{-2}\cdot K^{-4}}$。

黑体的总辐射出射度与黑体温度的四次方成正比。随着黑体辐射温度的增高，发射的总辐射能量将迅速增大。换言之，温度的微小变化就会引起辐射通量密度的很大变化，这是红外装置测定温度的理论基础。

4) 基尔霍夫定律

1860 年，基尔霍夫提出实际物体的辐射特性。热平衡状态下，任何物体的辐射出射度$M(\lambda,T)$与其吸收率$\alpha(\lambda,T)$之比都等于同一温度下黑体的辐射出射度$M_b(\lambda,T)$。

$$\frac{M(\lambda,T)}{\alpha(\lambda,T)}=M_b(\lambda,T) \tag{2.16}$$

$M_b(\lambda,T)$只是温度和波长的函数，与材料的性质无关，但实际物体的吸收率与其性质密切相关。物体的吸收率越大，其发射能力就越强。当物体吸收率接近于 1 时，这个物体就接近于黑体。

根据热力学第一定律和热平衡定律，处在热平衡状态下的空间辐射场的能谱密度函数应该是处处均匀、各向同性并具有相同的函数形式，否则该辐射场不可能与不同物体处于平衡状态。因此，该定律的前提条件是热平衡或者局地热平衡。一般来说，物体的辐射能量收支并不相等，物体处于非辐射平衡状态。但是如果辐射热交换过程进行得慢，以致物体中内能的分布来得及变化均匀，并继续处于热平衡状态，那这时的辐射可视为具有准平衡性质。此时，物体的温度是在变化的，但每一给定的瞬时，物体的状态都可以看作是平衡的，仍可用一定的温度来描述它。地球大气中的辐射过程，一般认为在地面以上至 60 km 处仍可视为处于局地辐射平衡状态。

2.2.2 温度相关概念

在热红外遥感中，温度是一个很重要的概念，经常能看到“地表温度”“表面温度”“冠层温度”等术语。温度的宏观概念是表示物体的相对冷暖，是度量物体热平衡状态下冷热程度的物理量。在热红外遥感中，3 种有关温度的定义介绍如下。

1. 热力学温度或动力学温度

热力学温度是宏观量级的，由热力学第二定律得到。所有处于热力学平衡中的热力学温度都是一样的。由于这些亚系统构成的体系热力学平衡条件，可以通过各亚系统中熵对能量的最大化来获取。热力学温度有一个特性，即在两个相互接触的系统中，热量从高温向低温传递。

从统计学和微观角度，热力学温度又称为动力学温度、分子运动温度，是物体的真实温度。它是物质内部分子的平均热能，由物体分子平均不规则热运动导致。由于物体之间的热传递，物体的真实温度是很难准确测量的。一般来说，物体表面的真实温度可以利用精度非常高、接触面很小的温度计通过和目标接触而测量得到。但是这种接触式测温法往往会因测温感应元件接触物体表面而破坏了原表面的热状态，导致结果不准确。

2. 亮度温度

亮度温度是指辐射出与观测物体相等的辐射能量的黑体温度，即等效黑体温度，有时也被称为辐射温度。

$$T_b(\lambda,\theta)=B_\lambda^{-1}\left(M(\lambda,T_s)\right) \tag{2.17}$$

式中，$T_b(\lambda,\theta)$ 是某一观测方向上物体的亮度温度；$B_\lambda^{-1}(x)$ 为普朗克函数的反函数；T_s 为物体真实温度。

黑体的亮度温度和它的动力学温度相等。但对于实际物体，根据基尔霍夫定律，由于物体的吸收率是小于 1 的正数，热红外传感器所记录的亮度温度或者辐射温度总是小于它的真实温度。亮度温度是物体辐射能量状态的一种“外部”表现形式，具有温度的量纲，但是不具有温度的物理意义。由于自然界的物体不是完全的黑体，常常用一个具有比该物体真实温度低的等效黑体温度来表征物体的温度。利用探测热红外谱区电磁辐射的传感器，如辐射计、热扫描仪等，能够观测物体发射出的热辐射，进而可以推导出物体的辐射温度。值得注意的是，热传感器探测到的通常是物体表面很薄(几微米)的一层物质的辐射，因此地表亮度温度对应于物体表层温度或皮层温度，它可能标志也可能并不标志物体的内部真实温度。实际工作中，也可以把基于各类表观辐射亮度计算出的等效黑体温度都称为亮度温度。

3. 地表温度

地表温度是指地面表层的温度，不同地表各不相同。在裸地是地表层的温度，在水面则是水表面温度，在植被则是叶冠温度。在许多热红外遥感应用中，所需要的是真实地表温度而不是表征温度(即辐射温度)，因为只有真实的土壤、植被冠层、水体等的表面温度才能与空气温度、空气湿度发生定量的联系。

地表温度由局地尺度的地表状况和大尺度的大气状况决定，是地表和大气之间相互作用过程中物质与能量交换的结果。地表温度决定了地表辐射能量平衡中的长波辐射，是气候、水文、生态和生物地球化学模式中的关键输入参数。除了太阳辐照度之外，地气界面所有的通量都可以参数化为温度的一个函数，如全球环流模型、地表潜热、显热通量方程、土壤热通量方程等。所以，精确地测定地表温度的空间分布和时间演变对气候变化研究等诸多领域都具有非常重要的意义。国际地圈生物圈计划(IGBP)将地表温度列为优先测定的地表参数之一。

地表温度具有以下性质：

1) 地表温度随时空变化的特点显著

地表温度有年变化、日变化以及大气湍流扰动引起的快速无规则变化，而且这种不同时间尺度的变化特征随着地表类型、地形等因素发生变化。遥感观测的只是一个瞬间的目标表层辐射温度，而多数应用需要连续温度观测或某个时段的平均温度，它能否代表目标的真实温度，如何外延成为一个时段的平均温度，这些问题都是热红外遥感研究过程中必须要考虑的时间尺度转换问题。

2) 地表温度的影响因素多种多样

地表温度是地表能量平衡的产物，它蕴含了丰富的地学信息，是地面与空气间界面的能量计数器。在地表能量平衡过程中，除了辐射通量外，还有大气湍流通量、水汽蒸发通量和土壤热通量的总量。在地表热量平衡中，每一分量的变化均可造成地表温度的变化。引起地表温度变化的不仅仅是太阳辐射和大气辐射，还有大气湍流和地表性质。地表吸收各种辐射而增温，以及地表自身发射热辐射而降温均首先从地表开始，然后再通过土壤传导到土壤深层。地表水分通过蒸发逸向空气，带走了潜热，引起地表温度的降低。因而地表温度包含了地表热量平衡各分量的信息。地面温度的波动幅度远远大于太阳辐射的波动幅度，因此，要获得具有时间与空间代表性的真实地表温度比较困难。

影响地表温度日变化的主要因素是净辐射的日变化特征，当净辐射通量为正值时，温度一般会上升；当净辐射通量为负值时，温度通常会下降(图 2.4)。

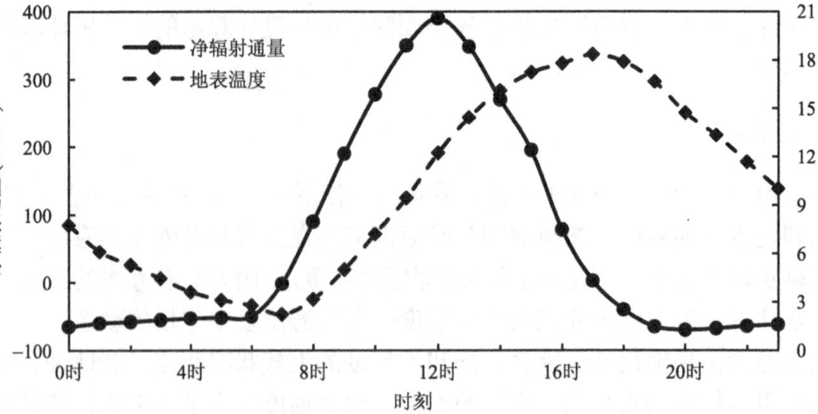

图 2.4 净辐射通量与地表温度在一天中的变化

根据图 2.4，在夜间(如 2 时)，地表发射辐射能量超过了大气向地表发射的能量，温度下降。在太阳升起的时刻(如 5～6 时)，太阳辐射到达地面，净辐射通量开始增大，此时的净辐射通量仍然为负值，地表温度持续下降。当足够多的太阳辐射能量达到地面，净辐射通量为 0 的时刻(如 7 时左右)，地表温度下降到最低值。随着太阳高度角的持续增大，到达地面的太阳辐射能量增加，净辐射通量为正值，地表温度逐渐上升(如 10 时)。在午间时刻(12 时)，太阳辐射达到峰值，净辐射通量随之达到最大值，地表温度持续上升。午后(如 13 时)，太阳高度角逐渐下降，净辐射通量减小，但净辐射通量为正值，地表温度持续上升。当净辐射通量随着太阳辐射减小而下降到零值时，地表温度停止上升并到达一天中的峰值(17 时左右)。净辐射通量下降为负值，地表温度也开始下降。

3)辐射温度不是地表真实温度

影响地表温度的基本因素有三个，即地物的辐射温度、发射率和环境辐照度。辐射温度不能视为地表真实温度，它们的数值不同，表 2.1 给出了不同发射率对应的辐射温度与真实温度。

表 2.1 辐射温度与地表真实温度的比较

对象	发射率	真实温度/K	辐射温度/K
黑体	1.00	303	303
植被	0.985	303	298.455
湿地	0.956	303	289.668
干燥地	0.925	303	280.275
水体	0.99	303	299.97

2.2.3　物体的热学性质

地表任一物体的温度变化极限(峰值)和变化速率均是由物质本身的热学性质决定的，并可以通过物体的热导率、热容量、热惯量等参数来测定。地表温度是地球、大气、太阳相互作用的结果。地表真实温度不仅取决于地表净辐射，还取决于大气湍流所引起的显热通量、地表水分蒸发蒸腾所引起的潜热通量和土壤性质控制的热通量等热量各平衡分量。因此，地表温度与地表反射率、地表热学性质和地表的红外吸收率等因素密切相关。

物体的微观热学性质可以用以下参数来描述：

1. 热容量与比热容

热容量是指在一定条件下，如定压或定容条件下，物体温度升高 1℃(或 1K)所需要吸收的热量，单位为 $J \cdot K^{-1}$，常用 C 表示。热容量表示物质贮存热的能力。对于一定的物质而言，热容量与质量成正比。

比热容指在一定条件下单位质量的物质温度升高 1℃(或 1K)所需的热量，单位为 $J \cdot kg^{-1} \cdot K^{-1}$，常用 c 表示。

热容量与比热容是随温度变化而变化的，一般情况下，都是指定在 15℃下的热容量与比热容。在有限的温度范围内，物质的比热容可以认为是常数。均匀物质的热容量等于其比热容 c 与质量 m 的乘积。地表土壤、岩石、金属、木、水等常见物质中，水的热容量最大。

2. 热导率

热导率是热量通过物体的速率的度量，是测量两个物质之间热传递流畅的程度。它是指单位时间内通过单位面积的热量与垂直于表面方向上的温度梯度的负值之比，单位为 $J \cdot m^{-1} \cdot s^{-1} \cdot K^{-1}$，常用 K 表示。金属具有较高的热导率，而绝缘材料则具有较低的热导率，岩石通常是热的不良导体，土壤或多孔岩石的热导率还与充填物有关，孔隙中的空气和水分将大大改变它的热导率。

3. 热扩散率

热扩散率是物体内部温度变化速率的度量，反映了导热过程中材料的热导率(K)与物质储热能力(c,ρ)之间的关系，表征物体被加热或冷却时，物体内部各部分温度趋于一致的能力。热扩散率常用 k 表示，单位为 $m^2 \cdot s^{-1}$，其表达式为

$$k = K / (c\rho) \tag{2.18}$$

式中，K 为物质的热导率；c 为物质的比热容；ρ 为物质的密度，单位 $kg \cdot m^{-3}$。

4. 热惯量

热惯量是一种综合指标，它是物质对温度变化的热反应的一种度量，是表征物质热惯性大小的物理量。物体的热惯量取决于热导率、热容量和密度，单位为 $J \cdot m^{-2} \cdot s^{-1/2} \cdot K^{-1}$，常用 P 表示。其表达式为

$$P = \left(K\rho c\right)^{1/2} \tag{2.19}$$

式中，K 为物质的热导率；c 为物质的比热容；ρ 为物质的密度。

热惯量高的物质对温度的变化阻力较大。一般来说，物体在一个太阳日内温度的变化与热惯量成反比。地面上的物体虽然同样受太阳周期性的影响，但地物表面温度是不同的，其物体温度的振幅取决于物体热惯量 P。热惯量大，昼夜温差小，表面温度较均一。在热红外遥感中，可利用地表温度昼夜温差估算热惯量，并建立其与土壤含水量之间的关系，用于旱情遥感监测。

不同物质的热特性不同，表 2.2 给出了几种典型物质的热特性。

表 2.2　几种典型物质的热特性(改自李小文和刘素红，2008)

热特性	水	沙土	玄武岩	不锈钢
热导率 $K/(J \cdot m^{-1} \cdot s^{-1} \cdot K^{-1})$	0.0014	0.0014	0.0050	0.030
热容量 $C/(J \cdot K^{-1})$	1.0	0.24	0.20	0.12
密度 $\rho/(kg \cdot m^{-3})$	1.0	1.82	2.80	7.83
热惯量 $P/(J \cdot m^{-2} \cdot s^{-1/2} \cdot K^{-1})$	0.038	0.024	0.053	0.168

2.3　物体的热红外辐射特性

2.3.1　太阳辐射特性

热红外遥感主要是被动接收自然辐射源的电磁辐射。太阳和地球是遥感的主要自然辐射源。

地球上的能量主要来源于太阳，太阳是被动遥感最主要的辐射源。太阳与地球相离约为 1.5×10^{11} m，太阳辐射的速度以 3×10^{8} $m \cdot s^{-1}$ 计，则到达地表的时间约为 500 s。地球被大气所包围，太阳辐射到达地面之前，受到大气层的吸收、散射等衰减作用，到达地球表面的太阳辐射能只是太阳辐射能中的一小部分。地球是一个球体，同一时间内仅半个球面接收太阳辐射，而且球面上的各部分所获得的辐射能也不相等。在垂直于太阳光线的传播方向上，在地球和太阳的平均距离处的单位面积上，单位时间内接收的太阳总辐射称为太阳常数，其值为(1360.8±

0.5) $W \cdot m^{-2}$ (Kopp and Lean，2011)。由于太阳黑子等活动的影响，太阳常数略有波动。

太阳辐射能量随着波长的分布称为太阳辐射光谱。大气上界与到达地面上的太阳辐射光谱如图 2.5 所示。太阳辐射的光谱是连续的，包括了整个电磁波波谱范围，从 X 射线一直延伸到无线电波。太阳表面的温度近似为 6000 K，因此大气上界的太阳光谱可以利用普朗克公式计算黑体在 6000 K 时的辐射曲线。太阳辐射从近紫外到中红外这一波段区间能量最集中而且相对来说较稳定，但是在波长极长和极短的部分，能量很小。

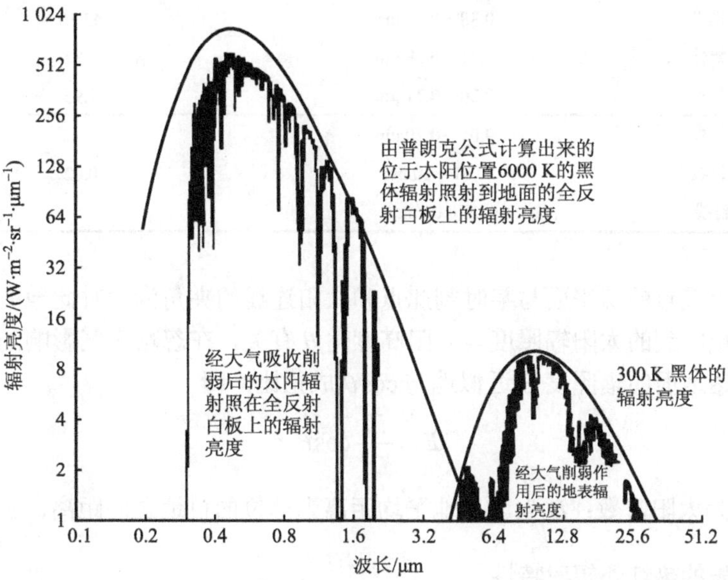

图 2.5　太阳和 300K 黑体的辐射波谱(改绘自田国良等，2014)

表 2.3 是太阳辐射能量中各波段所占比例，其中远红外区占太阳辐射总能量不到 1%，可见太阳在热红外波段的照度比地表出辐射度低。根据维恩位移定律，利用太阳表面温度近似 6000 K，可知太阳最高能量峰值波长约为 0.48 μm。太阳表面所发射的辐射，经过太阳大气和地球大气后有很大变化。由地面观测到的太阳辐射光谱看出，由于太阳大气层上部较冷的气体对太阳光有选择性吸收，产生了许多吸收暗线，称为夫琅禾费线。地球大气的吸收使太阳辐射光谱发生了很大改变，地面几乎观测不到波长在 0.29 μm 以下的辐射。

表 2.3　太阳辐射能量中各波段所占比例(改自周廷刚等，2015)

波段	波长	波段能量比例/%
长波	＞3000 m	
无线电波	1～3000 m	
微波	1 mm～1 m	0.41
超远红外	15～1000 μm	
热红外	6～15 μm	
中红外	3～6 μm	12.00
近红外	0.76～3 μm	36.80
可见光	0.38～0.76 μm	43.50
近紫外	0.31～0.38 μm	5.32
中紫外	0.20～0.31 μm	1.95
远紫外	0.01～0.20 μm	
X 射线	0.01～10 nm	0.02
γ 射线	＜0.01 nm	

地球上某点的切平面与某时刻此点和太阳连线的夹角为此时此地的太阳高度角。地面接收到的太阳辐照度与太阳高度角 θ 有关，在忽略大气影响的情况下，可认为到达地面的辐照度 E 近似地与 $\cos\theta$ 成正比，即

$$E = \frac{E_0}{D^2}\cos\theta \tag{2.20}$$

式中，E_0 为太阳常数；D 为以日地平均距离为单位的日地之间距离。

2.3.2　地表的热红外辐射特性

1. 地球辐射特性

地球辐射主要指地球自身的热辐射，是热红外遥感的主要辐射源。地球辐射的能量分布在近红外到微波的范围内，主要集中在 6～30 μm，尤其是热红外 8～14 μm 波段占 50%。地球辐射接近于 300 K 的黑体辐射(图 2.5)，利用维恩位移定律可知，地球辐射出射曲线最大值对应的波长为 9.66 μm，位于热红外遥感大气窗口内。

地球自身不断向外发出辐射，同时也接收太阳辐射。在对地观测中，地表物体反射的太阳辐射与自身向外发出的辐射共同被遥感传感器接收，在实际应用中需要对太阳辐射与地球辐射进行分段(表 2.4)。太阳辐射能量主要集中在 0.3～2.5 μm，属于紫外线、可见光与近红外的范围。遥感传感器在这些波段接收到的辐射能量主要以地表物体反射太阳辐射为主，此时来自地球自身的辐射可以忽略

不计。在 2.5～6 μm 的中红外波段，遥感传感器接收到的反射太阳辐射以及地球自身发出的热辐射均不能忽略。但是在夜间成像时，太阳辐射可以不考虑。地球自身发出的辐射主要集中在>6 μm 的热红外波段，此时太阳辐射的能量几乎可以忽略不计，遥感传感器接收到的辐射能量绝大部分为地球自身的热辐射。

表 2.4　太阳辐射与地球辐射的分段特性

波段	波长/μm	辐射源
可见光与近红外	0.3～2.5	以反射太阳辐射为主
中红外	2.5～6	反射太阳辐射与地球自身热辐射共同作用
远红外	6～1000	以地表物体自身热辐射为主

根据地表能量平衡，地表层的辐射收支取决于吸收的太阳辐射能、地表向外发射的长波辐射和大气的长波辐射。地表层净辐射能量收入为

$$R_n = (1-\alpha)R_s \downarrow + R_L \downarrow - R_L \uparrow \tag{2.21}$$

式中，R_n 为地表层净辐射能量收入；$R_s\downarrow$为入射到地面的太阳短波辐射能量；$R_L\uparrow$为地表向外界发射的长波辐射能量；$R_L\downarrow$为大气向下的长波辐射；α 为地球短波反照率。

一般来说，白天收入大于支出，地表层净辐射收入为正。辐射的净收入能量不全用于地表加热，其中一部分能量以传导和对流形式使大气加热；一部分能量供给水在物态转换时所需的潜热，其能量大小与微气候因素，如风速、湿度、温度等有关；若地面有植被，还需考虑植物光合作用吸收的能量。地表层净辐射收入减去上述的几部分能量，才是真正使地表温度变化的能量。

2. 地物的发射光谱特性

在可见光-近红外波段，用反射率概念来描述地物对太阳辐射的反射作用能力。在热红外波段，常用发射率或比辐射率 $\varepsilon(\lambda,T)$ 对自然界存在的大量非黑体目标的热辐射特性进行研究。

1) 发射率的定义

发射率又称比辐射率，可以表征物体的发射能力。它是指任何物体在温度 T、波长 λ 处的出射辐射度 $M(\lambda,T)$，与同温度、同波长下的黑体出射辐射度 $M_b(\lambda,T)$ 的比值，即

$$\varepsilon(\lambda,T) = \frac{M(\lambda,T)}{M_b(\lambda,T)} \tag{2.22}$$

很显然，基尔霍夫定律可以表述为一个物体的发射率 $\varepsilon(\lambda,T)$ 等于其吸收率

$\alpha(\lambda,T)$。对于黑体而言，其吸收的辐射能量与发射的辐射能量相等，因而黑体的发射率和吸收率均为 1。根据基尔霍夫定律，实际物体发出的电磁辐射能量低于黑体的辐射能量。由定义可知，发射率 ε 越大，该实际物体的性质越接近黑体。好的辐射吸收体同时也是好的辐射发射体。

基尔霍夫定律的前提条件是热平衡或者局地热平衡，因此该发射率概念适用于均质同温地表，即温度均匀的单纯像元。

物体的发射率随着波长的变化而变化，而热红外传感器是以通道来区分的。对于均质同温地表，通道发射率可采用光谱发射率和普朗克函数的乘积与通道光谱响应函数卷积计算得到：

$$\varepsilon_i = \frac{\int_{\lambda_1}^{\lambda_2} f_\lambda \varepsilon_\lambda B_\lambda(T)\mathrm{d}\lambda}{\int_{\lambda_1}^{\lambda_2} f_\lambda B_\lambda(T)\mathrm{d}\lambda} \tag{2.23}$$

式中，ε_i 为第 i 通道的发射率；f_λ 为热红外传感器的通道光谱响应函数；ε_λ 为波长 λ 对应的光谱发射率；$B_\lambda(T)$ 为物体温度 T、波长 λ 对应的黑体光谱辐射。

2) 发射率的性质及其影响因素

发射率是一个无量纲的量，取值在 0～1 之间。它有大小和方向，是描述非黑体热辐射能力与热辐射方向性的重要参数。通过实验测量，除了金属表面外，发射率在较大的温度变化范围内为常数(即发射率随温度的变化可以忽略不计)，故常不标注为温度的函数。

根据发射率的大小，可以将物体分为黑体、灰体和选择性辐射体(图 2.6)。灰体指发射率小于 1，且不随波长发生变化的物体。选择性辐射体是指发射率小于 1，且随波长变化而变化的物体，如水银灯、氙灯等。严格意义上，自然界中的物体都是选择性辐射体。

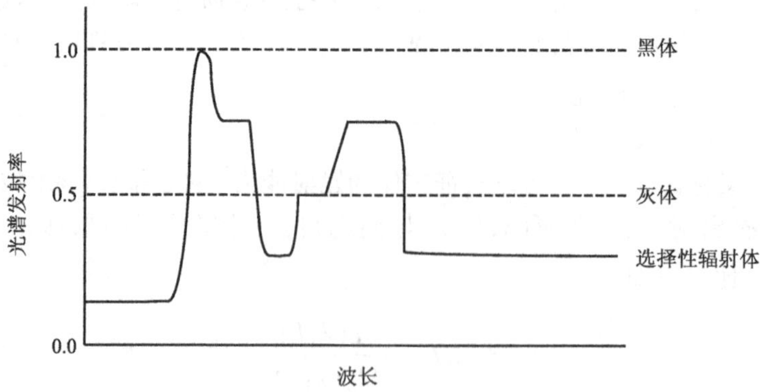

图 2.6　黑体辐射体、灰体辐射体和选择性辐射体的光谱发射率

发射率是物体发射能力的体现，是物体固有的物理属性。它不仅依赖于地表物体的组成成分，随物体表面状态(粗糙度等)、土壤含水量、植被的生长状况等因素的变化而变化，还与地形、传感器的视角、地表温度和波长有关。

表 2.5 给出了常温下不同地表物质在 8～14 μm 谱段内的发射率。常温下，表面光滑的白云石发射率为 0.929，而粗糙表面的发射率为 0.958；20℃且含水量低的干土壤发射率为 0.92，湿土发射率为 0.95，沙土发射率为 0.90；单叶子的落叶树发射率是 0.96，而整个树冠发射率为 0.98。因此，物体的发射率与其表面粗糙度、含水量、地物状态等密切相关。

表 2.5　各种常见物质在 8～14 μm 内的平均发射率(改自赵英时等，2013)

物质	平均发射率	物质	平均发射率
清水	0.98～0.99	水泥混凝土	0.92～0.94
湿雪	0.98～0.99	油漆	0.90～0.96
人的皮肤	0.97～0.99	干植被	0.88～0.94
粗冰	0.97～0.98	干雪	0.85～0.90
健康绿色植被	0.96～0.99	花岗岩	0.83～0.87
湿土	0.95～0.98	玻璃	0.77～0.81
沥青混凝土	0.94～0.97	粗铁片	0.63～0.70

3) 发射率的光谱变化

不同地表物质的发射率会随波长变化，且变化规律不一样。陆地生态系统的主要物质，如岩石、土壤、植被、水体和冰雪，具有不同的光谱特征。因此，理解红外区域(3～14 μm)发射率的光谱变化对各种模型的应用非常重要，可以用于陆地表面温度测定和土地覆盖类型区分。图 2.7 是水泥路面、土壤和小麦冠层等陆地地表物体的光谱发射率。国际上常用的几个发射率光谱数据库可供参考，比如 MODIS UCSB Emissivity Library 和 ASTER Spectral Library(Baldridge et al., 2009)。这些光谱库中有典型矿物、植被和土壤的发射率光谱曲线。

图 2.8 是来自高级星载热辐射与反射辐射计(ASTER)光谱库的四种植被发射率光谱。在中红外和热红外区域，绿叶的光谱对比度很低，尤其是针叶树。针叶树在各波段的发射率值几乎一样，除了在 3.43～3.51 μm 附近有一个弱的剩余射线吸收带，这可能与 H-C 振动带有关。相对而言，干草和衰老叶片的发射率是偏低的，但是在某些波段存在明显的光谱特征。干草在 10～12 μm 有两个反射峰，而在 8.5～9 μm 有两个小的吸收特征，这是由叶片内纤维素含量造成的。Luz 和 Crowley(2007)发现，一些与叶片化学成分和结构方面相关的有用光谱信息可以从这些发射率光谱中检测出来。然而，宏观上测量树叶的精细发射率特征仍然是一

个重大的技术挑战。

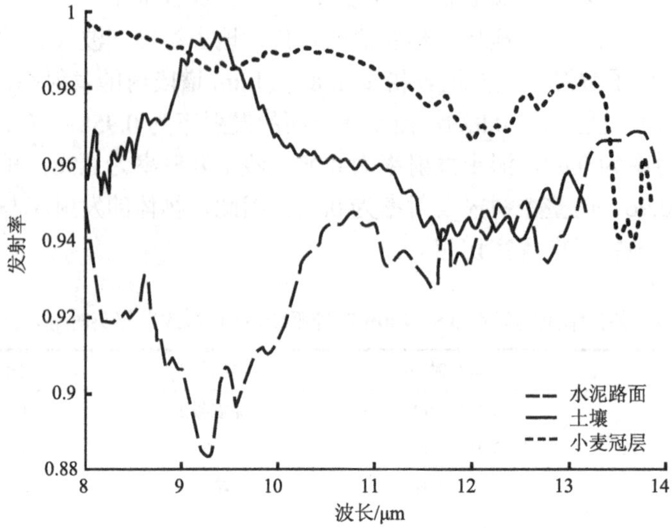

图 2.7　水泥路面、土壤和小麦冠层的发射率光谱曲线(改绘自田国良等，2014)

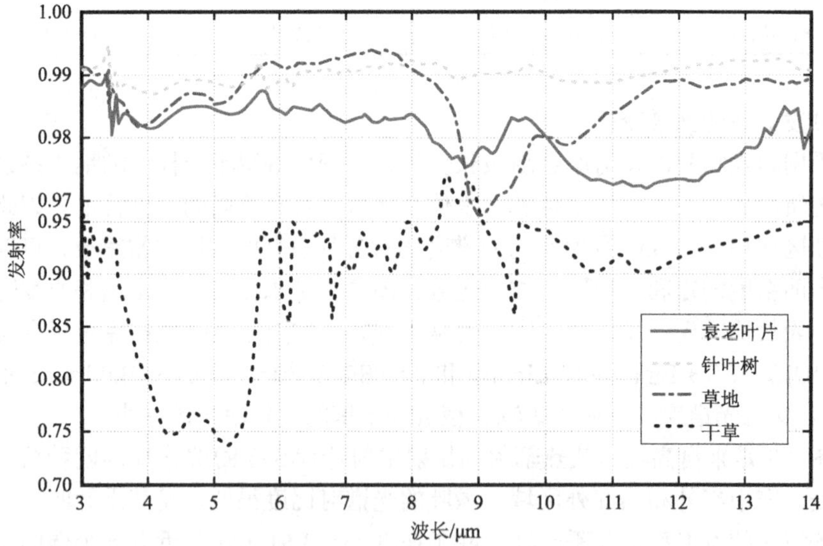

图 2.8　四种植被的发射率光谱曲线(改绘自 Tang and Li，2014)

4) 发射率的方向性

发射率不仅有大小，还有方向。对黑体的辐射亮度测量表明，黑体辐射亮度具有各向同性特点，而对非黑体的辐射亮度测量表明它们是各向异性的。为了进一步研究一般物体热辐射的方向特性，可以将方向发射率表示为

$$\varepsilon(\lambda,T,\theta,\varphi)=\frac{L(\lambda,T,\theta,\varphi)}{L_b(\lambda,T)} \tag{2.24}$$

式中，L 为非黑体表面在观测方向上的辐射亮度；L_b 为同温度的黑体辐射亮度；θ 、φ 分别为观测天顶角、观测方位角。非黑体表面的辐射亮度值是波长、温度和角度的函数。

电磁辐射能与地表的相互作用主要包括三种基本的物理过程——反射、吸收和透射。按照能量守恒定律，吸收率、反射率和透射率三者之和等于 1。

$$\alpha(\lambda)+\rho(\lambda)+\tau(\lambda)=1 \tag{2.25}$$

式中，$\alpha(\lambda)$、$\rho(\lambda)$ 和 $\tau(\lambda)$ 分别为物体的吸收率、反射率和透射率。在热平衡条件下，物体的光谱发射率等于它的光谱吸收率，即 $\varepsilon(\lambda)=\alpha(\lambda)$。因此，式(2.25)变为

$$\varepsilon(\lambda)+\rho(\lambda)+\tau(\lambda)=1 \tag{2.26}$$

一般在遥感应用中，研究目标被假定为对热辐射是不透明物体，那么物体的透射率为 0，即 $\tau(\lambda)=0$，则式(2.26)变为

$$\varepsilon(\lambda)+\rho(\lambda)=1 \tag{2.27}$$

式(2.27)说明物体的反射率越低，其发射率越高；反之，物体的反射率越高，发射率越低。在热红外谱段，水的反射率非常小，它的发射率近似于 1。物体发射率与反射率均是波长 λ 、观测天顶角 θ 和观测方位角 φ 的函数。

$$\varepsilon(\lambda,\theta,\varphi)=1-\rho(\lambda,\theta,\varphi)=1-\int_0^{2\pi}\int_0^{\frac{\pi}{2}} f(\lambda,\theta,\varphi,\theta_s,\varphi_s)\sin\theta \mathrm{d}\theta \mathrm{d}\varphi \tag{2.28}$$

式中，$\varepsilon(\lambda,\theta,\varphi)$ 为方向发射率；$\rho(\lambda,\theta,\varphi)$ 为方向-半球反射率；f 为双向反射率分布函数(BRDF)。

对于植被来说，植被叶片的发射率一般大于 0.96，加上植被冠层的多次散射作用，使得植被发射率更高，植被冠层朗伯辐射源性质比较好，但植被冠层由于太阳辐射分布的方向性和植被冠层中的阴影效应，温度分布具有明显的方向性。在热红外波段(8～14 μm)，随着天顶角的增加，自然表面发射率一般会降低。图 2.9 给出了实验室测量的几种自然表面的发射率随角度的变化(Snyder and Wan，1998；Sobrino and Cuenca，1999；Cuenca and Sobrino，2004)。根据图 2.9，沙土和水的发射率随角度变化较大，特别是当天顶角超过 30°时，发射率下降幅度较大，而泥土、沙砾、黏土的发射率随角度变化较小。当观测天顶角较低时，如天顶角小于 20°时，大多数物体表面发射率随角度的变化可以忽略不计。

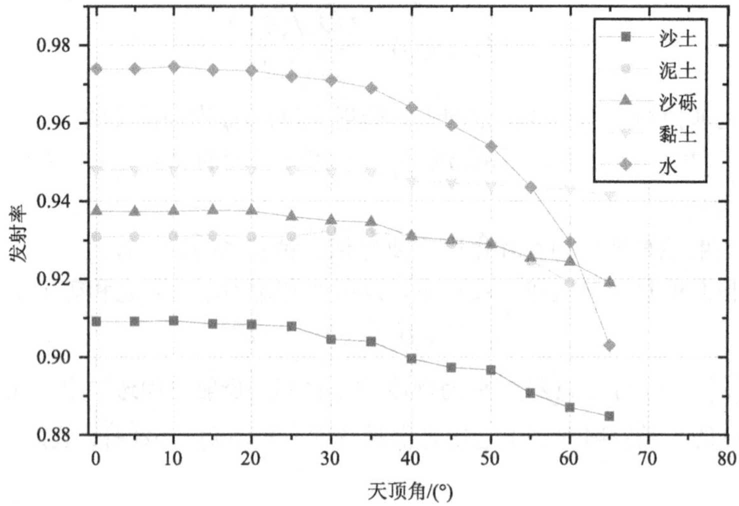

图 2.9 实验室测量的几种自然表面的发射率随角度的变化

发射率的方向性主要是由物体本身性质决定的，表面粗糙度不同在一定程度上也会影响发射率的方向性。实验证明，对于光滑表面，发射率随观测角的增加逐渐增加，到达布儒斯特角时达极大值，然后迅速下降，当观测角趋于 90°时，发射率接近于 0；当粗糙表面为朗伯面(完全粗糙的表面)时，与反射率一样，发射率各向同性，不随角度发生变化；介于光滑表面和朗伯面之间的一般粗糙面，发射率各向异性，随角度变化的规律很复杂。随着粗糙度增大，发射率随观测角度的变化要小一些(田国良等，2014)。

有关地物发射率的方向谱数据较少。有些研究得出结论，当传感器的观测角小于 40°时，发射率随观测角变化很小，当传感器的观测角大于 40°时，发射率随观测角增大而迅速减小。因此，把地表假定为朗伯辐射源应用时要求传感器观测角小于 40°(Labed and Stoll，1991)。

鉴于方向发射率测定的复杂性，我们通常所说的发射率一般是指物体的法向发射率。但是随着热红外遥感的发展，今后有必要深入探索地表热辐射以及发射率各向异性的产生机制，并建立地物发射率方向模型。

2.4 大气热红外辐射传输方程

2.4.1 大气分层及成分

地球表面聚拢着由多种气体及气溶胶组成的大气层。地球上的大气层随着高度的增加而逐渐稀薄，以至于近似真空而进入星际太空，并没有一个明显的上界。大气层的厚度一般定义为 1000 km，约相当于地球直径的十二分之一。大气按热力学性质，从地球表面往上可垂直分为对流层、平流层、电离层和外大气层。地球大气由多种气体以及固态、液态悬浮的微粒混合组成。在 85 km 以下的各种气体成分一般可以分成两类，一类为常定成分，各成分之间大致保持固定的比例，主要有氮、氧、氩、二氧化碳、氦、甲烷、氧化氮、氢等。大气中还有一类气体在大气中所占的比例随高度、温度和位置而变，称为可变成分。这些成分主要有臭氧、水汽、液态和固态水(雨、雾、雪、冰)、盐粒、烟尘等。大气中悬浮的大量固体和液体微粒，统称大气气溶胶。

对流层从地表到平均高度 12 km 处，是地球大气层中最靠近地面的一层，也是地球大气层中密度最大的一层。对流层的上界并不固定，随地球纬度、季节的不同而发生变化。该层温度随高度上升而下降，空气密度和气压也随高度上升而下降。对流层包含了整个大气层约 75%的质量，以及几乎所有的水汽及气溶胶。常定成分气体中，氮占 78.09%、氧占 20.95%、氦等其余气体共占不到 1%；可变成分中，臭氧含量较少，液态和固态水含量随着天气而变化。云最容易在对流层 1.2～3.0 km 处形成。对流层是地球大气层中天气变化最复杂的层，主要的大气现象几乎都集中在对流层。

平流层在 12～80 km 的垂直区间，可分为同温层、暖层和冷层。空气密度继续随高度上升而下降。这一层中常定成分的气体含量与对流层的相对比例关系一样，只是绝对密度较小，平流层中水汽含量很少，可忽略不计。臭氧含量比对流层大，在 25～30 km 处，臭氧含量很大，被称为臭氧层，再向上又减少，至 55 km 处趋于 0。

电离层在 80～1000 km 处。该层空气稀薄，因太阳辐射作用而发生电离现象。电离层中气体分子被电离成离子和自由电子状态，无线电波在电离层中发生全反射现象。电离层温度很高，上层达 600～800℃。

外大气层在 1000 km 以上，包括氦层和质子层。该层温度可达 1000℃以上。

2.4.2　大气对热红外辐射的影响

所有用于遥感的辐射均要通过地球的大气层。当电磁波由大气层外传至地球表层以及由地球表层传至传感器过程中，大气是必经的介质。大气对辐射的影响取决于路径长度、电磁辐射能量信号的强弱、大气条件、波长等，对遥感图像质量有重要的影响。电磁波与大气的相互作用有吸收、散射、反射、折射等。在热红外波段内，大气对地表辐射的影响主要为大气气体的吸收和自身辐射，而大气分子和气溶胶的散射可以忽略不计。

1. 大气的吸收影响

大气中气体往往以特定的波长范围吸收电磁辐射，因此它们对遥感系统影响很大。吸收的多少与波长有关。大气的选择性吸收不仅能使气温升高，而且使太阳和地球发射的连续光谱中的某些波段辐射能量不能传输到传感器。

图 2.10 是大气吸收谱，对于中红外波段和热红外波段来说，影响电磁波透过大气到达传感器的主要大气成分有水汽、二氧化碳、臭氧等。

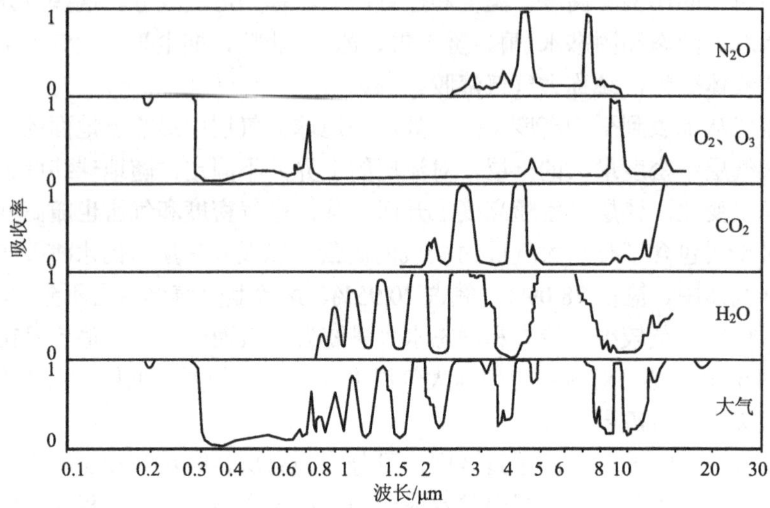

图 2.10　大气吸收谱

主要大气成分的吸收作用介绍如下，各种大气成分的吸收带中心波长与波数如表 2.6 所示。

表 2.6　大气各成分的吸收带中心波长与中心波数（改自田国良等，2014）

大气成分	吸收带中心波长/μm（中心波数/cm^{-1}）	
	强吸收	弱吸收
水汽（H_2O）	1.4（7142）	0.9（11111）
	1.9（5263）	1.1（9091）
	2.7（3704）	
	6.3（5787）	
	13.0～1000	
二氧化碳（CO_2）	2.7（3704）	1.4（7142）
	4.3（2320）	1.6（6250）
	14.7（680）	2.0（5000）
		9.4（1064）
		10.4（9662）

续表

大气成分	吸收带中心波长/μm(中心波数/cm^{-1})	
	强吸收	弱吸收
臭氧(O_3)	4.7(2128) 9.6(1024) 14.1(709)	3.3(3030) 3.6(2778) 5.7(1754)
一氧化氮(N_2O)	4.5(2222) 7.8(1282)	3.9(2564) 4.1(2439) 9.6(1024) 17.0(588)
甲烷(CH_4)	3.3(3030) 3.8(2632) 7.7(1299)	
一氧化碳(CO)	4.7(2128)	2.3(4348)

1) 水汽(H_2O)吸收

水汽一般出现在低空。水汽对电磁辐射的吸收最为显著，水汽吸收带大部分集中在红外以及微波区。水汽分布随时间、地点的变化幅度很大，水汽含量越大，则吸收越强，而且水汽的吸收辐射是所有其他大气组分吸收辐射的几倍。水汽主要吸收带在 0.70～1.95 μm(最强处为 1.38 μm 和 1.87 μm)、2.5～3.0 μm(最强处为 2.7 μm)、4.9～8.7 μm(最强处 6.3 μm)、15 μm～1 mm 的超远红外区。液态水的吸收在长波区很强，厚云就足以相当于黑体。一般都可把云体表面当作黑体表面。

2) 二氧化碳(CO_2)吸收

二氧化碳是地球大气中另一种重要的红外吸收气体。二氧化碳主要分布在低层大气， 含量仅占 0.03%左右，人类活动导致大气中的二氧化碳含量增加。二氧化碳吸收带主要位于大于 2 μm 的红外区内，在 2.7、4.3、14.7 μm 附近均有强的吸收带，尤其是在 13.0～17.5 μm 的远红外区。

3) 臭氧(O_3)吸收

臭氧主要分布在平流层，在大气中含量较低，仅占 0.01%～0.1%。臭氧对 0.3 μm 以下的太阳短波辐射全部吸收，在热红外波段的 9.6 μm 波长附近有个强吸收带。

4) 其他气体成分的吸收率

除了水汽、二氧化碳、臭氧的吸收外，大气中氧分子对电磁辐射也有吸收作用，主要在 0.69 μm、0.76 μm 等谱段，但总的吸收很少。此外，一氧化氮(N_2O)、一氧化碳(CO)和甲烷(CH_4)等也吸收电磁辐射。

总之，大气的长波辐射性质很复杂，不仅与吸收物质(水汽、二氧化碳、臭氧)分布有关，而且与大气温度、压力有关。水汽(H_2O)在 6.3 μm 有一个较强的吸收带，二氧化碳(CO_2)分别在 4.3 μm 和 14.7 μm 有较强的吸收带，臭氧(O_3)在 9.6 μm 处一个窄的吸收带。大气在 14 μm 以上可以看成是近于黑体，说明吸收率很高。因此，地面 14 μm 以上的远红外辐射不能透过大气传向空间。在整个长波波段中，将整层大气的积分辐射吸收率与黑体吸收率比较，约相当于 0.7，比短波的吸收率大了数倍。因此，从整层大气的长波吸收谱来看，中红外 3.0～5.0 μm 和热红外 8.0～14.0 μm 是热红外遥感的两个大气窗口，吸收率小、透明度大，但是在大气窗区也仍然有不可忽略的弱吸收作用。

2. 大气的散射影响

除非有云或尘埃等大颗粒质点较多时，大气对长波辐射的散射削弱极小，一般可以忽略不计。即使有云时，由于云对长波的吸收作用很大，较薄的云层已可以视为黑体。因此热红外辐射的传播往往只考虑吸收作用，忽略散射作用。

3. 大气的辐射影响

大气不仅是削弱热红外辐射的介质，而且它本身也发射热红外辐射，有时甚至发射的辐射会超出吸收的部分。影响大气辐射大小的主要因素是大气温度的垂直分布。

总之，热红外辐射在大气中的传输，是一种漫射辐射在无散射但有吸收又有发射的介质中的传输。大气自身发射热辐射增加传感器接收到的地表热辐射的能量，同时大气吸收地表的热辐射减少到达传感器的能量。大气对热红外波段的综合影响作用与成像时大气条件以及大气路径长度直接相关。

2.4.3 热红外辐射传输理论

1. 热红外波段辐射传输方程基础

在热红外遥感的地表-大气辐射传输中，地表与大气都是热红外辐射的辐射源，经过大气吸收与发射，辐射能多次通过大气层。

为了推导热红外辐射传输方程，必须满足以下 6 个假设条件。

(1) 地表和大气朗伯辐射源假定：地表的热辐射和反射各向相同，通过大气中的任一平面射出的都是具有各个方向的漫射辐射。

(2) 假定大气是水平均一的：这是大多数大气模式通常采用的近似。

(3) 同时考虑大气的发射和吸收，忽略散射。

(4) 当地大气处于热力平衡状态，没有强烈的对流干扰。

(5) 天空晴朗无云，大气水汽含量较少，让热辐射能透过大气层到达空中的遥感器。

(6) 地表为平坦的地表。

经过这些假设后，在晴空大气条件下，大气顶某一方向热红外波段辐射传输过程示意图如图 2.11 所示(Wan and Li，1997；Li, et al.，2013)。

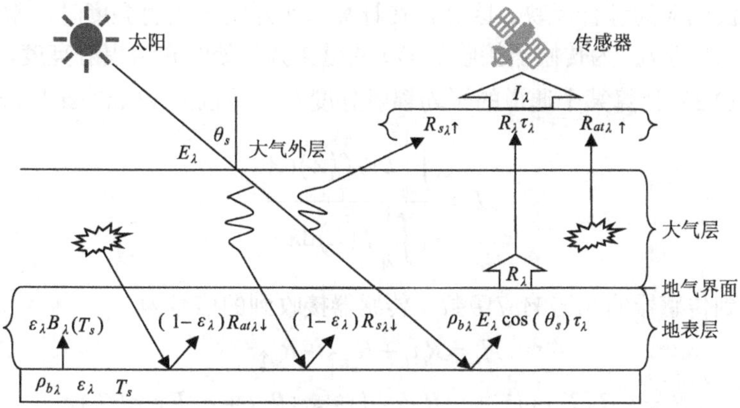

图 2.11　热红外波段辐射传输过程

根据图 2.11，热红外波段辐射传输方程可以表达为

$$I_\lambda = R_\lambda\tau_\lambda + R_{at\lambda\uparrow} + R_{s\lambda\uparrow} \tag{2.29}$$

$$R_\lambda = \varepsilon_\lambda B_\lambda(T_s) + (1-\varepsilon_\lambda)R_{at\lambda\downarrow} + (1-\varepsilon_\lambda)R_{s\lambda\downarrow} + \rho_{b\lambda}E_\lambda\cos(\theta_s)\tau_\lambda \tag{2.30}$$

式中，I_λ 为热红外遥感器在 λ 波长处接收到的辐射亮度；R_λ 为地表光谱辐射亮度；τ_λ 为大气光谱透过率；$R_{at\lambda\uparrow}$ 为大气路径向上的热辐射能，即大气上行辐射；$R_{s\lambda\uparrow}$ 为大气散射的上行太阳辐射；ε_λ 为地物光谱发射率；$B_\lambda(T_s)$ 为地物温度 T_s 下的黑体光谱辐射；$R_{at\lambda\downarrow}$ 为大气向下半球辐射通量除以 π，即大气下行辐射；$R_{s\lambda\downarrow}$ 是由大气对太阳辐射能的向下散射所产生的半球辐射通量除以 π；$\rho_{b\lambda}$ 是在太阳天顶角 θ_s 和观测角 θ 方向上的地表双向反射率；E_λ 是大气顶太阳辐射光谱能量。

式 (2.29) 中右边第一项为经过大气衰减后的地表光谱辐射能量，第二项为大气路径向上光谱辐射，第三项为由大气对太阳辐射能量的散射所产生的路径向上光谱辐射。式 (2.30) 中右边第一项为探测地物自身的热辐射能量，第二项和第三项分别为地表反射的大气下行辐射和反射的太阳散射向下半球辐射能量，最后一项为地表反射的太阳直射能量。

遥感传感器每个通道都有一定宽度的波长范围，且传感器对不同波长的感应灵敏度不同。采用传感器的光谱响应函数来表示传感器的这种特性。光谱响应函数的定义为探测系统(或其他光度系统)对单位入射的单色辐射亮度所产生的响应大小：

$$f(\lambda)=P(\lambda)/L(\lambda) \tag{2.31}$$

式中，$f(\lambda)$为光谱响应函数；$L(\lambda)$为探测器接收的单色辐射亮度；$P(\lambda)$为探测器在对应单色辐射下的反应量。一个特定通道的光谱响应函数是一个依赖于波长探测和滤波响应的综合反映。因此，在计算一个通道的辐射亮度时，常常取其加权平均值。假设$L_{\lambda,i}$为传感器接收的第i通道λ波长处的光谱辐射亮度，那么，可以根据式(2.32)计算某个通道的平均辐射亮度L_i，单位为$\mathrm{W\cdot m^{-2}\cdot sr^{-1}\cdot \mu m^{-1}}$。

$$L_i=\frac{\int_{\lambda_1}^{\lambda_2} L_{\lambda,i} f(\lambda)\mathrm{d}\lambda}{\int_{\lambda_1}^{\lambda_2} f(\lambda)\mathrm{d}\lambda} \tag{2.32}$$

考虑到传感器的光谱响应函数，传感器接收到的信号为

$$I_i=R_i\tau_i+R_{ati\uparrow}+R_{si\uparrow} \tag{2.33}$$

$$R_i=\varepsilon_i B_i(T_s)+(1-\varepsilon_i)R_{ati\downarrow}+(1-\varepsilon_i)R_{si\downarrow}+\rho_{bi}E_i\cos(\theta_s)\tau_i \tag{2.34}$$

式中，i是指遥感器通道号，所有下标有i的参数是它们相应光谱通道i的加权平均值。

在 8～14 μm 波段的大气窗口范围里，太阳对传感器接收到的总辐射能的贡献可忽略不计，传感器接收到的热红外辐射可以简化为由 3 个部分组成：①穿过大气直接到达传感器的地球表面热辐射；②大气上行热辐射；③经地球表面反射的大气下行热辐射。因此，方程(2.33)和方程(2.34)可以变为

$$I_i=R_i\tau_i+R_{ati\uparrow} \tag{2.35}$$

$$R_i=\varepsilon_i B_i(T_s)+(1-\varepsilon_i)R_{ati\downarrow} \tag{2.36}$$

2. 复杂地形与下垫面的热红外波段辐射传输方程

在复杂地形与下垫面条件下，需要在适用于平坦地表的、传统热红外波段辐射传输过程的基础上，进一步考虑三维空间形态与邻近像元的影响作用。

1)非同温混合像元热红外辐射传输方程

在复杂地形条件下的山区，山地地表通常表现为不同地表组分组成的非同温、高空间异质性的结构，热红外遥感图像像元也大多数为非同温三维空间混合像元。假设地表由两种不同组分类型构成，则简单的三维非同温地表辐射特征如图 2.12 所示。

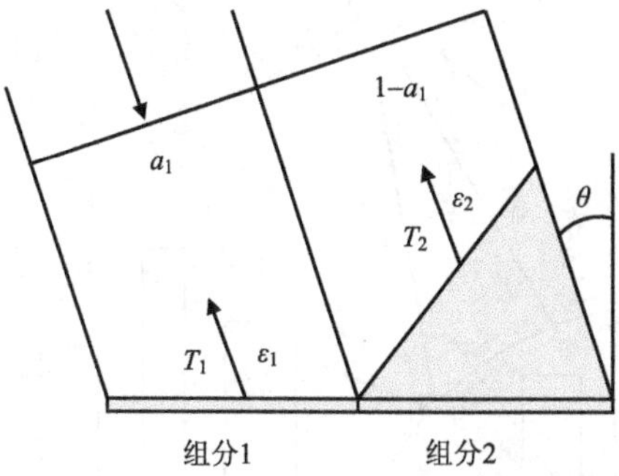

(a) 直接辐射部分

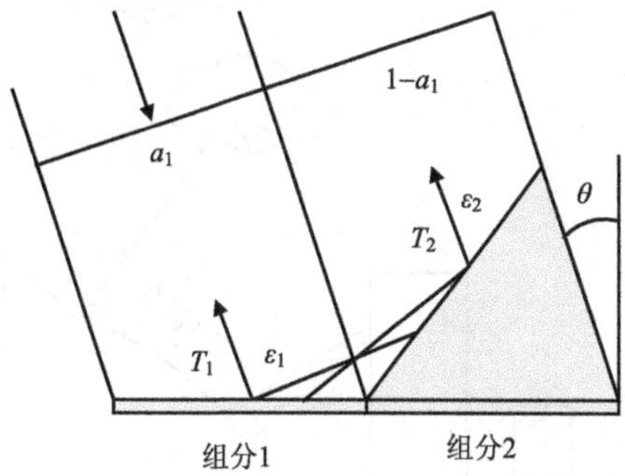

(b) 间接辐射部分(多次散射的贡献)

图 2.12　简单三维非同温地表辐射示意图(改绘自李爱农等，2016)

根据图 2.12，组分 1 和组分 2 的温度和发射率在观测天顶角为θ时分别为T_1、T_2和ε_1、ε_2，两组分在观测方向所占面积比例分别为a_1和a_2，且满足$a_1+a_2=1$，卫星传感器在i波段上所接收的地物本身有关的热辐射R_i为

$$R_i = L_{1di} + L_{2di} + \Delta L_{1si} + \Delta L_{2si} \tag{2.37}$$

式中，L_{1di}、L_{2di}分别表示组分 1 和组分 2 在θ方向上的直接热辐射；ΔL_{1si}、ΔL_{2si}分别表示两种组分的热辐射经过一次和多次散射后被传感器接收的辐射值。假定组分内温度一致，则组分热辐射和多次散射的贡献为

$$R_i = \left[a_1\varepsilon_{1i}B_i\left(T_1\right) + (1-a_1)\varepsilon_{2i}B_i\left(T_2\right)\right] + \left[\Delta\varepsilon_{1si}B_i\left(T_1\right) + \Delta\varepsilon_{2si}B_i\left(T_2\right)\right] \tag{2.38}$$

式中，右边第一个中括号项代表两种组分的直接热辐射；第二个中括号表示由于多次散射而引起的辐射亮度的增量；$\Delta\varepsilon_{1si}$、$\Delta\varepsilon_{2si}$分别为两种组分热辐射因多次散射而引起的发射率的增量，与地表几何结构、组分光学特性和观测方向有关，而与地表组分温度无关。

2) 考虑邻近像元热辐射影响的热红外辐射传输方程

在地形起伏较大的山区以及三维空间结构复杂的城市区域，不仅像元内部非同温混合组分之间会存在着散射辐射的影响，邻近像元热辐射产生的影响也不能忽略。图 2.13 给出了城市区域像元内部多次散射与邻近像元热辐射的影响示意图。

根据热红外波段的辐射传输过程，传感器在i波段上接收到的与地物有关的热辐射可以表达为

$$R_i = R_{\text{pixel},i} + R_{\text{atm},i} + R_{\text{adj},i} \tag{2.39}$$

式中，右侧第 1 项为地物自身热辐射，第 2 项为地物反射的大气下行辐射，第 3 项为邻近像元热辐射，分别对应于图 2.13 中的①、②、③所示的辐射能量，这三项辐射都分别包括内部组分的多次散射辐射。

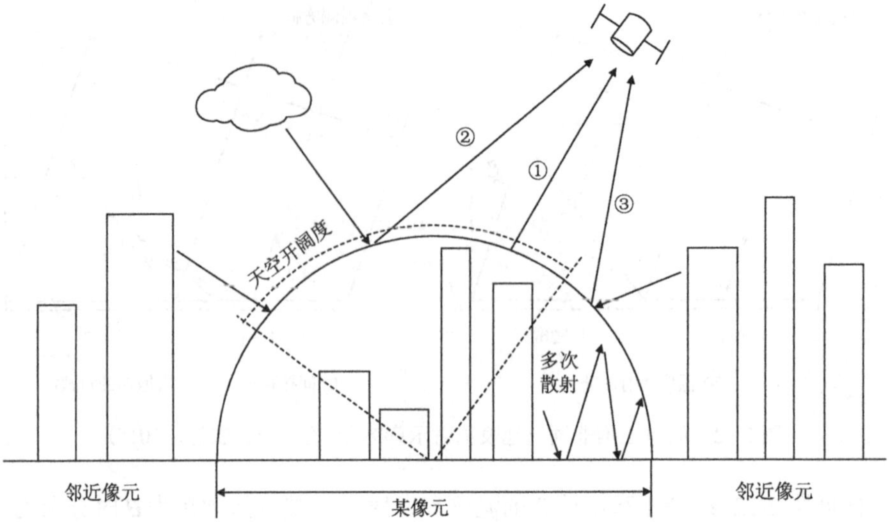

图 2.13 城市区域热红外辐射传输示意图(改绘自 Chen et al., 2021)

通过热辐射传输过程的进一步推导，可将式(2.39)细化为

$$R_i = \overline{\varepsilon}_i B_i(T_s) + (1-\overline{\varepsilon}_i)\left[(1-\mathrm{SVF}_{\mathrm{adj},i})R_{\mathrm{adj},i} + \mathrm{SVF}_{\mathrm{adj},i}R_{ati\downarrow}\right] \tag{2.40}$$

式中，$\mathrm{SVF}_{\mathrm{adj}}$ 表示邻近像元的天空开阔度，与邻近像元位置的三维地形有关；R_{adj} 表示邻近像元热辐射；$\overline{\varepsilon}_i$ 为某像元的有效发射率，可用式(2.41)进行计算，其中 $\mathrm{SVF}_{\mathrm{in}}$ 表示某像元天空开阔度。

$$\overline{\varepsilon}_i = \frac{\varepsilon_i}{1-(1-\mathrm{SVF}_{\mathrm{in}})(1-\varepsilon_i)} \tag{2.41}$$

进而，传感器在 i 波段上接收到的辐射亮度可以表达为

$$I_i = [\overline{\varepsilon}_i B_i(T_s) + (1-\overline{\varepsilon}_i)(1-\mathrm{SVF}_{\mathrm{adj},i})R_{\mathrm{adj},i} + (1-\overline{\varepsilon}_i)\mathrm{SVF}_{\mathrm{adj},i}R_{ati\downarrow}]\tau_i + R_{ati\uparrow} \tag{2.42}$$

3. 热红外辐射传输方程中的大气参数计算

1)大气上行辐射计算

大气的上行热辐射可利用式(2.43)进行计算(França and Cracknell，1994)：

$$R_{ati\uparrow} = \int_0^z B_i(T_z)\frac{\partial \tau_i(\theta,z,Z)}{\partial z}\mathrm{d}z \tag{2.43}$$

式中，T_z 为高度 z 处的气温；Z 为遥感传感器的高度；$\tau_i(\theta,z,Z)$ 为高度 z 处到遥感传感器高度 Z 之间的大气向上透过率。

根据 McMillin(1975)、Coll 等(1994)的研究，可采用中值定理将大气上行辐

射表达为

$$B_i(T_0)\uparrow = \frac{1}{1-\tau_i(\theta)}\int_0^z B_i(T_z)\frac{\partial \tau_i(\theta,z,Z)}{\partial z}\mathrm{d}z \tag{2.44}$$

式中，T_0 为大气的有效平均作用温度；$B_i(T_0)$ 为 T_0 温度所对应的黑体热辐射亮度。由此可以将大气上行辐射表达为大气有效平均作用温度的函数：

$$R_{ati\uparrow} = (1-\tau_i(\theta))B_i(T_0) \tag{2.45}$$

大气有效平均作用温度 T_0 主要取决于大气廓线，即温度和湿度的垂直分布状态。Sobrino 等(1991)的研究指出，大气有效平均作用温度可用大气各层温度和水汽含量来近似地表达为

$$T_0 = \frac{1}{w}\int_0^w T_z \mathrm{d}w(z,Z) \tag{2.46}$$

式中，w 是从地面到遥感器高度 Z 之间的大气水汽总含量；T_z 是高度为 z 处的大气温度；$w(z,Z)$ 为从高度 z 到传感器高度 Z 之间的水汽含量。

2)大气下行辐射计算

大气的下行辐射一般可以看作是来自半球方向的大气热辐射的积分，与观测天顶角无关(França and Cracknell，1994；Sobrino, et al.，1996)。根据 Sobrino 等(1996)的研究，大气下行辐射可以用 53° 天顶角观测条件下的大气上行热辐射来近似表达：

$$R_{ati\downarrow} = (1-\tau_i(53))B_i(T_0) \tag{2.47}$$

式中，$\tau_i(53)$ 表示第 i 波段在 53° 天顶角观测条件下的大气透过率。

3)大气透过率计算

大气透过率描述了热红外辐射在大气传输过程中的衰减程度，是遥感诸多反演过程中的重要参数。影响热红外波段大气透过率的因素很多，水汽、气压、O_3、CO_2、NH_4 等成分对热红外辐射在大气中的传输均有不同程度的影响，其中大气水汽含量的影响最大。O_3、CO_2、NH_4 等成分因为时空变化较小或影响作用较小，而对大气透过率的变化没有显著影响；而水汽含量时空变化很大，且其含量变化对大气透过率有很大的影响，所以在估算大气透过率时主要考虑水汽含量这个因素(Sobrino et al.，1991；França and Cracknell，1994；Coll et al.，1994；Qin et al.，2001a, 2001b；覃志豪等，2003)。此外，当热红外传感器观测天顶角较大时，如 MODIS 传感器图像边缘处的观测天顶角可达 65°，比星下点的大气传播路径长了两倍多，就需要考虑观测天顶角对大气透过率的影响。

目前比较常用的大气透过率计算方法是利用 MODTRAN、LOWTRAN 等辐射传输模型，通过输入成像时刻的大气廓线数据进行模拟计算。但实际计算过程

中，通常难以获得成像时刻同步的大气廓线数据，因此许多研究建立了大气透过率与水汽含量、观测天顶角之间的经验关系模型，例如

$$\tau_i(\theta)=\frac{1-\left(a_0+a_1w+a_2w^2\right)}{\cos\theta} \tag{2.48}$$

式中，w为水汽含量；θ为传感器观测天顶角。

为了提高大气透过率的计算精度，可针对不同传感器、不同成像季节，以及不同水汽含量范围，模拟得到不同的模型系数a_0、a_1、a_2。

2.4.4 热红外大气辐射传输模型

通过热红外辐射传输方程可知，要利用热红外遥感数据反演地表温度，必须消除大气对地表辐射能的影响。大气辐射传输模型可以用来计算大气透过率、大气路径辐射、总的辐射亮度等。目前，常见的大气辐射传输模型有基于大气光学参数的 RADFIELD 辐射传输计算模型；也有基于大气参数的模型，比如 LOWTRAN、MODTRAN、6S 以及 FASCODE 等大气辐射传输模型。其中，MODTRAN(moderate resolution atmospheric transmittance and radiance code)，即中等光谱分辨率大气透过及辐射传输算法软件，由美国空军研究实验室主持开发研制。MODTRAN 是在 LOWTRAN 基础上发展的，绝大部分情况下 MODTRAN 模型的本身误差小于 5%。2016 年，MODTRAN 6 版本发布，算法在 0.1 cm^{-1} 光谱分辨率范围内解决了 LBL(line-by-line)辐射传输方程，将 MODTRAN 模型扩展到了激光源。MODTRAN 模型的访问网站是 http://modtran.spectral.com/。它适用于 0.2 μm～∞区间内的大气辐射传输模型的模拟计算，能够计算大气透过率、大气背景辐射(大气的上行和下行辐射)、太阳或月亮单次散射辐射亮度、直射太阳辐照度，并考虑了各种大气分子、气溶胶、云、雨的散射和吸收、地球曲率及折射路径对大气辐射的影响等。

MODTRAN 提供 6 种大气模型，每一个大气模型包括了不同高度的 36 层各种大气参数。MODTRAN 还提供用户自定义大气模型，其数据可来自探空气球测量的大气剖面数据、遥感反演的大气廓线数据等。此外，地面测量仪器、气象台站也可为该模型提供气溶胶、水汽含量等大气信息。MODTRAN 模型的输入输出是利用文件实现的。它的输入参数可以分五类(表 2.7)，均通过编写 CARD1 至 CARD5 确定。如果在输入参数中给定传感器的光谱响应函数，就可以直接输出传感器观测的通道辐射亮度。

表 2.7　MODTRAN 模型的输入参数

输入类型	输入参数
控制运行参数	辐射传输模型和多次散射计算选择等
大气参数	大气温度、湿度垂直分布，大气气溶胶类型、云模式等
地表参量	地表反照率、BRDF 模型选项等
观测几何条件	水平观测、倾斜观测和垂直观测选择，地表的高度、传感器的高度、观测天顶角、方位角等
传感器参数	传感器的通道参数、观测波长范围

第3章 热红外遥感数据获取

3.1 热红外遥感平台

遥感探测所采用的平台按照高度可以分为三大类：地面遥感平台、航空遥感平台和航天遥感平台。不同的遥感平台具有不同的特点。地面遥感平台能够观测地表的精细信息，但是局限于很小的空间尺度，不能反映环境的综合信息。航空遥感平台可以获取高分辨率的信息，且不受地面条件限制，多用于局部区域的观测。航天遥感平台可以在大范围区域上进行宏观综合的动态观测。这三类遥感平台在具体的遥感作业中，可以互相配合，得到同一区域不同分辨率、不同时相以及不同用途的遥感信息资料。

1. 地面遥感平台

地面遥感平台包括三脚架、观测塔、遥感车(船)等(图 3.1)，主要搭载地物光谱仪、辐射计、热像仪等遥感传感器，采集地面发射率光谱、单点地面温度、地表温度图像等，通常作为航空遥感或者航天遥感的配套辅助观测数据。三脚架和观测塔等能够安装遥感传感器进行定点观测，遥感车和遥感船等能够搭载遥感传感器按照一定路线进行移动观测。

图 3.1 地面遥感平台(自左向右分别为三脚架、观测塔和遥感车)

2. 航空遥感平台

航空遥感平台包括有人驾驶飞机、无人机，以及飞艇、气球等航空飞行器

(图 3.2)，其高度可随成像比例尺要求的不同而发生变化。常见的机载遥感传感器主要有可见光相机、成像光谱仪、激光雷达、微波遥感系统、热红外成像系统等。航空遥感具有机动性强、实时更新快、地面分辨率高、观测信息丰富等特点，是快速获取高精度遥感数据的重要手段。在各类航空遥感平台中，无人机近几年飞速发展，应用领域迅速拓展，已成为主要的航空遥感平台之一。按系统组成和飞行特点，无人机可分为多旋翼无人机、固定翼型无人机、无人驾驶直升机和无人驾驶飞艇等，其中多旋翼无人机和固定翼无人机比较常用。多旋翼无人机具有控制简单、操作简易和对起降周围环境要求低等优点，固定翼无人机具有飞行效率高、速度快、飞行时间长、有效载重高等优点，在不同的应用场景下两者各有优势。

图 3.2　航空遥感平台(自上而下分别为有人驾驶飞机、多旋翼无人机和固定翼无人机)

3. 航天遥感平台

航天遥感平台包括人造卫星、宇宙飞船、航天飞机和空间站等(图 3.3)，其中人造卫星是最主要的航天遥感平台。遥感卫星可以分为陆地卫星、气象卫星、海洋卫星等系列。不同系列的卫星轨道特性及所搭载传感器特性不同，在空间分辨率、时间分辨率、光谱分辨率、辐射分辨率等方面有很大差别。气象卫星属于短周期、低分辨率卫星系列，能够对快速变化目标进行宏观动态监测，主要应用于气象业务、防灾减灾、大气科学、环境监测等领域。气象卫星分为高轨和低轨两类，低轨气象卫星主要为太阳同步近极地轨道卫星，高轨气象卫星主要为地球静止轨道卫星。陆地卫星与气象卫星相比，空间分辨率高而成像周期长，主要用于国土资源调查、环境监测、土地利用、城市规划、生态评估和防灾减灾等领域。

图 3.3　航天遥感平台(从上至下分别为人造卫星、宇宙飞船和空间站)

3.2　地面热红外遥感数据

地面遥感实验在遥感影像解译、遥感信息模型构建、遥感定标、辐射传输机制等研究中都具有重要意义。从遥感信息模型的建立到信息的提取，从传感器的研制到定标，都贯穿了地面遥感实验的数据获取和分析。这些数据采集的准确性直接决定了遥感载荷性能验证与数据分析的精度和质量。此外，由于采集获取的地面数据常被视为真值，可以作为遥感参数定量化反演的基础和标准。定量热红外遥感是物理学、数学和地学(气象、水文、生态等)多学科交叉的研究领域，其实验较一般实验室的物理实验更复杂，涉及的地学影响因子多达数百种以上，因此需要开展地面热红外遥感数据的收集。

地面遥感实验既要考虑遥感信息的采集，也要顾及目标物及环境背景的物理、化学属性。因此，实验必须严格按照一定的规则和阶段进行，包括实验方案设计、实验前期准备、实验实施和数据整理分析等流程。在实验进行之前，制定完整和合理的实验方案，即确定实验目标、实验时间、实验地点，拟订实验所需获取的参数、实验方法、仪器设备、样点分布等。在实验进行中，可在实验当天对所测量的数据进行处理，以便及时发现问题，并在必要时对实验计划进行适当调整。数据整理与分析贯穿于整个实验过程。在实验完成后，及时进行数据处理，并对数据的质量和可靠性进行评估，数据及时归档入库。针对不同的研究目的，进行数据处理分析，以提取遥感数据建模、遥感数据处理结果来验证所需要的各类信息。

地面遥感实验还必须按照仪器操作、观测方式、数据处理、文件命名、数据记录、数据说明等一系列规范实施，才能保证数据的标准化、规范化和可比性，确保数据的科学性。不同的研究内容有不同的数据采集规范。因此，有必要对定量热红外遥感地面实验中需要的遥感信息(如地表温度、地物发射率等)测量仪器和非遥感信息测量仪器的原理与测量方法作一些介绍。

3.2.1 地表温度测量仪器

地表温度因地表覆盖环境的不同而不同，主要包括土壤温度、植被温度和水体温度等。地表温度的地面采集一般是通过地面观测站点的温度计或红外测温仪器等进行测量。

1. 接触式温度计

采用地面气象站温度计测量地表温度。地面气象站观测的地温包含下垫面温度和不同深度的土壤温度，下垫面温度包括裸露土壤表面的地面温度、草面(或雪面)温度及最高、最低温度等。常用的测量仪器有玻璃液体温度计和铂电阻温度计(程昌玉等，2010)。玻璃液体温度计测得的温度具有准确性不高、代表性差和无法满足业务化运行等缺点。我国气象台站主要采用铂电阻温度传感器观测地表温度。

根据地面气象观测规范，进行地面温度和浅层地温观测时，必须将铂电阻温度传感器水平放置在地表面，感温部分一般埋入土中，其他部分暴露在空气中。埋入土中部分必须与土壤密贴，不可留有空隙，露出地面部分应保持干净。与各浅层地温传感器连接的电缆应有 1 m 左右的长度埋入土中。在草面(或雪面)进行温度观测时，铂电阻温度传感器要安装在距地面 6 cm 高度处，并与地面大致平行，连接电缆大部分埋设在土壤中，但载荷一端有 0.5 m 左右的电缆露出地面，以方便移动。

铂电阻温度传感器测得的地表温度与其邻近空气温度和地表面温度相关，是两者的平均结果，并不能完全代表地表温度。同时，观测值还受到太阳辐射、土壤质地、温度载荷埋入的深度和近地表风速等多种因素的综合影响。

2. 红外测温仪器

红外测温仪器的基本原理是用红外传感器以非接触方式探测物体的红外辐射能量。常见的非接触式红外测温仪器见表 3.1。

常见的红外测温仪器为亮度红外测温仪。亮度红外测温仪的基本理论是热红外辐射传输方程。测温仪一般在距离地面几米高度处垂直向下观测，由于从地面到测温仪的距离较短，其对应的大气上行热辐射通常可以忽略不计，大气上行透过率可近似为 1。因此，辐射传输方程仅包含了离地热辐射部分，可表示为

$$I_i = B_i\left(T_i\right) = \varepsilon_i B_i\left(T_s\right) + \left(1-\varepsilon_i\right) R_{ati\downarrow} \tag{3.1}$$

式中，I_i 为传感器接收到的辐射亮度。

表 3.1　非接触式测温仪器参数对比(改自朱金顺等，2021)

仪器类型	测量仪器型号	光谱范围/μm	测量精度/℃	测温范围/℃	FOV/(°)
宽波段红外测温仪	Apogee（SI-111）	8～14	±0.2	–10～65	44
	Apogee（IRTS-P）	6.5～14	±0.3	–10～55	56
	Everest（112.2L）	8～13	±0.3	–30～100	3
	Heitronics（KT19.85）	9.6～15	±0.2	–20～70	3
	JPLR（500 Series）	8～14	±0.1	4～40	36
多波段红外测温仪	CIMEL CE312 (1 个宽波段，3 或 5 个窄波段)	8～14	±0.1	–80～60	10
红外相机	FLIR（Tau2）	7.5～13	±0.5	–40～165	45 × 35
长波测温仪	Kipp and Zonen（CNR1/CNR4）	4.5～42	日累计±10% (W·m^{-2})	–10～40	上:180 下:150

根据斯特藩–玻尔兹曼定律，式(3.1)可进行如下近似：

$$\sigma T_i^k = \varepsilon_i \sigma T_s^{\ k} + \left(1-\varepsilon_i\right) R_{ati\downarrow} \tag{3.2}$$

式中，σ 为斯特藩–玻尔兹曼常数。

当传感器的响应波长范围为 0→+∞时，指数 k=4，但一般情况 k 均小于 4。对于宽波段(8～14 μm)传感器，k=4 造成的误差并不明显。

通常情况下，红外测温仪测量值并非辐亮度，而是直接输出其对应的辐射亮温 T_i。此外，红外测温仪往往为单一宽波段(8～14 μm)传感器，且其光谱响应函数未知。因此，利用红外测温仪精确地测量地物表面温度时，必须测量目标的发射率、目标的离地辐射和大气下行辐射(环境辐射照度)。发射率 ε_i 可以利用相关仪器测量(如 BOMEM MR304、Model 102F 红外光谱仪等)、其他估算方法获得。离地辐射和大气下行辐射亮度或亮度温度的测量通常使用两类测量仪器：第一是宽/多波段红外辐射计或热像仪，第二是宽视场的半球长波辐射计，二者的主要区别在于测量光谱范围和测量视场不同。

以植被冠层平均温度为例，详细说明亮度红外测温仪的测量过程。观测人员手持辐射温度计，平举，镜头向下垂直地面观测，最后读取观测值并记录在表格上。为保证测量精度和速度，尽快地以相同的方式进行多次测量，求取观测数平均值作为植被冠层平均温度。由于红外测温仪没有配备测量环境辐射照度和发射率的测量设备，把仪器的直接读数看作被测物的表面温度，会造成温度的测量误差。

亮度红外测温仪是非成像的测温仪器，而热像仪是一种能够定量测定热红外辐射信号强弱的二维图像的仪器。热像仪可以快速测量地面大面积的辐射温度，也可以快速鉴别热场的特征均匀度，在定量遥感中具有十分重要的价值。它在测量中所遇到的辐射关系及其误差问题与红外测温仪相似。同样以植被冠层为例。对植株进行垂直观测时，观测人员将观测仪器平举，使其高于植被冠层 50 cm，同时热像仪镜头向下垂直，然后获取垂直观测的热红外图像和可见光图像。

利用辐射计和热像仪等红外温度测量仪器测量土壤、植被冠层温度可以反映地表温度的时空变化。但是地表温度随时间变化较快，因此，在野外进行同步观测试验时，地表温度测量对观测时间的同步性要求很高，一般要求在卫星或飞机过境前后 5 分钟内完成测量。此外，红外温度测量仪器不稳定，容易衰减，因此每隔一段时间就需要对其定标。红外温度测量仪器的定标最好使用大面积黑体。

3.2.2 地物发射率测量仪器与方法

1. 实验室测量发射率

实验室测量发射率一般使用分光光谱仪如 Nicolet FTIR 光谱仪等，首先使用 Labsphere 积分球测量样品的方向-半球反射率，然后根据基尔霍夫定律得到发射率。方向-半球反射率是通过向被测目标发射电磁波，并由传感器测得目标物对入射电磁波的反射率。由于目标对外来电磁辐射的反射具有非朗伯辐射源特性，测得某一方向上的反射率并不能表示其他方向，而应在 2π 空间测量各个方向上的双向反射率，然后对所有双向反射率进行半球积分得到方向-半球反射率。实际上，方向-半球反射率的测量很困难。在实验室条件下，利用积分球法可以近似测量方向-半球反射率。

积分球测量的几何结构由图 3.4 所示。积分球内壁为铝箔覆盖，并由 10 μm 粗沙粒撞击表面产生漫反射面。球体上有 A、B、C 三个小孔，其孔径面积之和远小于球体内表面积。一束直射辐射，比如 CO_2 激光器所发射的红外辐射，由小孔 A 射入球内，并在球内表面漫反射，最后半球体内表面的漫反射对小孔 B 构成一个漫入射辐射，B 处放置所测目标，则目标物所构成的半球-方向反射辐射强度将通过全反射镜面 C 被传感器 D 所测得。根据互易性原理，方向-半球反射率等于半球-方向反射率，这样积分球可以解决准确测定方向-半球反射率的问题。利用积分球测量 $\varepsilon(\lambda, \theta, \phi)$ 的前提条件是目标物必须满足互易性原理，而且目标物的尺寸较小，该方法不能对自然条件下目标物的发射率进行测量，比如测量草地的发射率。

实验室测量方法减少了由野外大气条件和环境辐射带来的误差，其测量精度较高，绝对精度优于 0.01，常用来衡量其他方法测量或计算发射率的精度(Salisbury et al.，1994)。ASTER 光谱库和 MODIS UCSB 光谱库中的地物红外光

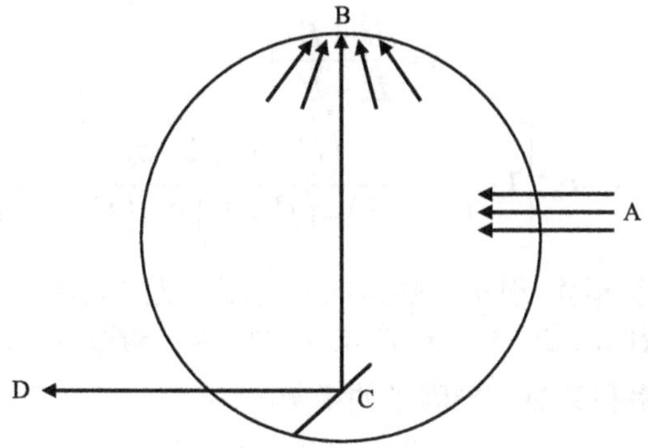

图 3.4　积分球示意图

谱信息就是通过该方法获取的。然而，由于实验室测量对样品的延后测量或者破坏性处理等，会增加测量的不确定性。研究也表明，在不同粒径与温度条件下，利用基尔霍夫定律由方向-半球反射率计算出来的发射率，与方向发射率的直接测量结果也存在着一定差异(Korb et al.，1999)。

2. 箱法测量发射率

箱法测量可以实现在自然状态下获取目标物的发射率。该方法被用于测量视场内均一或者由单一地物组合而成的混合地表，比如纯裸土、纯草地或土壤和低矮植物组成的混合类型地表等的方向发射率。箱法测量一般包括单盖法和双盖法两种方式。两种方式均使用无盖的箱体、箱体顶部和底部附带可改变的盖子(即冷盖和热盖)，盖子中心开孔便于辐射计测量来自箱体底部的辐射。理想箱体的内壁和冷盖都是理想的全反射体(发射率为 0)，而热盖则是理想的黑体(发射率为 1)。

1) 单盖法

单盖法是由 Combs 等(1965)提出的。单盖法首先测量离地辐射、大气下行辐射，而后测量地物辐射，最后测量箱体发出的辐射。根据辐射传输方程可求解得到地物发射率。由于发射率箱并非理想黑体，因此需要加入修正项修正发射率箱自身辐射造成的误差。

2) 双盖法

双盖法是由 Buettner 和 Kern(1965)提出的。双盖法的测量过程如图 3.5 所示。首先将冷盖置于箱顶，地物置于箱底测量地物发出的辐射 L^2；之后用热盖代替冷盖来测量 L^1，此时传感器接收辐射包括地物发射辐射和热盖发射辐射后经地物反射后到达传感器的辐射两部分贡献；然后再将冷盖置于箱底测量理想情况下热盖发射的黑体辐射 L^3；最后，将冷盖同时置于箱顶和箱底来测量箱体自身发射的辐射 B_c。该方法测得的样品发射率由以下公式给出：

$$\varepsilon = \frac{L^3 - L^1}{L^3 - L^2} + \delta\varepsilon \tag{3.3}$$

$$\delta\varepsilon = (1-\varepsilon_c)\left[1 - \frac{\left(L^3 - L^2\right)(1-\varepsilon_c)}{\left(L^3 - L^2\right) - \left(L^3 - L^1\right)P + \left(L^2 - B_c\right)Q}\right] \tag{3.4}$$

式中，$\delta\varepsilon$ 是对非理想箱体(现实中热盖的发射率不为 1，冷盖的发射率不为 0)的发射率修正(Rubio et al.，2003)；ε_c 是非理想箱体(一般为铝板)的发射率，P 和 Q 是冷盖、热盖发射率和其热传导因子的函数。

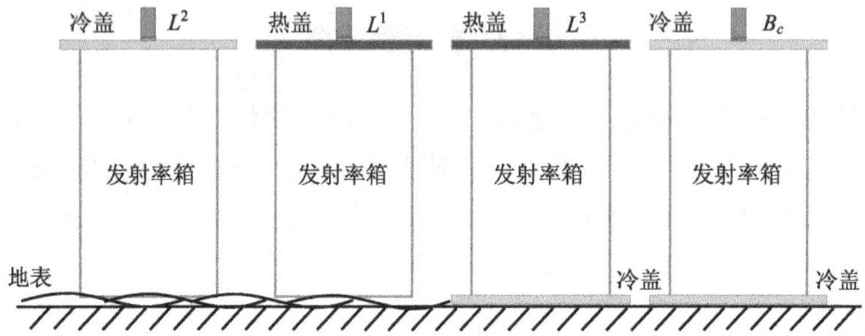

图 3.5　双盖法测量地物发射率示意图(改绘自 Rubio et al.，1997；朱金顺等，2021)

双盖法不依赖实验环境温度，但是对实验要求较高，需要控制盖表面温度分布均一且保证理想状态下冷盖发射率接近 0 和热盖发射率接近 1。Rubio 等(1997)比较了上述两种箱法测量方法的优劣，指出单盖法更适于野外测量地表发射率。双盖法在低风力和无云的条件下，其平均误差为±0.5%(Mira et al.，2009；朱金顺等，2021)。发射率箱法常用于地物发射率的长期观测，在 MODIS 发射率验证、获取 MSG/SEVIRI 地表温度产品验证过程中使用的地表发射率数据等研究中被使用。

3. 野外光谱仪测量发射率

Model 102F 型便携式傅里叶变换热红外光谱仪、BOMEM MR304 等便携式红外光谱仪可在野外实时测量红外辐射，进而求解得到地表发射率。傅里叶变换热红外光谱仪是一种比较常见的野外测量地物发射率的仪器(王珲等，2009)。便携式 Model 102F 型傅里叶变换热红外光谱仪是美国 D&P 仪器公司生产的一种发射率测量仪器(图 3.6)。该仪器由一台傅里叶变换光谱仪、两个黑体、一个电流转换器、一块漫反射金板和一台便携式计算机组成。它具有记录速度快、信噪比高、敏感性好、输入辐射通量大(不用狭缝)、杂散辐射少的优点，其工作光谱范围为 2～16 μm，光谱分辨率可分别设定为 4、8、16 cm^{-1}，可以在强烈振动环境(例如运动的直升机)中工作。

图 3.6　便携式傅里叶变换热红外光谱仪

为了获取目标发射率，地面试验中傅里叶变换热红外光谱仪的测量分四步进行。

第一步是仪器定标。为获得有用的地物目标辐射信号，需要在测量地物目标的辐射亮度之前对光谱仪进行辐射定标。该仪器采用双温法对标准黑体进行测量，完成定标过程。

第二步是目标辐射亮度测量。完成光谱仪辐射定标后，利用仪器的光谱响应度和光谱辐亮度可以将未定标的仪器测量值换算成定标后的目标辐射亮度值。为减少大气环境的影响、提高信噪比以及保持仪器内部温度的稳定，通常需要将光谱仪的光学头部保持在距离地面目标 1 m 内的高度，并且用最短时间(约 2～3 s)对目标进行 8 次或 16 次扫描获得一条目标光谱辐射亮度曲线。

第三步是大气下行辐射或环境辐射测量。光谱仪使用一块漫反射金板完成大气下行辐射测量。漫反射金板是在一个铝制的底板上面镀上一层漫反射的金薄膜。为了准确测量向下大气辐射被目标反射的辐射分量，金板必须在测量样品辐射之后或之前立即测量，并且其位置和方位应与地物目标的位置和方位一致。但是金板并不是一个理想的反射体，其发射率约为 0.04，具有较小的热辐射贡献，因而，在测量天空背景辐射亮度时必须修正由金板自身的发射辐射引起的误差。此外，要计算金板的热辐射贡献，必须先测出金板的温度。

最后一步是目标发射率提取。在完成仪器定标、目标辐射亮度测量、大气下行辐射及其他背景辐射校正基础上，只要物体的温度已知，根据式(3.1)则可获取目标物的发射率。便携式热红外光谱仪允许直接输入目标真实温度，但是由于直接测量温度的误差较大，该仪器内置了温度与发射率分离算法，可以自动拟合得到目标发射率光谱曲线。图 3.7 是实验室和傅里叶变换热红外光谱仪野外测量的两条光谱曲线。两种方法获取的黄金树发射率光谱曲线具有较好的一致性。

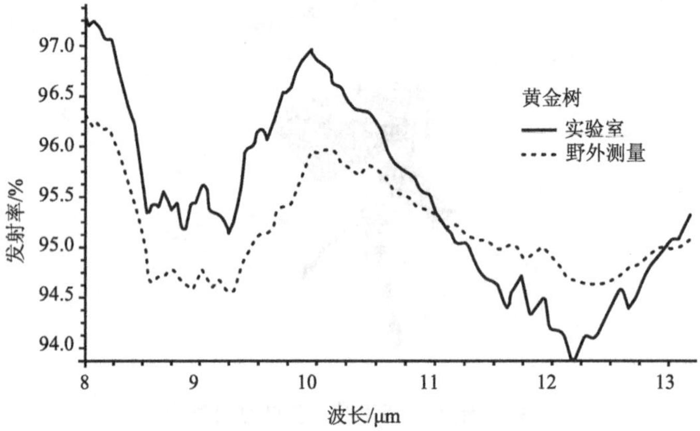

图 3.7 实验室和 Model 102F 野外测量的黄金树发射率光谱曲线(改绘自 Luz and Crowley，2007)

4. 多波段红外辐射计测量发射率

除使用便携式分光光谱仪测量野外光谱发射率外，手持多波段红外辐射计 CIMEL CE312 也可用于野外发射率的测量。CE312 包含 5 个窄波段和 1 个宽波段，窄波段波长范围分别是 8.25～8.60 μm、8.49～8.86 μm、8.95～9.34 μm、10.16～10.96 μm 和 10.86～11.71 μm，宽波段波长范围是 8.01～13.34 μm。CE312 的 5 个窄波段配置与搭载在 TERRA 平台 ASTER 传感器的 5 个热红外波段配置类似，其观测视角为 10°，响应时间为 1 s。多波段红外辐射计 CE312 需要测量一组离地辐射和大气下行热辐射，用于求解地表发射率。CE312 的 5 个窄波段配置使得可以利用多波段温度与发射率分离算法从地物辐射中求解地物发射率。

3.3 航空热红外遥感数据

航空热红外遥感具有机动性强、实时更新快、地面分辨率高、观测信息丰富等特点，是快速获取高精度遥感数据的重要手段，因此被广泛用于资源勘查、环境监测、灾害预报以及军事侦察等领域。航空平台主要包括有人驾驶飞机和无人机两大类。

3.3.1　有人驾驶飞机载荷

目前国内外常见的具有热红外波段成像功能的航空遥感系统，均依靠单元探测器或者线列探测器配合光机扫描实现大视场红外成像，主要搭载在有人驾驶飞机上进行工作，往往具有体积大、重量大、制造和使用成本高等特点。

1. OMIS

实用型模块化成像光谱仪(operational modular imaging spectrometer，OMIS)是中国科学院上海技术物理研究所研制的新型航空遥感仪器。

OMIS 成像光谱仪设计了 2 种工作模式。OMIS Ⅰ型自可见光至热红外波段划分为 5 个光谱段，总共 128 个波段：0.46～1.1 μm 光谱范围设置了 64 个波段，光谱分辨率为 10 nm；1.06～1.70 μm 范围设置了 16 个波段，光谱分辨率为 60 nm；2.0～2.5 μm 范围设置了 32 个波段，光谱分辨率为 15 nm；3.0～5.0 μm 设置了 8 个波段，光谱分辨率为 250 nm；8.0～12.5 μm 设置了 8 个波段，光谱分辨率为 500 nm，总视场角为 70°，瞬时视场角为 3.0 mrad。OMIS Ⅱ型共有 68 个波段，0.46～1.1 μm 光谱范围设置了 64 个波段，光谱分辨率为 10 nm；1.55～1.75 μm、2.08～2.35 μm、3～5 μm、8～12.5 μm 各 1 个波段。

2. ATHIS

机载热红外高光谱成像仪(airborne thermal infrared hyperspectral imaging system, ATHIS)由中国科学院上海技术物理研究所于 2016 年研制。ATHIS 具有 140 个波段，光谱范围为 8.0～12.5 μm，空间分辨率为 1 mrad，光谱分辨率为 38 nm，探测灵敏度平均优于 0.17 K。ATHIS 单个相机的视场角(FOV)约为 14°，采用 3 台相同的热红外高光谱相机进行后期拼接，获得约 40°的观测视场角，重量约为 35 kg。

3. AHI

机载高光谱成像仪(airborne hyperspectral imager，AHI)由美国夏威夷大学地球物理和行星学研究所于 1998 年研制。AHI 是一种具有实时辐射校准的推扫式机载长波红外高光谱传感器，扫描条带宽度为 13°(256 像素)。AHI 具有 32 个波段，光谱范围为 7.5～11.5 μm，空间分辨率为 2 mrad，光谱分辨率为 125 nm，探测灵敏度小于 0.1 K。AHI 能够被放置在一个空气动力学吊舱中，并被安装到直升机上，也具有安装在固定翼飞机上的配置。2008 年，研发了 AHI-Ⅱ型产品。

4. TASI-600

TASI-600 是加拿大 ITRES 公司推出的一款商用机载热红外成像光谱仪。TASI-600 采用推扫式成像，具有 32 个波段，光谱范围为 8.0～11.5 μm，空间分辨率为 1.186 mrad，光谱分辨率优于 120 nm，探测灵敏度平均优于 0.17 K，视场角为 40°。表 3.2 给出了 TASI-600 的波段设置。

表 3.2 TASI-600 波段特性

波段	中心波长/μm	波段	中心波长/μm
1	8.0548	17	9.8068
2	8.1643	18	9.9163
3	8.2738	19	10.0258
4	8.3833	20	10.1353
5	8.4928	21	10.2448
6	8.6023	22	10.3543
7	8.7118	23	10.4638
8	8.8213	24	10.5733
9	8.9308	25	10.6828
10	9.0403	26	10.7923
11	9.1498	27	10.9018
12	9.2593	28	11.0113
13	9.3688	29	11.1208
14	9.4783	30	11.2303
15	9.5878	31	11.3398
16	9.6973	32	11.4493

3.3.2 无人机载荷

无人机是一种机上不载人的飞行器，包含动力系统、导航装置和数据传输系统，在一定控制范围内使用无线电遥控或飞行程序控制设备自主飞行。低空无人机搭载的热红外传感器，在中小尺度高精度遥感监测中优势明显，尤其在农业、林业、生态等领域的应用比较广泛。

1. Workswell WIRIS Pro^{Sc}

捷克 Workwell 公司研发的 WIRIS Pro^{Sc} 机载热像仪具有一个热红外镜头和一个光学镜头，可以同时获取热红外图像和光学图像(图 3.8)。热红外图像超分辨率模式高达 1266 像素×1010 像素，温度灵敏度为 0.03℃，可选配测温值高达 1500℃，多种视场角度镜头可选，能够进行 12 倍连续数字变焦；光学数码相机成像分辨率为 1920 像素×1080 像素，具备防抖功能。详细技术指标见表 3.3。

图 3.8　WIRIS Pro^{Sc} 机载热像仪

表 3.3　WIRIS Pro^{Sc} 技术指标

仪器	项目	参数
热像仪	图像分辨率	640 像素× 512 像素/ 1266 像素×1010 像素
	测温范围/℃	–25～150，–40～550 50～1000、400～1500
	测温灵敏度/℃	0.03
	测温精度	±2%或者±2℃
	光谱范围/μm	7.5～13.5
	探测器类型	非冷却 VOx 微测热辐射计
	镜头	18°、32°、45°、69° 可选，可自行更换
	数字变焦	1～12 倍可持续变焦
光学数码相机	图像分辨率	1920 像素×1080 像素
	视角 / 焦距	6.9°～ 58.2°/焦距 33.0～3.3 mm
	光学变焦	10 倍光学变焦，具有防抖功能
尺寸质量	尺寸	83 mm×85 mm×68 mm
	质量/g	＜450

WIRIS Pro^{Sc} 具备极为丰富的外围硬件接口，支持 CAN 以及 S.BUS 总线协议，可进行 PWM 以及 TTL 等多种触发测量，具有 HDMI 高清视频接口，可方便地集成无人机系统，以及远程实时查看与分析数据。热像仪自带 GPS 模块，也能够连接外部 GPS 传感器，内置 128GB 或 256GB SSD 用于存储，也可以将数据保存到外部 U 盘或 microSD 卡中。

2. FLIR Duo Pro R640

FLIR Duo Pro R640 是美国 FLIR Systems 研制的一款专门为无人机开发的机载双视红外热像仪(图 3.9)。相机具有一个热红外镜头和一个光学镜头，热红外镜头分辨率为 640 像素×512 像素，温度灵敏度为 50 mK，可选配测温值达 550℃；光学镜头分辨率为 4000 像素×3000 像素。详细技术指标见表 3.4。

图 3.9　FLIR Duo Pro R640 热像仪

表 3.4　FLIR Duo Pro R640 技术指标

仪器	项目	参数
热红外镜头	图像分辨率	640 像素×512 像素
	测温范围/℃	高增益模式：–25～150 低增益模式：–40～550
	测温灵敏度/mK	50
	测温精度	–25～135℃范围内为±5℃或读数的 5% –40～550℃范围内为±20℃或读数的 20%
	光谱范围	7.5～13.5 μm
	探测器类型	非冷却 VOx 微测热辐射计
	调焦方式	定焦
光学镜头	图像分辨率	4000 像素×3000 像素
	视场	56°×45°
	调焦方式	定焦
尺寸质量	尺寸	85 mm× 86.5 mm× 68.5 mm
	质量/g	325

FLIR Duo Pro R640 带有多个接口，包括 3 路 PWM、模拟视频、USB、Micro-HDMI 等，提供模拟和数字视频输出方式，具有 5～26 V DC 的电压输入范围，几乎可以适应任何无人机，使用 PWM 输入或 MAVLink 设备接口控制空中摄像机。该产品还包括一个板载传感器套件，可创建独立的机载测绘包，机载测绘系统有助于获取图像的准确元数据，包括经纬度、温度和海拔等。

3. DJI 禅思 H20

DJI 禅思 H20 是由大疆公司研发的一款混合传感器，集变焦相机、广角相机、热像仪、激光测距仪于一身(图 3.10)。其中热像仪图像分辨率为 640 像素×512 像素，最高测温值可达 550℃，视场角度为 40.6°，灵敏度为 50 mK，可以实现全局测温。变焦相机有效像素高达 2000 万，可实现 23 倍混合光学变焦；广角相机像素达 1200 万；激光测距仪最大测距 1200 m。详细技术指标见表 3.5。

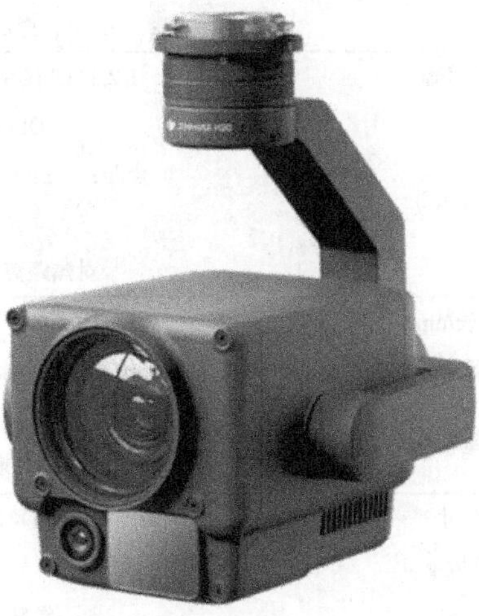

图 3.10　DJI 禅思 H20

表 3.5　DJI 禅思 H20 技术指标

仪器	项目	参数
热像仪	图像分辨率	640 像素 ×512 像素
	测温范围/℃	高增益模式：–40～150 低增益模式：–40～550
	测温灵敏度/mK	50
	像素间距/μm	12
	光谱范围/μm	8～14

续表

仪器	项目	参数
热像仪	探测器类型	非冷却 VOx 微测热辐射计
	镜头	DFOV：40.6° 焦距：13.5 mm（等效焦距：58 mm） 光圈：f/1.0 对焦距离：5 m 至无穷远
	测温方式	点测温、区域测温
	调焦方式	1 倍、2 倍、4 倍、8 倍
变焦相机	传感器	1/1.7″CMOS，有效像素 2000 万
	对焦模式	MF/AF-C/AF-S
	镜头	DFOV：66.6°～4° 焦距：6.83～119.94 mm(等效焦距：31.7～556.2 mm) 光圈：f/2.8～f/11(正常)，f/1.6～f/11(夜景) 对焦距离：1 m 至无穷远(广角)，8 m 至无穷远(长焦)
广角相机	传感器	1/2.3" CMOS，有效像素 1200 万
	镜头	DFOV：82.9° 焦距：4.5 mm(等效焦距：24 mm) 光圈：f/2.8 对焦距离：1 m 至无穷远
激光测距仪	波长/nm	905
	测量范围	3～1200 m(直径 12 m、20%反射率的垂直反射面)
	测量精度	±(0.2 m+D×0.15%) 其中 D 表示与垂直反射面之间的距离
尺寸质量	尺寸	150 mm×114 mm×151 mm
	质量/g	678±5
	支持机型	经纬 M300 RTK

DJI 禅思 H20 可实现联动拍摄，即变焦相机、广角相机、热像仪同时拍照或录像。所有照片存储于 SD 卡中，存储卡类型为 microSD 卡，最大支持 128 GB 容量。

4. DJI Mavic 2 Pro 行业双光版

DJI Mavic 2 Pro 行业双光版无人机搭载了双光热成像云台相机(图 3.11)，热红外相机的图像分辨率为 160 像素×120 像素，测温最高可达 400℃，在高增益模式下测温精度最高可达 5%，视角为 57°。可见光相机有效像素可达 1200 万，视角为约 85°，35 mm 格式等效焦距为 24 mm。详细技术指标见表 3.6。

图 3.11　DJI Mavic 2 Pro 行业双光版

表 3.6　DJI Mavic 2 Pro 行业双光版技术参数

仪器	项目	参数
热红外相机	图像分辨率	160 像素×120 像素
	测温范围	高增益模式：−10～140℃ 低增益模式：−10～400℃
	测温精度	高增益模式：最大 5%(典型值) 低增益模式：最大 10%(典型值)
	光谱范围/μm	8～14
	探测器类型	非制冷氧化钒微测辐射热计
	镜头	视角：57°（HFOV），光圈：f/1.1
可见光相机	传感器	1/2.3 英寸 CMOS；有效像素 1200 万
	镜头	视角：约 85° 35 mm 格式等效焦距：24 mm 光圈：f/2.8 对焦点：0.5 m 至无穷远
	调焦方式	定焦
飞行器参数	尺寸	322 mm×242 mm×84 mm
	质量/g	899(无配件)
	最长飞行时间/min	31
	最大水平飞行速度/(km·h^{-1})	72
	最大飞行海拔/m	6000
	GNSS	GPS+GLONASS
	机载内存/GB	24

DJI Mavic 2 Pro 行业双光版可以利用机载内存 24GB 存储数据，也可以将数据保存到外部 microSD 卡中。

3.4 卫星热红外遥感数据

3.4.1 陆地卫星

1. Landsat 系列

陆地卫星 Landsat 系列是全球运行时间最长的陆地遥感卫星系列。1972 年 7 月 23 日首颗卫星发射，称为地球资源卫星，后来改称陆地卫星 Landsat。迄今 Landsat 系列已发射 9 颗卫星，编号依次为 Landsat 1～Landsat 9(其中 Landsat 6 发射失败)，发展历程见图 3.12。Landsat 系列卫星轨道为太阳同步近极地圆形轨道，卫星由北向南降轨运行。Landsat 4～Landsat 9 轨道高度 705 km，轨道倾角 98.2°，地方时约上午 9 点 45 分穿过赤道(降交点)。

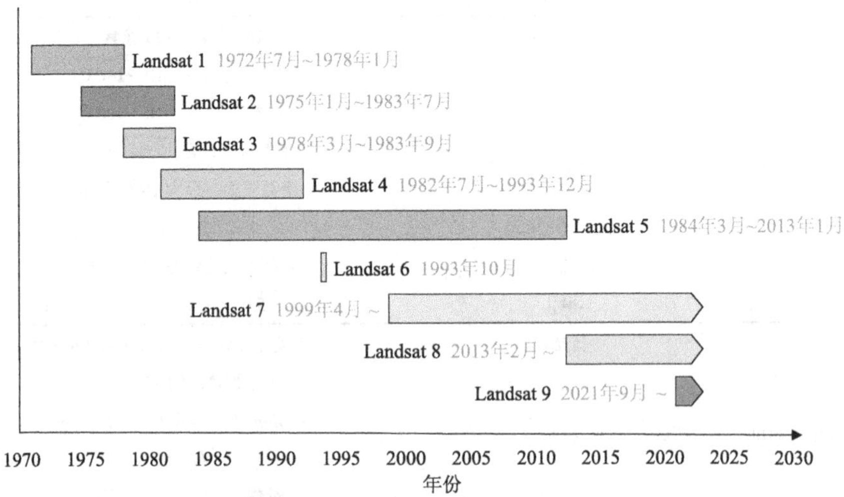

图 3.12 Landsat 系列卫星发展历程(改绘自 https://www.usgs.gov/landsat-missions)

Landsat 1～3 卫星主要搭载多光谱扫描仪系统(multispectral scanner system, MSS)。该传感器设置了 4 个多光谱波段，但是没有热红外波段，空间分辨率为 78 m。

Landsat 4～5 卫星主要搭载专题制图仪(thematic mapper，TM)，TM 传感器有 6 个多光谱波段和 1 个热红外波段，多光谱波段分辨率为 30 m，热红外波段(第 6 波段)分辨率为 120 m，时间分辨率为 16 d，影像幅宽 185 km。Landsat 7 卫星搭载了增强型专题制图仪(enhanced thematic mapper plus，ETM+)，相比 TM，ETM+ 增加了一个 15 m 分辨率的全色波段，热红外波段空间分辨率提高到 60 m，并改善了定位精度和辐射精度。表 3.7 和表 3.8 分别给出了 TM 和 ETM+传感器的具体波段设置。

表 3.7　Landsat TM 波段特性

波段	波长范围/μm	分辨率/m
1	0.45～0.52	30
2	0.52～0.60	30
3	0.63～0.69	30
4	0.76～0.90	30
5	1.55～1.75	30
6	10.40～12.50	120
7	2.08～2.35	30

表 3.8　Landsat ETM+波段特性

波段	波长范围/μm	分辨率/m
1	0.45～0.52	30
2	0.52～0.60	30
3	0.63～0.69	30
4	0.77～0.90	30
5	1.55～1.75	30
6	10.40～12.50	60
7	2.08～2.35	30
8	0.52～0.90	15

Landsat 8 和 Landsat 9 搭载了陆地成像仪(operational land imager，OLI)和热红外传感器(thermal infrared sensor，TIRS)。OLI 传感器包括 8 个多光谱波段与 1 个全色波段，相比于 ETM+，新增了 1 个蓝色波段用于海岸带监测和 1 个短波红外波段用于卷云监测。TIRS 传感器有 2 个热红外波段，分辨率为 100 m。表 3.9 给出了 OLI 和 TIRS 的具体波段设置。

表 3.9　Landsat OLI 和 TIRS 波段特性

传感器	波段	波长范围/μm	分辨率/m
OLI	1	0.43～0.45	30
	2	0.45～0.51	30
	3	0.53～0.59	30
	4	0.64～0.67	30

续表

传感器	波段	波长范围/μm	分辨率/m
OLI	5	0.85～0.88	30
	6	1.57～1.65	30
	7	2.11～2.29	30
	8	0.50～0.68	15
	9	1.36～1.38	30
TIRS	10	10.60～11.19	100
	11	11.50～12.51	100

Landsat 数据目前免费发布，下载地址为 USGS Earth Explorer（https://earthexplorer.usgs.gov/）、USGS Glovis（https://glovis.usgs.gov/）、NASA Earthdata（http://earthdata.nasa.gov/）、地理空间数据云（http://www.gscloud.cn/）、Google Earth Engine（https://earthengine.google.com/）等。

2. Sentinel

哨兵卫星 Sentinel 是欧空局哥白尼计划的一部分，主要用于地球观测。2014 年 4 月 3 日首颗卫星 Sentinel-1A 发射，迄今 Sentinel 系列已发射 8 颗卫星，分别是 Sentinel-1A、Sentinel-1B、Sentinel-2A、Sentinel-2B、Sentinel-3A、Sentinel-3B、Sentinel-5、Sentinel-5P。Sentinel 卫星轨道为太阳同步近极地圆形轨道，卫星由北向南降轨运行。

Sentinel-1 搭载的传感器为 C 波段合成孔径雷达，两颗卫星 Sentinel-1A 和 Sentinel-1B 分别于 2014 年 4 月 3 日和 2016 年 4 月 25 日发射升空。Sentinel-2 为多光谱成像卫星，两颗卫星 Sentinel-2A 和 Sentinel-2B 分别于 2015 年 6 月 23 日和 2017 年 3 月 7 日发射升空，搭载多光谱成像仪（multispectral instrument，MSI），卫星的重访周期为 10 天，两颗互补重访周期缩短为 5 天。MSI 有 13 个波段，覆盖从可见光到短波红外的光谱区间，幅宽达 290 km，空间分辨率分别为 10、20 和 60 m。Sentinel-5 Precursor（也称为 Sentinel-5P）用于大气环境和气候观测，于 2017 年 10 月 13 日发射，轨道高度 824 km。其搭载的对流层观测仪（tropospheric monitoring instrument，TROPOMI）覆盖从紫外到短波红外的光谱区间，空间分辨率 7 km×3.5 km、成像幅宽 2600 km，可有效观测全球大气痕量气体组分，包括二氧化氮、臭氧、甲醛、二氧化硫、甲烷、一氧化碳和气溶胶等。

Sentinel-3 携带了多种传感器，两颗卫星 Sentinel-3A 和 Sentinel-3B 分别于 2016 年 2 月 16 日和 2018 年 4 月 25 日发射，轨道高度为 815 km。该卫星搭载海洋和陆地颜色仪（ocean land colour instrument，OLCI）、海洋与陆地表面温度辐射

计(sea and land surface temperature radiometer，SLSTR)、合成孔径雷达高度计(synthetic aperture radar altimeter，SARAL)和微波辐射计(microwave radiometer，MWR)，用于测量海面地形、海面和陆地表面温度、海洋和陆地光谱特征等。其中 SLSTR 提供了可见光、近红外、短波红外、中红外和热红外波段的观测数据，包括 11 个波段和 2 个观测角度(垂直观测 0°和前向观测 55°)，热红外波段空间分辨率为 1 km(包括 1 个中红外火灾监测波段 F1)，其余波段空间分辨率为 500 m，重复观测周期为 1 天。星下点观测模式幅宽为 1400 km，倾斜观测模式下幅宽为 740 km。表 3.10 给出了海洋与陆地表面温度辐射计 SLSTR 的具体波段设置。

表 3.10　Sentinel-3 SLSTR 波段特性

波段	中心波长/μm	波段宽度/μm	分辨率/m
S1	0.555	0.02	500
S2	0.659	0.02	500
S3	0.870	0.02	500
S4	1.375	0.02	500
S5	1.610	0.06	500
S6	2.225	0.05	500
S7	3.700	0.40	1000
S8	10.850	0.78	1000
S9	12.000	0.91	1000
F1	3.700	0.40	1000
F2	12.000	0.78	1000

Sentinel 数据目前免费发布，下载地址为 NASA LAADS DAAC(https://ladsweb.modaps.eosdis.nasa.gov/)和欧空局哥白尼开放获取中心(https://scihub.copernicus.eu/)等。

3. 高分五号

高分(Gaofen，GF)系列卫星属于我国高分专项工程，该工程全名为高分辨率对地观测系统重大专项，是《国家中长期科学和技术规划发展纲要(2006—2020 年)》确立的 16 个国家重大科技专项之一。该专项设立的初衷是建立一整套高时间分辨率、高空间分辨率、高光谱分辨率的自主可控卫星系列。从 2010 年项目实施至今，已发射高分一号、高分二号、高分三号、高分四号、高分五号、高分六号、高分七号、高分八号、高分九号、高分十号、高分十一号、高分十二号、高分十三号、高分十四号、高分多模等高分辨率光学、热红外、雷达、立体测绘、大气环境等不同类型的多颗卫星。

高分五号(GF5)卫星是世界首颗实现对大气和陆地综合观测的全谱段高光谱卫星，也是目前高分系列卫星中搭载载荷最多、光谱分辨率最高、探测手段最多的卫星。高分五号和高分五号 02 星分别于 2018 年 5 月 9 日和 2021 年 9 月 7 日发射升空，卫星轨道为太阳同步轨道，轨道高度为 705 km，轨道倾角为 98.2°，地方时约 13 点 30 分穿过赤道(降交点)。

高分五号卫星所搭载的全谱段光谱成像仪(visual and infrared multispectral imager，VIMI)覆盖了从可见光到热红外的波长范围，共 12 个波段，其中可见光、近红外和短波红外波段空间分辨率为 20 m，中红外和热红外波段空间分辨率为 40 m，幅宽 60 km。表 3.11 给出了 VIMI 的具体波段设置。

表 3.11　高分五号 VIMI 波段特性

波段	波长范围/μm	分辨率/m
1	0.45～0.52	20
2	0.52～0.60	20
3	0.62～0.68	20
4	0.76～0.86	20
5	1.55～1.75	20
6	2.08～2.35	20
7	3.50～3.90	40
8	4.85～5.05	40
9	8.01～8.39	40
10	8.42～8.83	40
11	10.3～11.3	40
12	11.4～12.5	40

高分系列卫星的部分数据目前免费发布，下载地址为高分辨率对地观测系统网格平台(https://www.cheosgrid.org.cn/)和陆地观测卫星数据服务平台。

4. 资源卫星

1988 年中国和巴西两国政府联合议定书批准，共同投资研制资源遥感卫星，称为资源一号，又称中巴地球资源卫星 CBERS 系列。后期我国独立研制的资源卫星，从资源二号开始编号，又称资源卫星 ZY 系列。该卫星系列中，资源一号卫星 01/02 星(CBERS-01/02)、资源一号卫星 04 星(CBERS-04)搭载了热红外传感器。

资源一号卫星 01/02 星分别于 1999 年 10 月 14 日和 2003 年 10 月 21 日发射升空。卫星轨道为太阳同步近极地圆形轨道，轨道高度 778 km，轨道倾角 98.5°，地方时约上午 10 点 30 分穿过赤道(降交点)，回归周期 26 天。卫星搭载 CCD 相机、宽视场成像仪(wide field imager，WFI)和红外多光谱扫描仪系统(infrared multispectral scanner system，IRMSS)。IRMSS 有 1 个全色波段、2 个短波红外波段和 1 个热红外波段，可见光、短波红外波段的空间分辨率为 78 m，热红外波段的空间分辨率为 156 m，扫描幅宽为 119.5 km。表 3.12 给出了 CBERS-01/02 传感器 CCD、WFI 和 IRMSS 的具体波段设置。

表 3.12　CBERS-01/02 CCD、WFI 和 IRMSS 波段特性

传感器	波段	波长范围/μm	分辨率/m
CCD	1	0.45～0.52	20
	2	0.52～0.59	20
	3	0.63～0.69	20
	4	0.77～0.89	20
	5	0.51～0.73	20
WFI	6	0.63～0.69	258
	7	0.77～0.89	258
IRMSS	8	0.50～0.90	78
	9	1.55～1.75	78
	10	2.08～2.35	78
	11	10.4～12.5	156

资源系列卫星的部分数据目前免费发布，下载地址为陆地观测卫星数据服务平台(http://36.112.130.153:7777/DSSPlatform/index.html/)。

3.4.2　极轨气象卫星

1. EOS 卫星

EOS(earth observation system)卫星是美国地球观测系统计划的系列卫星，目的是通过一系列低轨道卫星对地球进行连续的综合观测。该系列主要有 3 颗：TERRA、AQUA 和 AURA。TERRA 也被称为 EOS-AM 上午星，AQUA 也被称为 EOS-PM 下午星，AURA 也被称作 EOS-Chemistry 化学星。其中 TERRA 和 AQUA 都搭载了中分辨率成像光谱仪(MODIS)。TERRA 和 AQUA 卫星轨道为太阳同步近极地圆形轨道，轨道高度 705 km，轨道倾角 98.2°。TERRA 上午地方时约 10 点 30 分穿过赤道(降交点)，AQUA 下午地方时约 13 点 30 分穿过赤道(升交点)。

中分辨率成像光谱仪(MODIS)沿用的是传统的成像辐射计的思想，由横向扫描镜、光收集器件、一组线性探测器阵列和位于 4 个焦平面上的光谱干涉滤色镜组成。这种光学设计可为地学应用提供 0.4～14.5 μm 的 36 个离散波段的图像，针对陆地、大气和海洋各有一些特征波段，能够对地球开展全方位综合观测，其中第 29～36 波段为热红外波段。第 1～2 波段空间分辨率 250 m，第 3～7 波段空间分辨率 500 m，其余波段分辨率 1000 m。时间分辨率为 0.5 d，即一天两次成像，一次白天，一次夜间，幅宽 2330 km。表 3.13 给出了 MODIS 的具体波段设置。

表 3.13　EOS MODIS 波段特性

波段	波长范围/μm	星下点分辨率/m
1	0.620～0.670	250
2	0.841～0.876	250
3	0.459～0.479	500
4	0.545～0.565	500
5	1.230～1.250	500
6	1.628～1.652	500
7	2.105～2.155	500
8	0.405～0.420	1000
9	0.438～0.448	1000
10	0.483～0.493	1000
11	0.526～0.536	1000
12	0.546～0.556	1000
13	0.662～0.672	1000
14	0.673～0.683	1000
15	0.743～0.753	1000
16	0.862～0.877	1000
17	0.890～0.920	1000
18	0.931～0.941	1000
19	0.915～0.965	1000
20	3.660～3.840	1000
21	3.929～3.989	1000
22	3.929～3.989	1000
23	4.020～4.080	1000
24	4.433～4.498	1000
25	4.482～4.549	1000
26	1.360～1.390	1000
27	6.535～6.895	1000
28	7.175～7.475	1000

续表

波段	波长范围/μm	星下点分辨率/m
29	8.400～8.700	1000
30	9.580～9.880	1000
31	10.780～11.280	1000
32	11.770～12.270	1000
33	13.185～13.485	1000
34	13.485～13.785	1000
35	13.785～14.085	1000
36	14.085～14.385	1000

MODIS 数据目前免费发布，下载地址为 USGS LP DAAC（https://lpdaac.usgs.gov/）、NASA Earthdata（http://earthdata.nasa.gov/）、NASA NSIDC DAAC（http://nsidc.org/daac/modis/index.html/）、NASA LAADS DAAC（https://ladsweb.modaps.eosdis.nasa.gov/）、NASA OceanColor（http://oceancolor.gsfc.nasa.gov/）、地理空间数据云（http://www.gscloud.cn/）和 Google Earth Engine（https://earthengine.google.com/）等。

2. NOAA 系列卫星

NOAA 系列卫星是美国国家海洋大气局的第三代实用气象观测卫星，第一代称为 TIROS 系列（1960～1965 年），第二代称为 ITOS 系列（1970～1976 年），其后运行的第三代称为 NOAA 系列，从 1978 年 10 月发射了第一颗 NOAA-1 卫星至今共有 19 颗卫星，最新的一颗为 NOAA-19。NOAA 卫星轨道是近极地太阳同步轨道，轨道高度在 800～850 km，倾角在 98.6°～99.1°，轨道周期为 101.4 min。

NOAA 系列卫星主要载荷为先进甚高分辨率辐射仪 AVHRR，有 5 个波段，星下点空间分辨率为 1.1 km，时间分辨率为 0.5 d，幅宽 2800 km。表 3.14 给出了 AVHRR 的具体波段设置。

表 3.14　NOAA-AVHRR 波段特性

波段	波长范围/μm	星下点分辨率/m
1	0.58～0.68	1100
2	0.725～1.00	1100
3A	1.58～1.64	1100
3B	3.55～3.93	1100
4	10.30～11.30	1100
5	11.50～12.50	1100

NOAA-AVHRR 数据目前免费发布，下载地址为 USGS Earth Explorer（https://earthexplorer.usgs.gov/）、USGS Glovis（https://glovis.usgs.gov/）和地理空间数据云（http://www.gscloud.cn/）等。

3. 风云三号

风云三号（FY-3）卫星是我国的第二代极轨气象卫星，第一代极轨气象卫星为风云一号（FY-1）。风云三号系列第一颗卫星 FY-3A 于 2008 年 5 月 27 日发射升空，此后陆续有 FY-3B、FY-3C、FY-3D、FY-3E 发射升空。风云三号卫星轨道为近极地太阳同步轨道，轨道高度 836 km，轨道倾角 98.75°，轨道周期为 101.5 min。

风云三号卫星的不同批次（第一批次，FY-3A、FY-3B；第二批次，FY-3C、FY-3D；第三批次，FY-3E）搭载了不同的传感器组合，包括中分辨率光谱成像仪（medium resolution spectral imager，MERSI）、可见光红外扫描辐射计（visible and infrared radiometer，VIRR）、微波温度计（microwave temperature sounder，MWTS）、微波湿度计（microwave humidity sounder，MWHS）、微波成像仪（microwave radiometer imager，MWRI）、红外分光计（infrared atmospheric sounder，IRAS）、紫外臭氧总量探测仪（total ozone unit，TOU）、紫外臭氧垂直探测仪（solar backscatter ultraviolet sounder，SBUS）、地球辐射探测仪（the earth radiation measurement，ERM）和太阳辐照度监测仪（solar irradiance monitor，SIM）等。其中所有卫星都搭载了 MERSI 传感器，但是型号有区别，第一批次搭载的是 MERSI-Ⅰ型、第二批次搭载的是 MERSI-Ⅱ型、第三批次搭载的是 MERSI 微光型。MERSI-Ⅱ型在Ⅰ型基础上，总波段数由 20 个增加至 25 个，覆盖了从可见光到热红外的光谱区间。其中第 1～4、24 和 25 波段空间分辨率 250 m，其余波段分辨率 1000 m。时间分辨率为 0.5 d，幅宽 2000 km。表 3.15 给出了 MERSI-Ⅱ的具体波段设置。

表 3.15　FY-3 MERSI-Ⅱ波段特性

波段	中心波长/μm	波段宽度/μm	星下点分辨率/m
1	0.47	0.05	250
2	0.55	0.05	250
3	0.65	0.05	250
4	0.865	0.05	250
5	1.38	0.03	1000
6	1.64	0.05	1000
7	2.13	0.05	1000
8	0.412	0.02	1000
9	0.443	0.02	1000

续表

波段	中心波长/μm	波段宽度/μm	星下点分辨率/m
10	0.49	0.02	1000
11	0.555	0.02	1000
12	0.67	0.02	1000
13	0.709	0.02	1000
14	0.746	0.02	1000
15	0.865	0.02	1000
16	0.905	0.02	1000
17	0.936	0.02	1000
18	0.94	0.05	1000
19	1.03	0.02	1000
20	3.8	0.18	1000
21	4.05	0.155	1000
22	7.2	0.50	1000
23	8.55	0.30	1000
24	10.8	1.0	250
25	12	1.0	250

FY-3 数据目前免费发布，下载地址为风云卫星遥感数据服务网(http://satellite.nsmc.org.cn/PortalSite/Data/Satellite.aspx/)。

3.4.3 静止气象卫星

1. 风云四号

风云四号(FY-4)卫星为我国第二代静止气象卫星，第一代静止气象卫星为风云二号(FY-2)。风云四号系列第一颗卫星 FY-4A 于 2016 年 12 月 11 日发射升空，FY-4B 于 2021 年 6 月 3 日发射。目前共有两颗卫星在轨运行：FY-4A 和 FY-4B。卫星位于 35 786 km 高度的地球同步轨道，两颗卫星分别定点于 104.7°E 和 133.0°E 赤道上空。

FY-4 卫星搭载多通道扫描成像辐射计(advanced geostationary radiation imager，AGRI)，相比于 FY-2 卫星搭载的可见光红外自旋扫描辐射仪(visible and infrared spin scan radiometer, VISSR)，各方面性能均有提升。FY-4A AGRI 传感器共有 14 个波段，FY-4B 增加了 1 个水汽波段，共有 15 个波段，空间分辨率为 0.5～4 km，其中有 4 个热红外波段，全圆盘图像时间分辨率为 15 min，成像范围覆盖地球表面三分之一的固定区域。表 3.16 给出了 AGRI 的具体波段设置。

表 3.16　FY-4A AGRI 波段特性

波段	波长范围/μm	分辨率/km
1	0.45～0.49	1
2	0.55～0.75	0.5
3	0.75～0.90	1
4	1.36～1.39	2
5	1.58～1.64	2
6	2.10～2.35	2
7	3.50～4.00(高增益)	2
8	3.50～4.00(低增益)	4
9	5.80～6.70	4
10	6.90～7.30	4
11	8.00～9.00	4
12	10.30～11.10	4
13	11.50～12.50	4
14	13.20～13.80	4

FY-4 数据目前免费发布，下载地址为风云卫星遥感数据服务网(http://satellite.nsmc.org.cn/PortalSite/Data/Satellite.aspx/)。

2. GOES

GOES(geo-stationary operational environmental satellite)是美国的地球同步轨道静止环境卫星系列。自 1975 年以来，一共经历了 3 代，共规划卫星 21 颗(GOES-A～GOES-U)，除 GOES-G 发射失败、GOES-Q 计划取消、GOES-U 正在研制以外，已成功发射 18 颗(GOES-1～GOES-18)。GOES-1～GOES-7 为第一代，GOES-8～GOES-15 为第二代，GOES-16～GOES-18 为第三代(也称为 GOES-R 系列)，是 GOES 系列卫星中目前在轨运行的 3 颗卫星。GOES 系列卫星位于赤道上空 35 786 km 的地球同步轨道，采用双星在轨运行机制，并同时保留一颗备份卫星(位于 105°W 地球静止轨道)以应对在轨运行卫星突发故障。在轨运行卫星中，一颗定点于 75°W 赤道上空(也称为 GOES-East)，监测北美洲和太平洋地区；另一颗定点于 135°W 赤道上空(也称为 GOES-West)，监测北美洲、南美洲和大西洋的大部分地区。

GOES-R 系列卫星搭载先进基线成像仪(advanced baseline imager，ABI)，ABI 有 16 个波段，包括 2 个可见光波段，1 个近红外波段、3 个短波红外波段、4 个中红外波段和 6 个热红外波段。ABI 具有多种扫描模式，针对地球圆盘(full disk)的扫描时间分辨率为 5～15 min，针对美国本土区域(Continental United States)的扫描时间分辨率为 5 min，空间分辨率为 0.5～2 km；针对中尺度区域(meso)的扫描时间分辨率为 0.5 min。ABI 可见光和近红外波段的星下点空间分辨率为 0.5～1 km，短波红外至热红外波段的星下点空间分辨率为 1～2 km。表 3.17 给出了 ABI 的具体波段设置。

表 3.17　GOES ABI 波段特性

波段	中心波长/μm	波段宽度/μm	分辨率/km
1	0.47	0.04	1
2	0.64	0.1	0.5
3	0.86	0.04	1
4	1.37	0.03	2
5	1.6	0.06	1
6	2.2	0.05	2
7	3.9	0.2	2
8	6.2	0.9	2
9	6.9	0.4	2
10	7.3	0.2	2
11	8.4	0.4	2
12	9.6	0.2	2
13	10.3	0.5	2
14	11.2	0.8	2
15	12.3	1	2
16	13.3	0.6	2

GOES 数据目前免费发布，下载地址为 NOAA CLASS（https://www. bou.class. noaa.gov/saa/products/welcome/）、NOAA NCDC（https:// www.ncdc.noaa. gov/airs-web/search/）和 Google Earth Engine（https://earthengine. google.com/）等。

3. Himawari

葵花(Himawari)是日本第三代静止气象卫星。自 1977 年以来，日本的静止系列气象卫星已经历了三代，即第一代 GMS 卫星(共发射 5 颗，一直服役到 2003 年)，第二代 MTSAT 卫星(MTSAT-1R 和 MTSAT-2)和第三代 Himawari 卫星。两颗 Himawari 卫星(Himawari-8 和 Himawari-9)已分别于 2014 年 10 月 7 日和 2016 年 11 月 2 日发射升空，这两颗卫星计划运行到 2029 年。这两颗 Himawari 卫星位于 35 786 km 高度的地球同步轨道，定点于 140.7°E 赤道上空。

Himawari 搭载先进葵花成像仪(advanced himawari imager，AHI)，其与美国

GOES 卫星的 ABI 传感器性能指标非常相似。AHI 共有 16 个波段，包括 3 个可见光波段、1 个近红外波段、2 个短波红外波段、4 个中红外波段和 6 个热红外波段。AHI 同样具有多种扫描模式：针对地球圆盘(full disk)的扫描时间分辨率为 10 min，针对日本地区(Japan area，有两个范围)和特定区域的扫描时间分辨率为 2.5 min，针对地标性区域(两个范围)的扫描时间分辨率为 0.5 min。地球圆盘和日本地区的扫描范围是固定的，特定区域和地标性区域可以灵活调整。AHI 可见光和近红外波段的星下点空间分辨率为 0.5～1 km，短波红外至热红外波段的星下点空间分辨率为 2 km。表 3.18 给出了 AHI 的具体波段设置。

表 3.18 Himawari-8 AHI 波段特性

波段	中心波长/μm	波段宽度/μm	分辨率/km
1	0.46	0.05	1
2	0.51	0.02	1
3	0.64	0.03	0.5
4	0.86	0.02	1
5	1.61	0.02	2
6	2.26	0.02	2
7	3.85	0.22	2
8	6.25	0.37	2
9	6.95	0.12	2
10	7.33	0.17	2
11	8.60	0.32	2
12	9.63	0.18	2
13	10.45	0.3	2
14	11.20	0.2	2
15	12.35	0.3	2
16	13.30	0.2	2

Himawari-8 数据目前免费发布，下载地址为 JAXA Himawari Monitor (https://www.eorc.jaxa.jp/ptree/)、NICT(https://sc-nc-web.nict.go.jp/wsdb_osndisk/shareDirDownload/bDw2maKV)等。

4. Meteosat

Meteosat 卫星是欧洲气象卫星组织(European Organization for the Exploitation of Meteorological Satellites，EUMETSAT)的地球同步轨道静止气象卫星系列。目前，Meteosat 系列气象卫星已发展到第二代，其第一代(Meteosat-1～Meteosat-7)

已全部正式退役；第二代 Meteosat 卫星（又称 Meteosat Second Generation，MSG）包括 Meteosat-8～Meteosat-11 共 4 颗卫星。这 4 颗卫星分别定点于 41.5°E、3.5°E、9.5°E 和 0°E 赤道上空。

Meteosat 卫星搭载了自旋增强可见光和红外成像仪（spinning enhanced visible and infrared imager，SEVIRI），共有 12 个波段，包括 2 个可见光波段、1 个近红外波段、3 个中红外波段、5 个热红外波段和 1 个全色波段。其中全色波段星下点空间分辨率为 1 km，其余波段星下点空间分辨率为 3 km，时间分辨率为 30 min。表 3.19 给出了 SEVIRI 的具体波段设置。

表 3.19　Meteosat SEVIRI 波段特性

波段	波长范围/μm	分辨率/km
1	0.56～0.71	3
2	0.74～0.88	3
3	1.50～1.78	3
4	3.48～4.36	3
5	5.35～7.15	3
6	6.85～7.85	3
7	8.30～9.10	3
8	9.38～9.94	3
9	9.8～11.8	3
10	11.0～13.0	3
11	12.4～14.4	3
12	0.4～1.1	1

Meteosat 数据目前免费发布，下载地址为 EUMETSAT（https://navigator.eumetsat.int/start/）。

第 4 章　热红外遥感数据处理

4.1　热红外遥感器辐射定标

辐射定标就是建立遥感器输出的数字信号记录值(DN)与对应辐射能量之间的定量数学关系(顾行发等，2013)。美国国家标准与技术研究所的联合报告将辐射定标定义为在一系列测量过程中决定仪器在空间域、时间域、光谱域的辐射性能，仪器输出是与实际辐射能量测量值相关的数值。大多数卫星遥感器的辐射定标公式都基于线性响应的假设，少部分遥感器采用了如二次拟合形式的非线性公式来表达。

为了从遥感数据中获得精确的辐射信息，遥感器必须经过辐射定标。每个新传感器在应用前，需要做辐射定标，以保证探测器的精度能满足应用需求和保证探测器的输出反映被测量目标的真实变化。在包括热红外波段传感器在内的多种数据综合应用中，例如同一个传感器在不同时间获取的遥感数据，或不同平台上不同遥感器在不同时刻或同一时刻对同一目标观测结果的比较分析中，也必须通过辐射定标，才能得到相对统一的辐射能量值。

热红外图像显示的是目标对象的热辐射信息。热遥感器所获得的地物辐射信息(辐射亮度)除了受到大气效应的干扰外，还存在着一系列系统误差，如记录噪声、参考温度的变化、探测器误差等。通过辐射定标过程，可以部分消除这些系统误差。

目前有多种传感器辐射定标方法，每种均有它自身的精度和效率。在任何给定的情况下，使用何种辐射定标形式，取决于现有数据获取与处理设备的功能、应用需求等方面。辐射定标按照光谱波段不同，可以分成反射辐射定标和发射辐射定标。反射辐射定标是针对可见光近红外波段范围，在这个波段范围内，遥感器接收到的能量主要来自地球反射的太阳辐射，因此定标的实质是模拟太阳辐射；发射辐射定标是针对热红外波段范围，遥感器在该范围内接收到的能量主要来自地球发射辐射，因此定标的实质是模拟地球的发射辐射。

辐射定标按照使用要求或目的可以分成相对辐射定标和绝对辐射定标。相对辐射定标就是为了校正遥感器中各个探测器元件响应度差异而对卫星遥感器测量的原始数字计数值进行归一化的一种处理工作。在实际应用的时候，会发现由于各个探测器的响应特性存在一定的差异，对于同样的输入值，各个探测元会产生不同的输出值，那么不同的探测器生成的图像的像素行之间会出现条纹，此时就需要使用相对辐射定标。相对辐射定标的目的就是使用相对辐射校正数据作用于原始图像，消除由于探测器的响应不一致引起的条带效应。绝对辐射定标是通过各种标准辐射源，在不同波谱段建立成像光谱仪入瞳处的光谱辐射亮度值与成像光谱仪输出的数字化值之间的定量关系。本节主要内容是介绍热红外遥感器的绝对辐射定标方法。

4.1.1　实验室辐射定标

红外波段传感器的实验室定标都是由仪器设计生产单位在实验室完成的，主要对仪器的响应度、实际瞬时视场、频率响应、光谱响应、噪声水平等各指标进行实验室定标(田国良等，2014)。

任何热红外传感器在发射前都必须进行实验室定标，这不仅包括地表/近地表遥感器，还包括航空和航天的热红外遥感设备。在定量化遥感技术中，对星载遥感器的一系列定标和检验是一个重要环节。在卫星发射前，需对星载遥感器进行实验室辐射定标、模拟空间环境(真空、低温)中绝对辐射定标和外场以太阳为标准辐射源的定标等，同时包括对星上定标系统的定标。利用多种模式进行飞行前绝对辐射定标，对获得星载遥感器高精度定量化数据将起决定作用。发射前的定标是原始定标，随后各阶段的定标应在此原始数据上进行对比、修正。

发射前实验室定标可以分为两种：常温常压环境下的实验室辐射定标和真空条件下的实验室辐射定标。常温常压环境下的实验室辐射定标主要针对鉴定级产品，测试仪器对定标黑体信号输入的响应和工作情况，一般定标精度较低。正样产品的辐射定标在真空罐内进行，主要内容包括：在真空条件下对热红外遥感器的整体性能指标进行测试，了解和掌握系统在真空环境中、不同温度下的电特性，为进行在轨定标确定基础参数；在真空条件下，对不同温度的热红外遥感器进行定标实验，了解和掌握系统稳定性，进行环境影响评估，确定在轨基础参数。

1. 实验室辐射定标原理

根据辐射定标的定义，实验室辐射定标是建立红外多光谱扫描仪各谱段的输出量与入瞳处谱段的辐亮度之间的关系，这个关系一般呈线性关系，辐射定标方程为

$$L_e(m,n,l)=G(m,n)\cdot \mathrm{DN}(m,n,l)+\mathrm{DN}_0(m,n) \tag{4.1}$$

式中，DN 是扫描仪某谱段的计数值(数字量)；G 是扫描仪某谱段的辐射响应度，即增益；DN_0 是扫描仪某谱段的零位计数值，即偏置；m 是扫描仪的谱段号；n 是各谱段的探测器元序号；l 是辐亮度分档号；L_e 是扫描仪某谱段的等效辐亮度。

L_e的表达式如下：

$$L_e(m,n,l)=\frac{\int_{\lambda_1}^{\lambda_2} L_\lambda(m,l)f_\lambda(m,n)\mathrm{d}\lambda}{\int_{\lambda_1}^{\lambda_2} f_\lambda(m,n)\mathrm{d}\lambda} \tag{4.2}$$

式中，L_λ是红外多光谱扫描仪入瞳处的光谱辐亮度；f_λ是红外多光谱扫描仪光谱响应度；λ_1和λ_2分别是某谱段的起始波长和终止波长。

辐射定标的过程是由不同的 L_e 和 DN 用最小二乘法计算出定标系数 G 和 DN_0。实验室辐射定标方法是利用置于准直仪焦平面的黑体，经准直仪产生的平行辐射照射红外多光谱扫描仪，通过改变黑体温度，测量红外多光谱扫描仪的输出量，对红外多光谱扫描仪热红外谱段进行定标。根据黑体辐射普朗克定律，辐亮度与温度具有一一对应的关系，因而可得出红外多光谱扫描仪输出量与黑体温度的方程式。此外，考虑到环境辐射对定标的影响，需要对红外多光谱扫描仪在不同温度下进行定标，获取红外多光谱扫描仪在不同温度时的定标曲线，以测定环境温度变化对定标结果的影响。

2. 实验室辐射定标环境和条件

实验室辐射定标对实验室的环境和条件有严格的要求。洁净度的等级是 10 万级，24 h 内非挥发性残留物少于10^{-6} g/cm^2，表面洁净度为目视清洁；保持(22±3)℃的恒温；相对湿度大于 30%[(20±5)℃温度情况下]，小于 45%(20℃温度情况下)。另外，要严格控制实验室环境和定标设备的污染，监测遥感器光学部件被污染的情况。

3. 实验室辐射定标仪器和设备

实验室辐射定标仪器和设备主要包括真空容器、模拟空间冷屏、太阳模拟器、黑体温度控制和测量系统、准直仪、平面反射镜、定标设备采集系统、地面测控和图像处理系统以及光谱辐射计等(田国良等，2014)。

(1)深冷真空设备。包括真空容器、无油真空系统、热沉、模拟空间冷屏。真空容器的有效尺寸根据遥感器及有关附属设备外形尺寸和试验实际需要而定。真空容器有载时的压力要低于 30 kPa，以降低辐冷器内部残余气体对冷块的导热，保证辐冷器的制冷性能。为防止对遥感器的污染，要求真空容器空载 24 h 后，有机物残余量不大于10^{-7} g/cm^2。热沉温度低于 100 K，表面发射率高于 0.90。冷屏的有效尺寸须覆盖辐冷器视场，其温度有载时低于 25 K，表面温度不均匀性优于±2 K，发射率不小于 0.98，负载功率在温度为 30 K 时大于 140 W。

(2)标准辐射源。实验室辐射定标采用黑体作为标准辐射源。黑体用于红外多光谱扫描仪热红外谱段的辐射定标，其温度从 240 K 至 360 K 连续可变，温控和测温精度为±0.03 K，不稳定性为±0.03 K(30 min)，发射率为 0.999±0.001。

(3) 深低温准直仪。准直仪采用离轴抛物镜，通光口径为 510 mm，焦距为 4000 mm，弥散圆直径小于 0.06 mm，温度低于 150 K。

(4) 其他设备。温控舱用于模拟卫星舱内的环境温度。定标设备采集系统用于采集真空容器压力、热沉、冷屏、反射镜以及温控舱等的温度。地面测控和图像处理系统用于启动和控制红外多光谱扫描仪的工作，并采集红外多光谱扫描仪的工程参数和定标数据。

4. 实验室辐射定标流程

(1) 设备安装、调试与检测。首先，进行定标设备安装与调试，使其工作正常，提供定标设备性能参数实测值；其次，红外多光谱扫描仪及测试仪器现场安装、调试及检测，达到工作正常；最后，定标设备与红外多光谱扫描仪联调，排除定标设备、红外多光谱扫描仪以及测试仪器之间的电磁干扰。

(2) 烘烤放气。在真空容器压力低于 1 kPa 时，对辐冷器加热进行常温环境真空烘烤放气，时间一般为 7 d。为保护红外探测器不受损伤，烘烤时辐冷器温度为 (312±1) K。

(3) 性能检测。检测辐冷器一级、二级冷头的工作温度，能达到的低温极限温度以及辐冷器再次加热去污能力。在辐冷器一级、 二级冷头降温过程中，检测红外探测器在不同工作温度时的响应特性。

(4) 热红外谱段辐射定标。辐冷器二级冷头温度在 100～105 K 之间某温度，稳定度±1 K；红外多光谱扫描仪工作温度分别控制在要求的 3 个温度，即 15℃、18℃和 21℃；定标黑体温度控制在某个动态范围内，每 10 K 为 1 个分度点。

(5) 定标结束。按定标设备停机程序进行操作，要特别注意防止污染物转移到红外多光谱扫描仪和定标光学系统。

4.1.2　星上黑体辐射定标

1. 星上黑体辐射定标基本原理

热红外遥感器在发射过程中，会经受高温、高压以及强烈的机械振动，仪器的性能，特别是仪器的输入-输出的定量化关系也会发生变化。进入轨道以后，仪器工作的宇宙空间环境与地面完全不同，会引起仪器性能的变化，因此热红外遥感器发射升空以后，必须进行在轨定标与检验工作。内定标方法是目前热红外传感器在轨运行期间的主要定标方法。

内定标法也叫内部温度参考源法。热红外多光谱扫描仪内部装有温度参考源，一般是在旋转扫描镜角视场的两侧放置两个“黑体”辐射定标源(图 4.1)，这两个黑体源的温度可以得到准确控制，通常是把它们的温度设置为地面监测目标的最“冷”温度和最“热”温度。

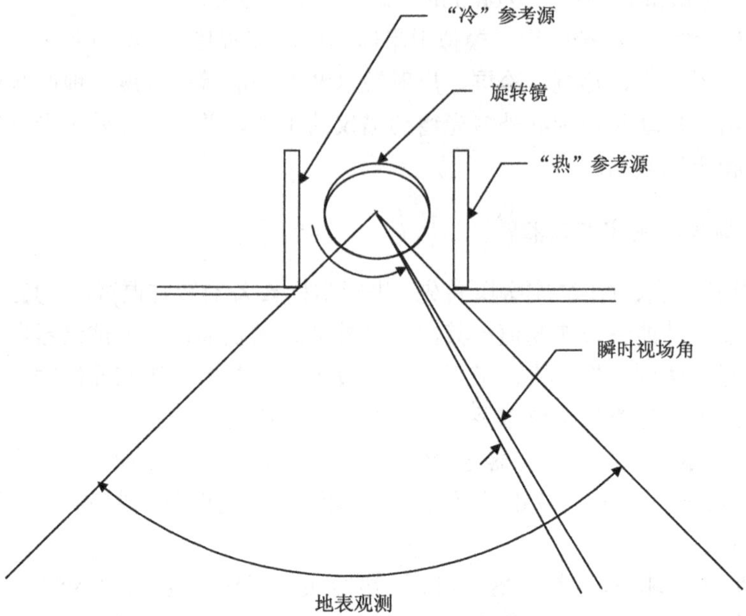

图 4.1　参考源与扫描顺序(改绘自田国良等，2014)

如图 4.2 所示，对于每一条扫描线，扫描器先记录“冷”参考源的辐射输出，然后扫描地面，最后记录“热”参考源的辐射输出，两个黑体的温度也会随图像数据被记录下来。利用这些参考源的数据，可以推算整幅图像的辐射输出，同时如果与其他热扫描仪输出值比较时，这些绝对辐射值也可以作为参考。

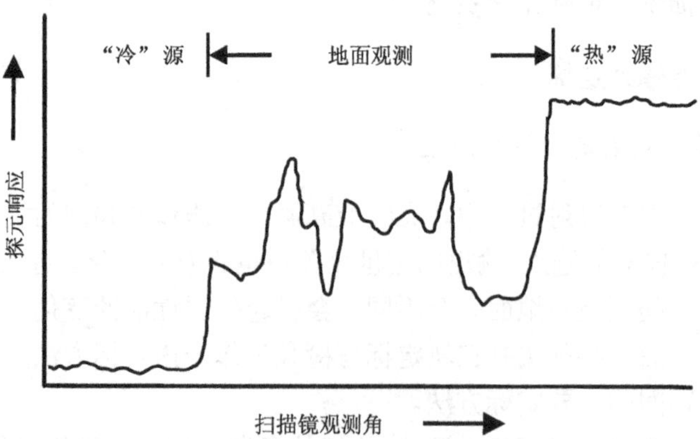

图 4.2　典型探测器输出的一条扫描线

2. 机载成像光谱仪 OMIS 热红外波段黑体辐射定标

图 4.3 是实用型模块化成像光谱仪 OMIS 获取的上海某区域的热红外图像。内定标基本过程为：先分别读取冷、热黑体的温度；再根据普朗克定律(为了得出光谱辐亮度)和光谱响应函数，分别计算出冷、热黑体在某个热红外宽波段上的辐射亮度值；然后，从同一波段影像中分别读取两个黑体的数字记录值 DN；最后，分别建立冷、热黑体辐射亮度值与 DN 之间的线性关系，通过联立方程组，求解该波段辐射定标系数，即增益和偏置。

图 4.3　OMIS 获取的航空热红外遥感图像

1-地面目标图像；2-冷黑体图像；3-热黑体图像

3. TERRA/AQUA MODIS 遥感器热红外通道辐射定标

TERRA/AQUA 卫星上的中分辨率成像光谱仪(MODIS)具有 16 个中长波红外通道，其辐射定标是基于对“V”字形凹槽的星上定标黑体逐行扫描完成的。MODIS 星上定标黑体发射率可达 0.997，具有良好的温度均匀性，温度波动在 0.03～0.08 K 的范围以内，从 270 K 加热到 315 K 的时间为 130 min，12 个温度探测器被嵌在黑体基底上，以监控黑体温度。温度探测器为玻璃式压缩热电调节器，被精确标定，不确定度约为 0.013 K。由于黑体温度的均匀性，利用 12 个温度探测器进行平均即可获得黑体温度，且黑体辐射覆盖了整个仪器的入射口径，属于全光路定标。

在黑体定标过程中，既可以使用 315 K 和 270 K 两个温度进行点定标，也可以利用黑体被加温然后冷却的整个均匀过程提供的多种辐射测量进行多点定标。或者，在遥感器每生成一条扫描线时，分别观测星上定标黑体和冷空间进行定标，星上定标黑体为每个探测元器件提供了已知的辐亮度，仪器的背景热辐射根据其观测冷空间的响应来确定。

4.1.3 在轨场地辐射定标

在卫星进入业务化运行阶段，由于星上载荷器件的不断老化与星上环境的不断变化，传感器的技术指标将不断变化，开展定期的定标检验工作可以了解卫星以及它所携带仪器的性能的不确定度和误差。热红外传感器的在轨场地绝对辐射定标方法可用于定期的定标检验工作。

热红外传感器的在轨场地辐射定标是指传感器处于正常运行条件下，选择辐射定标场地，通过地面同步测量得到相关参数后，利用大气辐射传输模型计算传感器的入瞳辐射值，最后建立传感器输出辐射值与数字记录值 DN 之间的定量关系，求解计算辐射定标系数。

1. 辐射定标场

在轨场地辐射定标方法需要通过辐射定标场来实现。热红外传感器辐射定标场一般选择在水域，且必须满足 6 个要求。

(1)高海拔。海拔较高时，大气中气溶胶和水汽含量较少，可减少与其相关的特性和浓度估计误差，减小大气辐射传输计算误差。

(2)大面积开放水域。可以满足不同空间分辨率卫星传感器辐射定标的要求，以减少混合像元带来的误差。

(3)均一性。航运和渔业扰动较少的平静水面，并且整个水表温度分布比较均匀，变化不大。

(4)暗目标。定标场水体目标的发射率接近于 1，确保水面对卫星信号的贡献绝大部分来自水体自身的热辐射。

(5)交通便利。场区附近具有较好的后勤和交通便利条件，便于野外实验的开展，并降低成本。

(6)大气干洁且晴空数较多。水面及周边地区大气干洁，要求定标场区晴天的比例高，并且在晴空的天气条件下具有很高的能见度。

我国的辐射定标场有敦煌陆面试验场和青海湖水面试验场。其中，敦煌陆面试验场常用于可见光-近红外波段传感器的辐射定标，青海湖水面试验场主要是作为热红外遥感器的辐射定标场(图 4.4)。

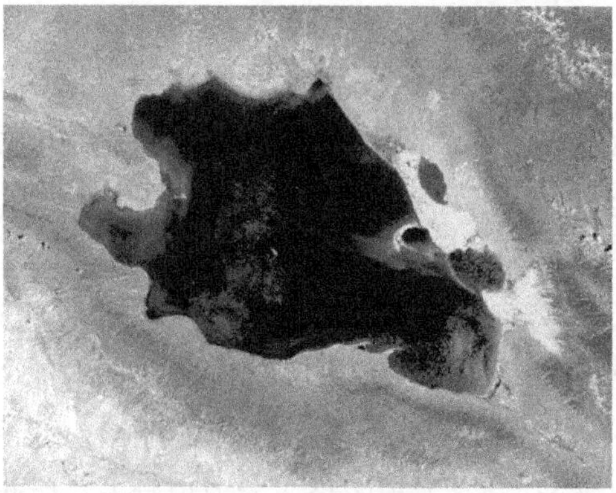

图 4.4　2020 年 6 月 9 日获取的青海湖水面试验场场区 Landsat 8 OLI 图像

青海湖是我国最大的内陆高原咸水湖，湖区地质条件稳定，海拔高，气溶胶粒子少，气溶胶接近大陆型，光学厚度仅为 0.1 左右。该湖位于青海省境内，湖中心有海心山，经纬度坐标为 36°41′N～36°45′N，100°22′E～100°30′E。青海湖水面试验场场区水质清洁，可见光波段反射率 3%～5%，近红外波段为 1%左右，试验场区水表面温度分布均匀，水表温度变化仅为 1 K。表 4.1 给出了青海湖试验场的主要特征参数。

表 4.1　青海湖辐射定标场的主要特征参数

	特征参数名称	特征参数
	平均海拔/m	3196
	平均面积/km^2	4635
	表面特征	淡盐湖，平均深度 20 m
	气候特征	高寒半干旱草原气候
年平均气象参数	气压/hPa	686.6
	气温/℃	0.8
	降水量/mm	434.5
	相对湿度/%	69.8
	日照时间/h	2981.2
	晴空日数/d	56.9
	能见度大于 10 km 日数/d	358.1
	可见光、近红外波段表面反射率	0.4～0.58 μm，3%～5% 0.58～1.04 μm，≤3%

2. 热红外波段场地辐射定标原理

根据热红外辐射传输方程，卫星热红外探测器对湖水表面进行观测时接收的单色辐射亮度表示为

$$I_\lambda = \tau_\lambda R_\lambda + R_{at\lambda\uparrow} + \rho_\lambda \tau_\lambda R_{at\lambda\downarrow} \tag{4.3}$$

式中，τ_λ 为目标到卫星方向整层大气的光谱透过率；R_λ 为湖水表面在卫星观测方向的辐射亮度；$R_{at\lambda\uparrow}$ 为卫星观测方向、波长为 λ 的大气上行辐射亮度；ρ_λ 为湖水表面的反射率；$R_{at\lambda\downarrow}$ 为卫星观测方向的大气下行辐射亮度。由于青海湖表面近似黑体，其发射率接近于 1，方程的最后一项相对于其他两项的贡献可以忽略，即卫星接收的单色辐亮度可表示为

$$I_\lambda = \tau_\lambda R_\lambda + R_{at\lambda\uparrow} \tag{4.4}$$

将单色辐亮度转化为热红外通道 i 的等效辐亮度 I_i，则 I_i 表示为

$$I_i = \frac{\int I_\lambda f_\lambda \mathrm{d}\lambda}{\int f_\lambda \mathrm{d}\lambda} \tag{4.5}$$

式中，f_λ 为卫星探测器通道 i 的光谱响应函数。

为实现辐射定标，将卫星通道数字记录值 DN 与卫星通道辐亮度建立线性关系：

$$I_i = G_i \cdot \mathrm{DN}_i + G_{0i} \tag{4.6}$$

式中，DN_i 为卫星通道 i 的数字记录值；G_i 为卫星通道 i 的定标系数增益；G_{0i} 为卫星通道 i 的定标系数偏置。为实现定标，卫星分别观测青海湖和冷空间，得到两组 DN_i 和 I_i。

3. 热红外波段场地辐射定标流程

图 4.5 是卫星传感器热红外波段辐射定标的流程图。整个定标过程包括湖水辐射特性和大气参数观测、水表辐亮度与大气参数计算、辐射定标系数计算 3 个步骤。

(1) 定标场湖水辐射特性和大气参数观测。依据场地定标原理，需要在卫星过境前后 1 h 内利用热红外辐射计测量青海湖水面向上辐亮度，同时进行探空和地面气象要素观测。水表辐亮度的测量分走航和停船定点测量，所有测量都需重复多次进行，由水表温度计测量水体表层温度。在测量过程中，需等待水面平静且测量区域内湖水泡沫基本消失后进行测量，并尽量垂直观测，同步获取测量点位的经纬度等相关信息。将卫星过境前后 30 min 内测量结果的平均值作为卫星过境时刻水表辐亮度。星地同步观测时，在湖岸边释放探空气球，测量大气温、湿、

压、风廓线，除固定时间测量外，在卫星过境时刻可以加密一次探空。

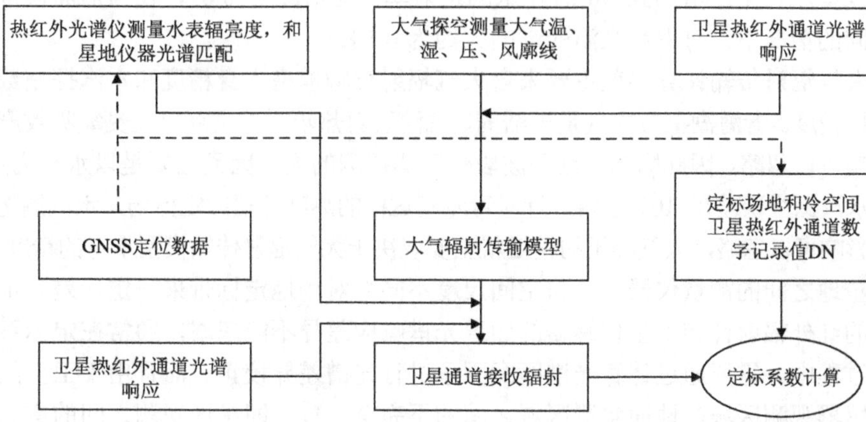

图 4.5　卫星热红外遥感器场地辐射定标流程

(2) 水表辐亮度、大气透过率和大气上行辐射的计算。确定卫星观测水面的入瞳辐亮度需要分别计算湖水表面单色辐射亮度 R_λ 、大气透过率 τ_λ 、大气向上辐射亮度 $R_{at\lambda\uparrow}$。大气透过率 τ_λ 和大气向上辐射亮度 $R_{at\lambda\uparrow}$ 的获取需要将星地同步观测时所测得的探空数据输入到大气辐射传输模型 MODTRAN 中。MODTRAN 是一个中分辨率大气辐射传输模型，它的关键输入参数是边界层温度、探空廓线、地面能见度、地面海拔、几何路径、计算波长位置等。将青海湖水体看作一个理想的黑体，湖水表面的单色辐亮度根据实测水表温度，由普朗克函数计算得到。进一步，根据式(4.4)计算卫星热红外波段探测的单色辐射亮度，结合热红外通道光谱响应数据，利用式(4.5)计算热红外通道的等效辐亮度。

(3) 辐射定标系数计算。对热红外图像进行精确几何校正，并根据水面同步测量的空间范围确定热红外图像上的对应像元位置，提取热红外通道定标场地的平均数字记录值以及冷空间的数字记录值，将卫星传感器热红外通道的辐亮度和数字记录值代入到式(4.6)中，通过解方程组计算得到相应卫星通道的定标系数。

4. 热红外通场地辐射定标的误差来源

在轨场地绝对辐射定标最大的误差来源主要是水表总辐射亮度的测量误差和大气辐射传输计算误差。

水表总辐射亮度的测量误差主要指仪器对水面向上光谱辐亮度的观测误差。场地定标中通常把水体当作黑体看待，水体发射率近似为 1。但实际上，由于水面波动，水面反射具有随机性，在红外大气窗区，纯水和海水的反射率在 1%～2%，使得水体发射率并不为 1。另外，水面热辐射具有方向性，这个方向性也是误差来源之一。当热辐射射出方向和垂直方向的角度在 20°以内时，发射率几乎没有改变。当角度增加到 40°时，水的发射率绝对值减少 0.01，在与前面模拟条件相同的情况下，对卫星亮温的影响大约为 0.5 K。

大气辐射传输计算误差主要来自大气辐射传输模型本身精度和水汽探空数据的测量精度。青海湖上方大气是干洁的，气溶胶对热辐射的贡献以及臭氧吸收产生的影响可以忽略，因此影响热红外波段传感器探测的大气因素主要是以水汽为主。如果水汽探空误差在 10%之内，针对青海湖这样的热红外辐射定标场，水汽测量误差的影响可以忽略，大气校正的精度就主要取决于大气辐射传输模型本身的精度。

星地之间的测量仪器差异与空间尺度不同将对场地定标带来一定误差。水面测量的红外辐射计和卫星传感器的通道光谱响应差异不能忽略，通常在定标系数计算过程中，需要通过计算光谱匹配因子进行光谱差异校正。而且由于卫星热红外传感器观测区域与地面实测区域之间的不完全一致，即星地观测之间的空间尺度不同，会产生一定误差。

综合分析，要提高场地辐射定标的精度，最重要的是消除水表总辐射的观测误差，尤其是反射的影响。此外在同步定标时，尽量选择在卫星观测角度较小的情况下进行，以减小发射率方向性引起的误差。

4.1.4　交叉辐射定标

在轨场地辐射定标需要与卫星同步的地面测量，定标精度相对较高，经常被用于单个或多个传感器的辐射定标系数地面检验。但在轨场地辐射定标方法对场地及测量过程具有较严格的要求。定标场的选择一般要经过严格的评价，而且场地定标中需要大量的同步测量数据，而大气和地面实测数据的获取通常比较困难，并且每次测量所需的人力、仪器及资金投入都很高，因此场地辐射定标所能提供的定标数据非常有限。

交叉辐射定标是无场地定标技术，定标成本较低，可以实现高频次、多遥感器间的辐射定标。交叉辐射定标是当待定标的在轨卫星遥感器与定标结果较好的卫星遥感器（一般为具有星上辐射定标系统的卫星遥感器）在观测同一目标区域时，可以通过对比二者的测量值，来实现对待定标卫星遥感器的标定。与场地定标技术相比，它无须建立地面校正场，就可进行多遥感器卫星数据之间的标定，实现不同传感器数据的综合应用，从而建立一个多卫星数据共用的数据链。

1. 交叉辐射定标原理

交叉辐射定标方法是以一个已定标的参考卫星遥感器作为参考，通过遥感图像数据的对应处理，实现对另一个遥感器的绝对辐射定标。当两个遥感器观测地面上同一块区域时，由于两个遥感器观测几何、大气条件、遥感器光谱响应等差异，参考卫星遥感器和待定标卫星遥感器的输出辐亮度不同，因此交叉定标充分考虑上述因素影响，根据参考卫星遥感器辐亮度推算待定标卫星遥感器的通道辐亮度，并结合待定标卫星图像的灰度数字记录值(DN)计算得到待定标遥感器的辐射定标系数。

因此，两个遥感器若要进行在轨的交叉辐射定标，须具备以下一种条件：具有相同的地面瞬时视场和光谱波段，并有准同步、相同景物的卫星图像；具有相似的光谱波段，即有部分或全部相同的光谱范围。也就是说，交叉辐射定标方法对参考遥感器和待定标遥感器之间的通道设置、通道光谱响应函数、空间分辨率、过境时间、回访周期、几何配准精度等方面有严格要求，并且定标精度极大地依赖于参考遥感器自身的绝对辐射定标精度。如果在这些方面不能很好地修正两个遥感器之间的差异，将会给交叉辐射定标结果带来极大的不确定性。

2. 交叉辐射定标流程

采用 MODIS 作为参考标准传感器，利用交叉定标方法获取中巴地球资源卫星 IRMSS 热红外通道的辐射定标系数(张勇等，2006)。本书通过这一实例说明交叉辐射定标的流程及其影响因素。

中巴地球资源卫星 IRMSS 传感器由于设计上的原因，在轨运行时不具备观测冷空间的能力，只能通过单点法对其进行在轨场地绝对辐射定标。在 IRMSS 传感器产品生产时，已经将发射前实验室测量获得的定标方程零位计数值扣除，但根据发射前实验室定标数据来扣除零电平的影响，会给辐射定标带来很大不确定性。因此，可选取不同时相、不同地点的 MODIS 数据与 IRMSS 数据进行多点线性回归，获取高精度的、稳定的交叉辐射定标系数。

MODIS 有 8 个热红外通道，而 IRMSS 只有 1 个热红外通道。通过比较，IRMSS 第 11 通道和 MODIS 第 31 通道的中心波长比较接近(表 4.2)。因此，选择 MODIS 的第 31 通道开展 IRMSS 第 11 通道的交叉辐射定标。

表 4.2　IRMSS 第 11 通道和 MODIS 第 31 通道的基本参数对比

卫星	传感器	通道	光谱范围/μm	中心波长/μm	空间分辨率/m
CBERS-02	IRMSS	11	10.4～12.5	11.2450	156
TERRA	MODIS	31	10.78～11.28	11.0186	1000

但是这两个传感器在通道光谱响应函数、空间分辨率、过境时间等方面差异较大。两个传感器的光谱响应不同，对于同一地物，在相同大气状况下两者探测获得的入瞳处亮温是不同的，不同通道的发射率也是不同的；两个传感器的地面分辨率不同，IRMSS 星下点空间分辨率为 156 m，高于 MODIS 的 1 km 分辨率，

选择相同匹配区域，会存在混合像元的影响；两个传感器的观测角度不同，IRMSS的传感器扫描范围要远小于 MODIS 的宽视场，IRMSS 可以视为垂直观测，而MODIS 的扫描角度可以从 0°变化到 65°，观测角度不同影响大气校正以及地物发射率校正，进而影响到交叉定标精度；两个传感器的观测时间不同，地表温度随时间变化是很快的，观测时间相差太大会导致匹配区域的地表温度差异变大，进而影响交叉辐射定标精度。

根据上述影响因素分析，图 4.6 给出了 IRMSS 第 11 通道与 MODIS 第 31 通道之间的交叉辐射定标流程。

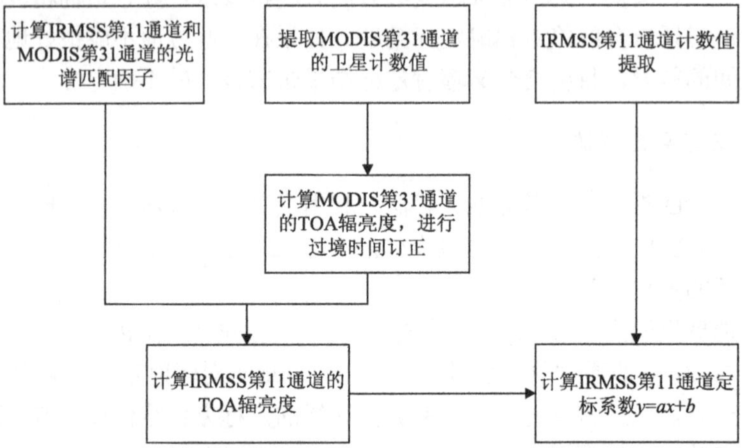

图 4.6　IRMSS 第 11 通道与 MODIS 第 31 通道交叉定标流程(改绘自张勇等，2006)

(1) 两个传感器的成像时间选择。为了尽可能消除定标水体区域在不同传感器图像上的温度差异，两个传感器的观测时间差异要控制在 30 min 以内。由于水体的温度空间分布较为平均，而且水体的热容量较大，在 30 min 以内水体温度变化较慢，可以解决两个传感器观测时间不同导致的时间匹配问题。

(2) 两个传感器获取图像的空间配准。IRMSS 图像的空间分辨高于 MODIS，但是 IRMSS 图像噪声较大，响应线性度和稳定性存在一定问题，图像上的条纹噪声和随机噪声对定标精度都有影响；此外，IRMSS 图像量化等级较低，也导致定标精度受到影响。为了去除这些不利影响，并且与 MODIS 的空间分辨率一致，两种图像的空间配准以 MODIS 为几何校正基准，对 IRMSS 图像进行几何校正，并进行空间重采样，获得与 MODIS 相同的空间分辨率。

(3) 选择交叉辐射定标的空间匹配区域。空间匹配区域用于后面多点拟合得到辐射定标线性方程。以青海湖湖心地区作为定标范围，选择无云干扰、像元值较为均一的匹配区域，以尽可能地通过 DN 平均值去除 IRMSS 图像中随机噪声的影响。

(4) 热红外通道光谱匹配。两个传感器在相应热红外通道的光谱响应函数存在较大差异，从而导致相同光谱的辐亮度输入，不同的传感器会有不同的通道辐亮度输出，必须对两个传感器的热红外通道进行光谱响应差异校正。可利用大气辐射传输模型MODTRAN进行模拟，在地表为湖水的情况下，输入历史探空数据，结合两个传感器热红外通道的光谱响应，模拟不同水体温度下的传感器热红外波段输出，建立不同观测角度下两个传感器相应热红外通道辐亮度之间的定量线性关系。

(5) 辐射定标系数计算。针对选择的空间匹配区域，利用星上定标系数将MODIS第31通道的DN转换为表观辐射亮度，进而根据两个传感器热红外通道辐亮度之间的定量线性关系，获得这些空间匹配区域IRMSS第11通道的辐亮度，再读取IRMSS图像中相应空间匹配区域的DN，通过拟合得到线性方程，从而得到IRMSS第11通道的辐射定标系数。

4.2　热红外图像几何校正

4.2.1　几何畸变原因

与可见光与近红外波段类似，热红外遥感图像的几何畸变包括两种原因。一种是由于遥感系统造成的，这类畸变属于内部畸变，比如，扫描镜的结构方式和扫描速度等造成的畸变，这种畸变有一定的规律性。另一种是非系统畸变，这类畸变是遥感图像在成像时，由于飞行器姿态(侧滚、俯仰、偏航)、高度、速度以及地球自转、大气折射、地形起伏等因素造成图像相对于地面目标而发生的畸变。几何畸变是像元相对于地面目标实际位置发生平移、缩放、旋转、扭曲、伸展和其他综合变形作用的结果。

1. 系统畸变

1) 投影性质

红外多光谱扫描仪，例如Landsat TM/ETM+等属于光/机扫描成像，利用平台行进和机械转动装置旋转扫描镜对与平台行进垂直方向的地面(物平面)进行扫描，获得二维遥感数据。这种方式的热红外扫描属于点扫描式成像，仪器在飞行过程中依靠扫描镜左右摆动完成一行数据的扫描成像。每条扫描线由一系列扫描点构成，一条扫描线有一个投影中心，这样在一条航带的飞行轨迹上就有一条由许多投影中心连线构成的投影轴线，因此光/机扫描成像的热红外图像属于中心轴线投影。扫描、飞行方向上的分辨率不一致是光/机扫描图像几何畸变的主要原因，而且中心投影的成像规律使得扫描方向上必然会有因地形变化或地球曲率引起的像点位移。

2) 地面分辨率畸变

热红外扫描图像空间分辨率，取决于扫描系统的瞬时视场角和扫描成像时的飞行高度。瞬时视场角是指扫描镜固定某一瞬间，投射到探测器上那一束红外光的立体角。瞬时视场角 β 决定于探测元件的大小 d 和焦距 f 的比值，可用弧度表示为 $\beta=d/f$。如图 4.7 所示，扫描角 θ 和瞬时视场 β 不同。前者是个变量，它取决于扫描镜摆动的幅度，其所对应的地面宽度是地面分辨率的累积。但对于某一具体扫描仪而言，它有一个最大的扫描角或称总视场角，这是个常数，其所对应的地面宽度范围即为整个扫描条带的宽度。

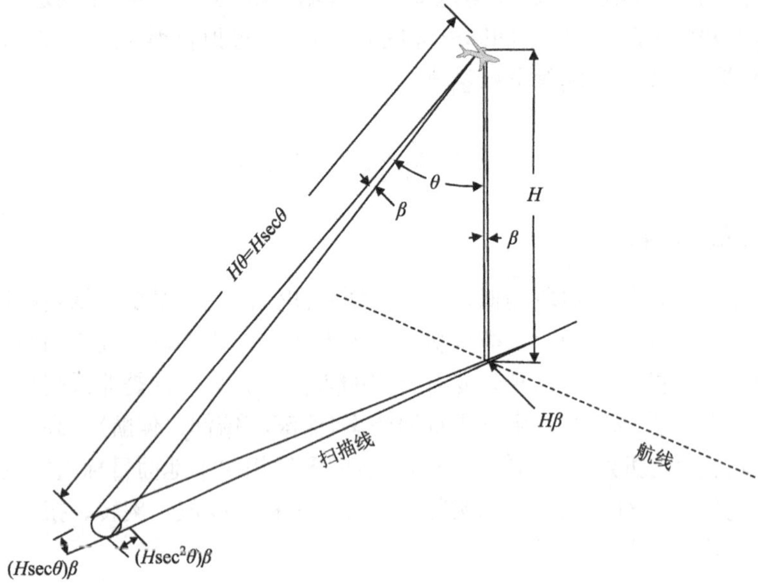

图 4.7　扫描瞬时视场的变化

除了扫描条带的宽度，瞬时视场的大小还与航高有关。航高增加，地面分辨率减小，整个地面覆盖宽度加大。星下点(或机下点)的瞬时视场对应的地面分辨率大小可表达为 $D=H\beta$，其中 β 为瞬时视场角(弧度)，H 为航高(m)。

在热红外扫描图像上可以看作有两种空间分辨率。一种是航向分辨率，即沿飞行方向的分辨率；一种是切线分辨率，即沿扫描方向的分辨率。在同一幅图像上，航向分辨率是一致的，它与目标所处位置无关。切线分辨率随着扫描角的变化而变化，随着扫描角增大，传感器平台到目标间的距离(斜距)也在增加，瞬时视场的投影形状由星下点的圆形向两侧边缘逐渐变成椭圆形，同一瞬时视场角观测的地面范围变大，图像切线分辨率逐渐变小，造成图像被压缩，产生了几何畸变。

2. 非系统畸变及其影响因素

非系统畸变是遥感图像在成像时，由于飞行器姿态(侧滚、俯仰、偏航)、高度、速度和地球自转等因素造成图像相对于地面目标而发生的畸变。不同原因造成的非系统几何畸变如图 4.8 所示，其中实线为畸变后图像，虚线表示没有几何畸变的图像。

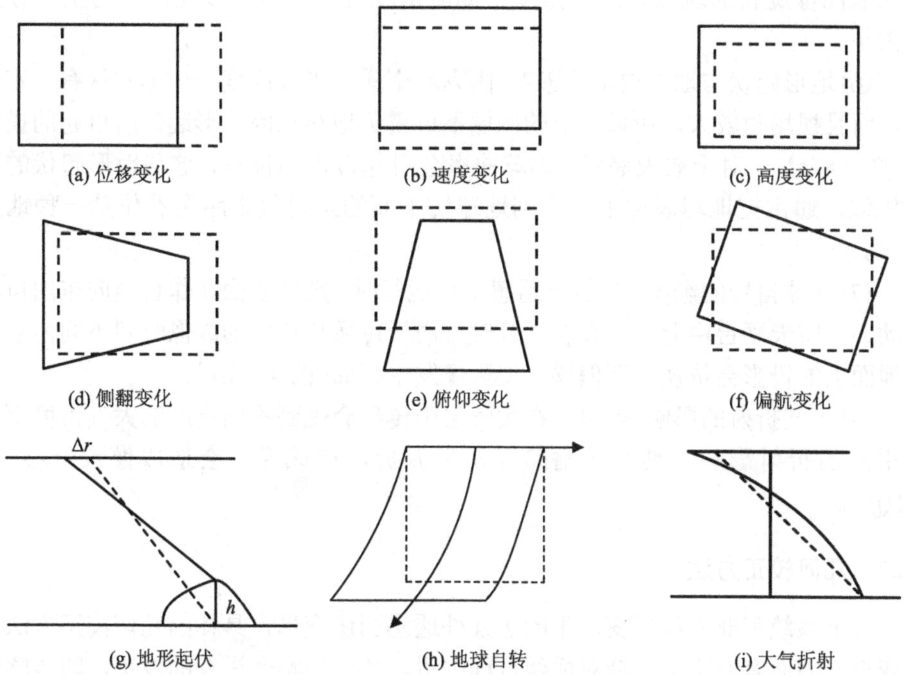

图 4.8 不同原因造成的非系统几何畸变

(1) 位移和速度变化引起的位置平移。根据图 4.8(a)和图 4.8(b)，当成像过程中发生了 x、y 方向的位移变化和速度变化，分别对应于 x 方向移动过慢和 y 方向移动过快，将会产生图像的位置平移畸变，产生成像区域漏扫的现象，但是这种畸变不会影响图像的空间分辨率。

(2) 飞行平台高度变化引起的图像形变。根据图 4.8(c)，当平台高度变高时，会使得成像区域变大，图像空间分辨率变低，产生了图像被缩小的畸变结果。

(3) 飞行平台侧翻引起的图像形变。平台侧翻会使扫描条带发生左右偏移，地面目标偏离中心线，地物发生弯曲形变，图 4.8(d) 中表达的畸变结果是图像左侧分辨率降低、右侧分辨率升高，空间分辨率从左侧向右侧逐渐增大。这种形变的一般规律是：与航线垂直的线形目标不发生方向性变化，其余线形目标均发生弯曲，尤其是与航线近于平行的线性目标，将发生波纹状变形，变形方向与侧滚方向一致。

(4) 飞行平台仰俯引起的图像畸变。俯仰动作会造成对地面扫描线间隔疏密不同的变化，从而使目标在图像上被压缩或被拉长，根据图 4.8(e)，图像上方至下方不同像元的空间分辨率逐渐降低。

(5) 偏航变化的影响。偏航会产生实际成像区域与目标区域不同的现象，且存在着图像旋转的现象，旋转角度与偏航角度有关，但不改变图像的空间分辨率大小。

(6) 地形起伏与地球曲率的影响。因为航空遥感飞行高度与地形起伏有一定关系，而且视场角较大，所以获取的图像不可避免地存在因地形起伏所引起的投影差[图 4.8(g)]。对于航天遥感，地球曲率会引起像点的位移，这与地形起伏的影响相似，通常把地球表面上的点到地球切平面的正射投影距离看作是一种地形起伏。

(7) 地球自转的影响。当航天遥感平台运行时，地球表面在作自西向东的自转运动。当航天平台由北向南降轨运行时，由于每条扫描线的成像时间不同，它们在地面上的投影会依次向西偏移，使影像发生扭曲[图 4.8(h)]。

(8) 大气折射的影响。电磁波在大气层中传播会受到不同高度的大气密度不同所引起的折射影响，使其传播路径发生偏折，在成像时会造成像点位移[图 4.8(i)]。

4.2.2 几何校正方法

对于系统和非系统畸变产生的热红外遥感图像变形，具体的几何校正方法根据变形原因而有所不同。针对成像过程中引起的几何畸变进行的校正，即传感器内部等因素引起的变形，一般由地面接收站的数据处理中心进行处理校正，校正过程中需要利用卫星运行轨道等相关参数，该过程被称为几何粗校正。几何粗校正对于传感器系统畸变的校正较为有效，但无法消除图像中的非系统畸变。

针对非系统畸变的随机不规律性，可以采取几何精校正过程进行处理。几何精校正包括两个环节：一是像素坐标变换，利用图像坐标和地面坐标(另一图像坐标、地图坐标等)之间的数学关系，即建立待校正输入图像和校正后输出图像之间的坐标转换关系；二是对坐标变换后的像素亮度值进行重采样。具体步骤包括选取地面控制点；依据控制点对图像数据进行空间坐标变换，也就是像素坐标变换；计算变换后图像各像元的亮度值，即对图像进行重采样。

像素坐标变换可以采用直接变换法和间接变换法进行(图 4.9)。直接变换法从原始图像(x,y)出发，按照行列顺序，利用校正方程$F(x,y)$计算其在输出图像(X,Y)中的坐标位置。间接校正法是从空白的输出图像阵列(X,Y)出发，利用校正方程$G(X,Y)$依次计算每个输出像素(X,Y)在原始图像(x,y)中的位置。

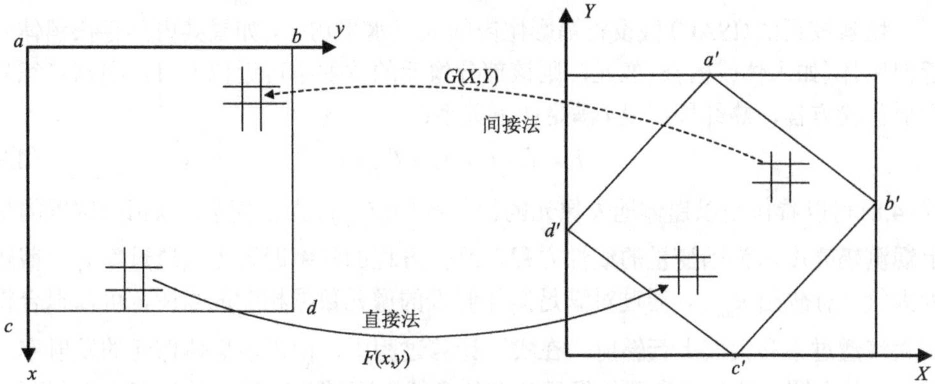

图 4.9　直接变换法和间接变换法

几何精校正过程中一般采用间接变换法进行坐标变换，常用的校正模型为多项式模型[式(4.7)]。

$$
\begin{cases}
x = \sum_{i=0}^{n}\sum_{j=0}^{n-i} a_{ij} X^i Y^j \\
y = \sum_{i=0}^{n}\sum_{j=0}^{n-i} b_{ij} X^i Y^j
\end{cases}
\tag{4.7}
$$

在间接变换法进行坐标变换后，输出图像中的任一像素在原始图像中的投影坐标通常不为整数，因此需要采用适当方法考虑投影点位周围邻近整数行列位置上亮度值对该点的亮度贡献，计算该位置的新亮度值，该过程被称为亮度重采样。常用的亮度重采样方法包括最邻近像元法、双线性内插法和三次卷积内插法(周廷刚等，2015)，其中三次卷积内插法的精度最高，但计算量也最大。

4.3　热红外遥感图像的大气校正

热红外图像大气校正的目的是从观测信号中剥离大气的贡献，即重点获取所需的大气透过率、大气上行辐射、大气下行辐射等参数，以满足后续获取地表温度和发射率的需要。针对热红外数据，大气效应校正可以通过单通道、多通道、多角度、多时相等地表温度热红外遥感反演算法间接进行，也可以采用如下介绍的方法进行(吴骅等，2021)。

4.3.1 基于影像自身信息的大气校正法

1. 场景校正法(in-scene atmospheric compensation，ISAC)

场景校正法(ISAC)假设整幅影像内的大气水平均一，如果其内部存在黑体或近似黑体(如水体或植被)像元，则该部分像元的发射率可近似为 1，根据热红外辐射传输方程，热红外波段 i 满足如下关系：

$$I_i = B_i\left(T_s\right)\cdot \tau_i + R_{ati\uparrow} \tag{4.8}$$

式(4.8)可以看作是以黑体地表像元的辐亮度$\left[B_i\left(T_s\right)\right]$为自变量，以相应位置的星上观测辐亮度 I_i 为因变量的线性方程，线性方程的斜率即为大气透过率 τ_i，截距为大气上行辐射 $R_{ati\uparrow}$。通过对满足黑体假设的像元数据构建散点图，可以拟合得到大气透过率和大气上行辐射。在实际计算过程中，由于非黑体像元的发射率小于 1，散点图必然分布在黑体像元分布的直线之下(图 4.10)，通过多次迭代可消除非黑体的影响，进而逐步逼近准确的大气透过率和大气上行辐射。

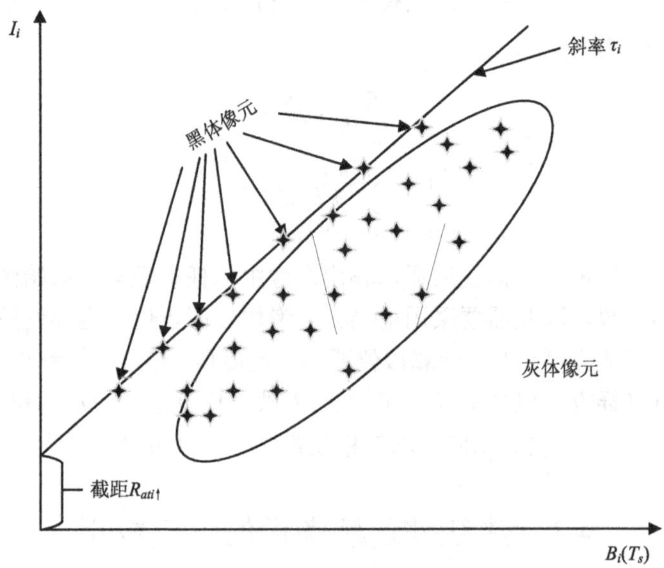

图 4.10 场景校正法的拟合过程示意图

ISAC 要求大气在水平方向上均一不变，地表存在黑体像元且黑体像元间温度差异较大。该假设条件表明 ISAC 主要适用于高空间分辨率白天热红外遥感数据，而且该方法无法直接获取大气下行辐射。

2. 自动大气补偿法(autonomous atmospheric compensation，AAC)

假设传感器在相邻两通道接收到的辐射差异主要是由大气参数的差异引起的，自动大气补偿法对两通道的辐射亮度关系进行推导。AAC要求选择的两个相邻通道尽可能地位于大气强吸收和弱吸收通道。当地表发射率在两相邻通道相等且约为 1 时，两通道传感器接收的辐亮度呈线性，即

$$I_i = \frac{\tau_i}{\tau_j} I_j + R_{ati\uparrow} - \frac{\tau_i}{\tau_j} R_{atj\uparrow} = T_r I_j + P_d \tag{4.9}$$

式中，i 和 j 表示相邻的两个通道；T_r 为两通道透过率之比；P_d 为上行辐射加权差。

假设一定区域内的大气状况均一不变，而地表温度变化较大，则可以利用该区域内的像元观测值拟合出 T_r 和 P_d，进而可以利用经验公式求出所需的通道 i 的大气透过率和大气上行辐射、大气下行辐射：

$$y_k = \sum_{m=1}^{3}\sum_{n=1}^{3} C_{mn} T_r^{m-1} P_d^{n-1} \tag{4.10}$$

式中，y_k 代表大气透过率或大气上行辐射、大气下行辐射；C_{mn} 是与通道 i 有关的拟合系数。

4.3.2　基于经验统计关系的大气校正方法

在热红外谱段范围内，大气透过率和大气上行、下行辐射的量值大小除了受大气气体总量影响以外，还与其垂直分布有关。Qin 等(2001b)发展了基于经验统计关系的大气校正方法，利用大气水汽含量或近地表的空气湿度反演大气透过率，将透过率与大气平均作用温度代替大气参数用于单通道地表温度的反演。由于该方法计算简单快捷，得到了广泛的应用。随后，Jiménez-Muñoz 和 Sobrino(2003)、Jiménez-Muñoz 等(2009)及 Cristóbal 等(2018)给出了大气参数估算的更一般形式，即

$$\begin{aligned} Y = f\left(w,T_a\right) &= a + bw + cT_a + dw^2 + eT_a^2 \\ &\quad + fwT_a + gwT_a^2 + hw^2T_a + iw^2T_a^2 \end{aligned} \tag{4.11}$$

式中，Y 表示大气参数(大气透过率或者大气上行、下行辐射亮度)；$f()$ 表示经验统计关系；w 表示大气总水汽含量；T_a 表示近地表气温；符号 a～i 表示经验统计关系中的回归系数。

基于经验统计关系的大气校正方法没有考虑大气温湿廓线垂直变化，相对而言，在大气高水汽含量和观测天顶角较大情况下的精度较差，而且大气总水汽含量和近地表气温在实际应用中也不容易获取。

4.3.3 基于大气温湿廓线的大气校正方法

该算法的主要思路是利用实测、遥感反演或者大气再分析获取的大气温湿廓线产品，结合事先构建的大气参数查找表或者成熟的辐射传输模型（如 MODTRAN 等）进行大气参数的直接估算。该算法的关键是获取遥感传感器成像时刻的大气温湿廓线数据，实测数据的代价较高且区域代表性较差，卫星遥感与大气再分析数据具有较好的时空匹配性，但大气温湿廓线数据本身的精度对大气校正、地表温度反演的影响不容忽视。

热红外大气参数查找表的构建需要先对大气进行垂直分层，根据实际状况进行大气温度和湿度的扰动，并针对每一层用成熟的辐射传输模型进行线性水汽、连续水汽和其他气体光学厚度的模拟，最后运用最小二乘方法估算参数查找表，以构建利用查找字典的方式快速实现计算大气参数的目的。基于大气参数查找表进行大气效应校正的优点是速度快，但是大气参数的估算精度不如严格的辐射传输模型。基于大气温湿廓线的大气校正方法，物理机理明确，计算过程合理，但在实际操作中，需要反复调用辐射传输模型，计算量与工作难度大大增加。

4.4 热红外遥感图像的特点与解译

4.4.1 热红外遥感图像的特点

热红外图像体现的是地物热辐射特性，是地物辐射温度分布的记录图像。而地物的热辐射特性不受光照条件的限制，只要温度高于热力学温度 0 K，就会不断地向外发射电磁波，包括白天和夜间。因此，热红外遥感可以昼夜成像，用于分析不同地物目标、不同时间上的热辐射差异。

1. 典型地物温度的日变化特点

地物在一天中的温度变化具有一定的规律。图 4.11 显示一天 24 h 内不同土地覆盖类型（沙地、草地、林地、湖泊）的相对辐射温度变化曲线。

从曲线图 4.11 来看，黎明前，各条温度曲线坡度较小，近于均衡状态且温度相对恒定；黎明后，这种均衡状态被打破，沙地、草地、林地、湖泊均变暖，往往在午后达到峰值，景物间的最大温差也往往出现于此时，以后各类物体温度又逐渐下降。各条曲线均在黎明（日出）后和黄昏（日落）前温度变化最快，尤其是沙地（土壤/岩石的代表类别）曲线。温度峰值及温度变化速率均能提供一些关于物质类型和条件的有用信息。比如，水的热容量大，晚上冷却慢，白天升温慢，它的温度变化范围相对于土壤/岩石要小；此外，它到达最大温度的时间较沙地、草地、林地等物质要滞后 1～2 h，因而白天水温比周围地面温度低，而晚上水温较周围地面温度高。根据图 4.11，在日出后和日落附近，即位于各曲线交叉点附近时，水和其他地物类型之间的辐射温度差异较小。一般说来，日出前(约在午夜 2～3 时)多反映一天中的最低温度(图 4.11 的图像 1 处)，而午间 2 时左右，多反映一天中的最高温度(图 4.11 的图像 2 处)，因而多采用这两个时段热红外成像的温度数据，构成日温差最大值，用于估算物体的热惯量，进行热制图与土壤水分估算等应用。

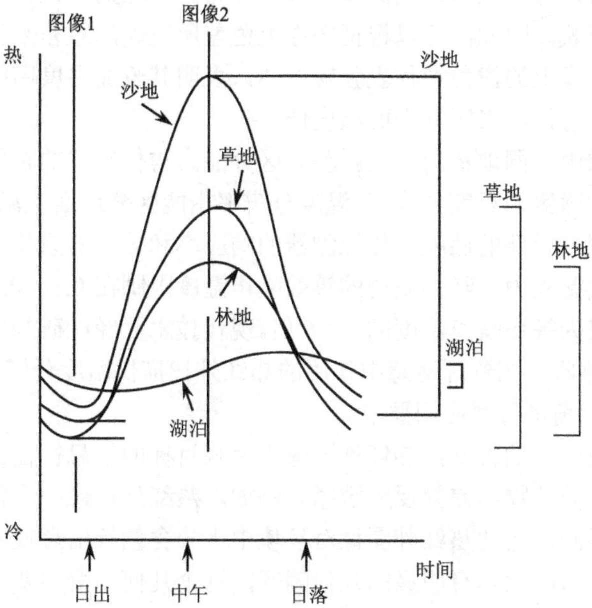

图 4.11　不同地表覆盖物在一天 24 h 内的辐射温度变化曲线

2. 热红外图像的成像波段

热红外图像的成像波段与传感器通道数量、通道范围、中心波长等光谱分辨率因素有关。热红外光谱分辨率指能区分地物热辐射波谱特征差异大小的能力，主要取决于扫描仪分光系统所划分的谱带宽度，谱带越窄，区分不同地物波谱特征的能力愈强。目前大多数热红外传感器都是在 8～14 μm 的大气窗口波段设置一个宽谱带或波长范围较小的多个通道，也有的利用同时记录反射及发射热辐射的 3～5 μm 的中红外波段作为补充。

在 8～14 μm 波段范围的热红外图像虽然没有直接的日光反射效应，但白天的图像上均可以记录由于“阴影”造成的热模式。由于太阳直射光的方向性，不同方向的物体，如树木、建筑物、地形等接收不同的热量而形成热“阴影”，尤其在图像中温度较凉的区域内，这种热“阴影”更加明显。虽然这种热“阴影”在图像解译中有时是有用的，有助于目标识别和地形影响的增强，但是它也使得热红外图像分析变得更为复杂。

3. 热红外图像的特点

热红外图像记录的是地物热辐射强度。图像上黑-白色调的变化可以描述为地面景物的热辐射差异。图像色调深浅与温度分布是对应的。色调与色差是温度与温差的显示与反映。因此，可以根据图像上色差所反映的温差来识别物体。一般说来，热红外图像上的浅色调代表强辐射体，表明其表面温度高或辐射能力强；深色调代表弱辐射体，表明其表面温度低。

热红外图像中不同地物的热辐射差异区分能力与传感器的辐射分辨率有关，对应于热红外传感器的温度分辨率。温度分辨率指能区分地面上温度差异的能力，取决于扫描仪探测元件的性能，如探测器的响应率和传感器系统内的噪声。为了获得较好的温度鉴别力，红外系统的等效噪声温度限制在 0.1～0.5 K，而系统的温度分辨率一般为等效噪声温度的 2～6 倍。现代技术已经能研制出温度分辨率达到 0.01℃的传感器。在资源遥感中使用的热红外扫描仪温度分辨率大多在 0.1～0.5℃，基本上能满足目前应用要求。

由于热扩散作用的影响，热红外图像中反映目标的信息往往偏大，且边界不太清晰，但对不同地物的差异反应敏感。例如，热红外图像中水体信息与其他陆地景物有明显不同，因此热红外图像对环境中水分含量等信息反应敏感。热红外图像是扫描图像，因此具有明显的几何畸变，这个几何畸变主要受扫描成像系统本身和平台飞行姿态变化的影响。例如，扫描镜的旋转速度变化不均使得像点间隔不恒定，弧形扫描与平面记录使得边缘像点被压缩或被拉伸，飞行姿态的滚动、倾斜等原因使得图像弯曲变形或比例尺发生变化。

热红外图像具有不规则性，会使图像出现某些“热”的假象。比如受天气条件的干扰，云会降低热反差，雨会产生平行纹理，风会产生污迹或条纹噪声，冷气流会产生不同形状的冷异常图像等。电子噪声的影响、无线电干扰将产生电子噪声带和波状云纹的干扰图式。这一切均可以使图像出现一些“热”假象。在图像解译时，必须识别图像上的各种假异常，并排除它们对解译的干扰。

白天与夜间获取的图像各具优缺点。在一天中的不同时刻，地表加热、冷却过程不同，地表温度随时间变化特点显著。日均地表温度通常与日均近地表气温相近。图 4.12(a)和图 4.12(b)给出了南京某区域不同时段的热红外图像，该图像由搭载在大疆 M300 无人机上的 WIRIS Pro^{Sc} 热像仪获得，热像仪具体技术指标见表 3.3，图 4.12(c)为相同区域的可见光波段图像。白天成像的图像上具有明显的阴影问题，如图 4.12(a) 中建筑物内部区域。黎明前热红外图像可以提供长时间适宜而稳定的温度，且“阴影”和坡向效应最小，便于地层、构造的识别。但是，黎明前虽物体温度较稳定，但不同物体间的热反差较低，又有不利解译的一面，而且此时进行地面实验、飞机导航、寻找地面参照物等都有一定困难，如图 4.12(b) 的几何校正精度明显低于图 4.12(a)，早上获取图像中的地物温度差异小于白天时刻。因而热红外成像时段的选择，要根据研究目的、区域特点、温度日变化效应及其他因素等全面考虑。

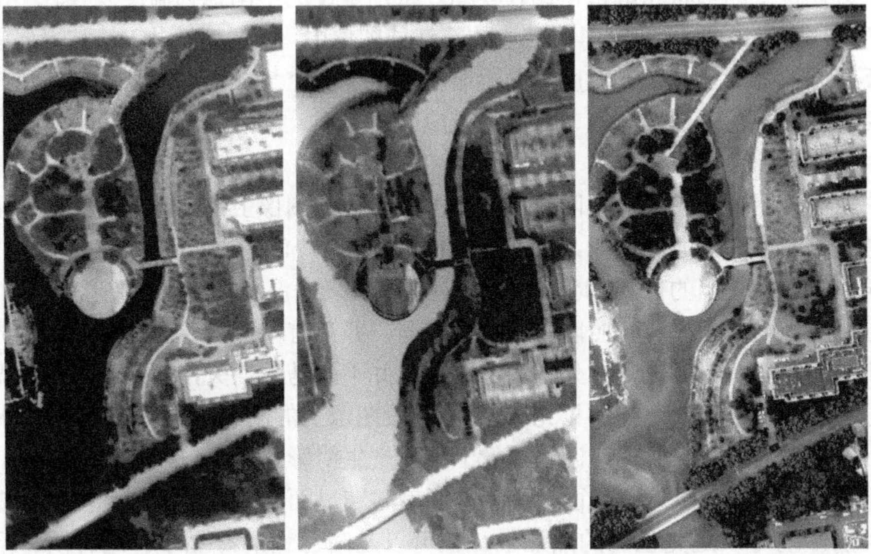

(a) 白天热红外图像(14:30)　(b) 早上热红外图像(5:30)　(c) 可见光波段图像

图 4.12　南京某区域不同时段的无人机热红外图像

4.4.2　典型地物的热红外图像解译

1. 热红外遥感图像判读标志

在热红外遥感图像上，通常可以采用色调、形态、阴影等直接解译标志进行地物判读，其中色调是最为直接和常用的判读标志。

1) 色调

热红外图像中，色调反映了地物表面辐射温度，常常使用“暖信息”“冷信息”等术语来表达。一般来说，表面温度愈高的地物色调愈浅，否则色调越深。图 4.12 中不同时刻图像上亮度越高的地物，如白天建筑物顶部、早上道路等位置的温度都非常高。不同时刻获得的热红外图像中，地物色调存在着差异。应用色调标志时，要注意成像时间。白天的热红外图像上水体(热水体除外)的色调总是比陆地的色调深，而早上图像上水体的色调则比陆地浅，对比图 4.12(a)和图 4.12(b)可以明显得到这一结论。

2)形态

由于热红外图像常存在畸变，地物形状会发生几何变形，同一大小的地物在图像中央和边缘的影像大小会明显不同。由于地面分辨率较低，热红外图像根据地物辐射温度成像，而地物辐射温度又受空气、风等多种因素干扰，因此地物在热红外图像上的形状轮廓常常比较模糊，特别是夜间不同地物温度差异较小的时刻更为明显。如图 4.12(b)早上获取的热红外图像中，不同建筑物、植被冠层的轮廓不清晰，与周边地物的温度差异不明显。由于受空气、风等因素的影响，小的热目标往往会在图像上产生“热晕”效应。

3)阴影

热红外图像阴影分为热阴影和冷阴影。热红外图像上，未被直接照射的地面比被直接照射的地面温度低，因而热辐射也弱，呈冷色调，如图 4.12(a)右侧中部建筑物之间被遮挡的位置，地表温度相对建筑物表面温度要低很多，形成了阴影。热红外图像上的阴影与光照阴影有本质不同，并没有本影和落影之分。太阳光照射到这些阴影位置后，热红外图像上的阴影并不会马上消失，而是随着表面温度的上升而逐渐消散，这与可见光-近红外波段图像上的阴影形成机制完全不同。

地面上的一些热源或冷源在图像上也会产生阴影。如暖风(或冷风)吹过地面，由于某些物体的阻挡，背风面地面上的温度与迎风面温度不同，会产生风阴影，这种阴影既可以是亮色调的热显示，也可以是暗色调的冷显示。这种阴影形状与普通阴影不同，类似于许多热尾流，给人以吹拂飘动的感觉，并且轮廓边界不十分清楚。此外，飞机等喷气热尾流也在热红外图像上构成热阴影，并且在它们刚刚离开后，受地面温度的逐渐变化特点影响，这些热阴影并不会马上消失(图 4.13)。

图 4.13　红外热像仪拍摄的飞机降落图像

2. 典型地物的热红外图像判读

研究岩石、植被、土壤和水体等典型地物的热红外特性，以及红外辐射温度的日变化特性等，是热图像判读的基础，也是建立各种热模型，如土壤水分的热惯量模型等，以及反演地表相关参数的必要条件。在热红外图像上，地物白天受太阳辐射的影响，温度一般较高、呈暖色调；夜间物质散热，温度较低呈冷色调，这种温度的变化大小取决于地物的热惯性。

1) 水体判读

水体具有比热容大、热惯量大，对红外几乎全吸收，自身辐射发射率高，以及水体内部以热对流方式传递温度等特点，使水体表面温度较为均一，昼夜温度变化慢而小。由于水的热容量较大，白天升温慢，比周围土壤、岩石温度低，呈冷色调或暗色调，图 4.12(a) 中的水体表面温度最低，色调最暗。夜晚，水的贮热能力强，热量不易很快散失，比周围土壤、岩石温度高，呈暖色调或浅色调[图 4.12(b)]。对比图 4.12(a) 和图 4.12(b) 可以发现，白天色调最暗的水体区域在早上时段温度较高，在图 4.12(b) 中的亮度值高于建筑物表面和植被覆盖区域，这一现象主要是由于水体周围地面物体温度随时间变化较大，而水体本身温度变化小。因此，水体的热标记可作为判断热红外成像时间的可靠指数。当热红外图像没有明确注明成像时段时，如果水体具有比邻近地物较暖的标记，则为夜间或凌晨时段的成像；反之，则为白天时段的成像。当开放水体周围被冰雪覆盖的地面包围时，情况有所不同，水体昼夜均较周围冰雪更暖。

热水体，即使在白天，它仍为热显示，呈亮灰到白的色调。初冬季节的水体和冰体之间存在着明显温差，造成在同一张图像上，未结冰的水体被记录成暖色调，冰体被记录成冷色调。潮湿地面，无论白天还是夜间都比干燥地面冷，因而在热图像上为较冷的色调。在地下水到达地表并被蒸发的地区，以及沿着断层赋存地下水的地方，也往往呈冷色调显示。湿地在昼夜均较干燥地面冷，这是由于水分蒸发时的冷却效应。

图 4.14 是水体与陆地的航空热红外冬季图像。这 4 幅图像的拍摄时间不同，充分说明了不同时间的水陆温度的不同变化特点。其中，图 4.14(a) 为清晨 6 点(空气温度–9℃)的图像，水体比陆地明显要暖(水上有结冰)；图 4.14(b) 为上午 8 点的图像，水体仍比陆地要暖，在陆地左上角有一亮条纹，是发电厂排出的热水；图 4.14(c) 为午后 2 点(空气温度升至–2℃)的图像，此时水陆温度差异最小，发电厂热效应明显，且正赶上退潮；图 4.14(d) 为第二天上午 11 点(空气温度为–4℃)的图像，发电厂热效应仍明显，但热水流方向受潮水影响而发生变化。

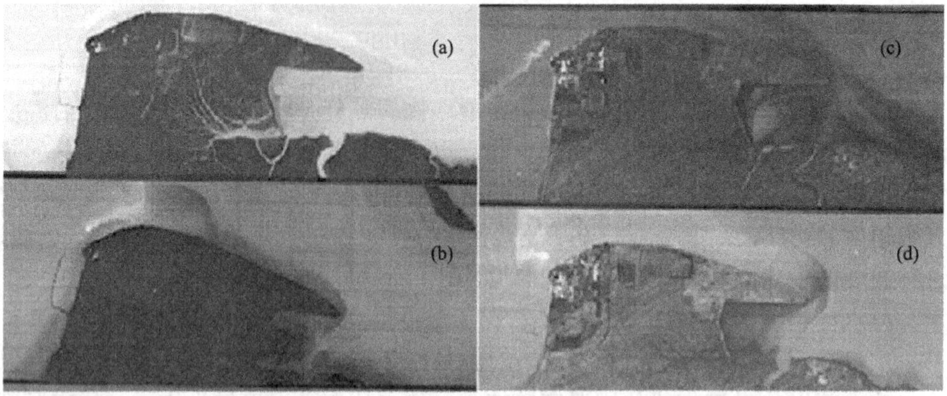

图 4.14　水体与陆地的航空热红外冬季图像

2) 植被判读

白天，绿色植物在图像上一般为冷显示[如图 4.12(a) 中间圆形广场区域上方、建筑物左侧的植被覆盖区域]，呈较暗的色调，而夜间或早上一般为热显示[如图 4.12(b) 中间区域的植被覆盖区域]，出现中到亮灰的色调。这是因为树叶在夜间无蒸腾作用，向外辐射能力强，呈现浅色调；而白天虽受阳光照射，但因水分蒸腾作用而温度较低，升温并不明显，使植被较周围土壤温度低。但大面积草地的情况略有不同，由于夜间散热较快，它在热图像上呈暗色调的冷显示。干燥的植物，如农作物秸秆等，在夜间的图像上呈暖色调，这是由于干燥植物在一定程度上能阻止其下面的地面热量散失，从而形成较暖的夜间显示。

3) 人工铺设区

街道、停车场、广场等人工铺设区，白天比周围区域升温更快，而夜里因周边建筑物的遮挡作用，散热较慢，仍保持比周围温度高一些的特点，所以昼夜均为暖色调。如图 4.12 中白天、早上时段，图像中间、上方和下方的沥青、水泥铺设道路区域都呈现出明显的暖色调，地表温度较高。不同建筑材料组成的路面在热红外图像中表现出的地表温度不同，如图 4.12 中上方道路到中间观景区域的道路材质与水泥路面不同，在白天和早上图像上都表达出了较低的地表温度，色调较深。在白天的热红外图像上[图 4.12(a)]，建筑物表面因吸收太阳光能量，温度上升较快，亮度较高；而在早上[图 4.12(b)]，建筑物表面散热较快，温度比其他地物下降更快，呈现为冷色调。

4) 岩石判读

岩石由于其热容量和热惯量均较低，因此在白天的热红外图像上一般为较暖的色调，在夜间为较冷的色调。此外，岩石种类很多，不同种类的岩石其热性质也很不相同，在热红外图像上的显示也有差别。

第 5 章　地表发射率遥感估算

地表发射率在地表温度的热红外遥感反演中扮演着非常重要的角色，没有准确的发射率就很难得到精确的温度反演结果。当地表温度反演精度向着 1K，甚至更高精度迈进时，地表发射率的估算精度也需要不断提高。此外，地表发射率作为地表自然物质的固有属性，受土地覆盖类型、土壤水分、土壤有机质、植被密度和结构、表面粗糙度和地表起伏等多种因素共同影响，能够指示地表的物质组成，在地表分类、土壤形成和侵蚀、稀疏植被覆盖与变化估算、岩性制图和资源探测等方面都有重要的意义。由于地物类型及其属性差异，以及空间尺度的影响，实验室或野外测量的发射率并不能在像元尺度上任意使用，因此学者们提出了多种方法用于从遥感图像中估算地物目标发射率。

5.1　地表发射率估算方法

5.1.1　温度发射率分离算法

1994 年，Matsunaga 利用实验室测量的地物发射率数据建立了平均发射率与最大、最小发射率差异之间的线性关系，并将其用于分离地表温度与发射率。Gillespie 等(1998，1999)结合前人的研究成果提出针对 ASTER 传感器的 5 个热红外通道的温度发射率分离法(temperature and emissivity separation，TES)。该方法已经成功地应用于 ASTER 传感器地表发射率产品生成的业务化处理。TES 算法在大气校正后得到的地表辐射亮度的基础上，通过发射率归一化(NEM)模块、发射率之比(RATIO)模块以及最大最小差值(MMD)模块实现温度和发射率的同时反演。

1. NEM 模块

NEM 模块采用迭代方法初步估计目标表面温度，并且从地表辐射亮度中去除反射的大气下行辐射亮度。它假设目标的最大发射率 ε_{max} 为一个定值(如 0.99)，利用该值计算出传感器不同热红外通道对应的温度，将这些温度中的最大值记为目标温度，进而计算其他通道的发射率[式(5.1)]。

$$\begin{cases} T_i = B_i^{-1}\left(R_i / \varepsilon_{\max}\right) = \dfrac{c_2}{\lambda_i}\left[\ln\left(\dfrac{c_1\varepsilon_{\max}}{\pi R_i \lambda_i^5} + 1\right)\right]^{-1} \\ T_{\mathrm{NEM}} = \max\left(T_i\right) \\ \varepsilon_i = \dfrac{R_i}{B_i\left(T_{\mathrm{NEM}}\right)} \end{cases} \tag{5.1}$$

式中，T_i 是估算的第 i 通道(i=10,…,14)的地表温度；$B_i()$ 和 $B_i^{-1}()$ 分别是普朗克函数及其反函数；c_1 和 c_2 是普朗克函数中的常数；λ_i 是第 i 通道的中心波长；R_i 是第 i 通道去除反射的大气下行辐射后的地表发射辐射；T_{NEM} 是 NEM 模块估算的最大地表温度。

R_i 的初值可表达为

$$R_i = R_{\mathrm{grd}} - \left(1 - \varepsilon_{\max}\right) R_{ati\downarrow} \tag{5.2}$$

式中，R_{grd} 是地表辐射亮度；$R_{ati\downarrow}$ 是大气下行辐射亮度。当每次重新获取新的地表发射率估值后，都重新估算 R_i，直到 R_i 的变化小于某一阈值。

对于现有发射率波谱中的大部分目标，经过这一步骤处理后，地表温度估算的误差范围是±3 K(当地表温度约为 340 K 时)或者±2 K(当地表温度约为 273 K 时)。

2. RATIO 模块

发射率之比(RATIO)模块是由 Watson(1992b)最早提出的。该方法利用 NEM 模块估算的发射率 ε_i 计算发射率比值 β_i。与单个通道的辐亮度相比，两个通道辐亮度之比对于温度微小变化的敏感性要低得多。两通道的辐亮度之比可以近似表示为两通道发射率之比，因此该方法可以得到发射率波谱的形状，由此可以估算出发射率比值谱。

$$\beta_i = \frac{\varepsilon_i}{\dfrac{1}{5}\sum \varepsilon_i} \tag{5.3}$$

3. MMD 模块

计算最大最小差值(MMD)指数，进一步估算地表发射率和温度。MMD 指出了最大、最小发射率之差存在某种统计关系，利用这种关系就能获得各个通道的地表发射率。MMD 指数可以表达为

$$\mathrm{MMD} = \max\left(\beta_i\right) - \min\left(\beta_i\right) \tag{5.4}$$

然后利用 ASTER 光谱库中获取的经验公式就能够获取到地表最小发射率：

$$\varepsilon_{\min} = 0.994 - 0.687\text{MMD}^{0.737} \tag{5.5}$$

进而 5 个通道的地表发射率可通过以下公式计算得到

$$\varepsilon_i = \beta_i \left(\frac{\varepsilon_{\min}}{\min(\beta_i)} \right) \tag{5.6}$$

因为 ASTER 传感器观测到的辐射亮度包含了噪声，所以需要对 MMD 进行校正。根据普朗克函数的逆函数，利用下式再次估算地表温度：

$$T_{i^*} = B_{i^*}^{-1}\left(R_{i^*} / \varepsilon_{i^*}\right) \tag{5.7}$$

式中，i^*代表了发射率最大所对应的通道。通过再次校正反射的大气下行辐射和发射率形状谱 β 中的偏差，得到地表发射辐射 R_i：

$$R_i = R_{\text{grd}} - (1-\varepsilon_i) R_{ati\downarrow} \tag{5.8}$$

最后，利用式(5.7)计算出的地表温度 T_{i^*} 和式(5.8)计算出地表发射辐射 R_i，重新计算 β_i，再重复 RATIO 模块和 MMD 模块的计算过程，直到发射率和温度满足精度要求。

温度发射率分离算法的流程图如图 5.1 所示。TES 算法能够同时反演温度与发射率，综合利用 NEM、RATIO 和 MMD，在吸收这三种方法的优点的同时，改进各自存在的不足之处，算法本身基本上能适应大多数地表类型。但是 TES 方法需要至少 4 个在大气窗口内的热红外通道，不适合大多数传感器地表发射率反演的业务化处理。另外，TES 算法要求热红外遥感数据必须经过大气校正，大气校正的精度直接影响到了后续地表发射率的反演精度。

5.1.2　基于 NDVI 阈值法的地表发射率估算

基于 NDVI 阈值法的地表发射率估算方法，建立可见光/近红外波段提取而来的归一化植被指数(normalized difference vegetation index, NDVI)和地表发射率之间的统计关系模型。Van de Griend 和 Owe(1993)利用 AVHRR 遥感数据首先发现地表发射率和 NDVI 之间存在很好的对数关系：

$$\varepsilon = 1.0094 + 0.047\ln \text{NDVI} \tag{5.9}$$

Olioso(1995)进一步研究发现，地表发射率和 NDVI 之间的关系会受到土壤和叶片组分发射率、冠层结构、叶片光学特性、太阳方位等因素的影响；Valor 和 Caselle(1996)利用植被覆盖度来计算行播式作物的有效地表发射率。Sobrino 等(2001)提出了一种可操作的 NDVI 阈值法，降低了方法的复杂性。

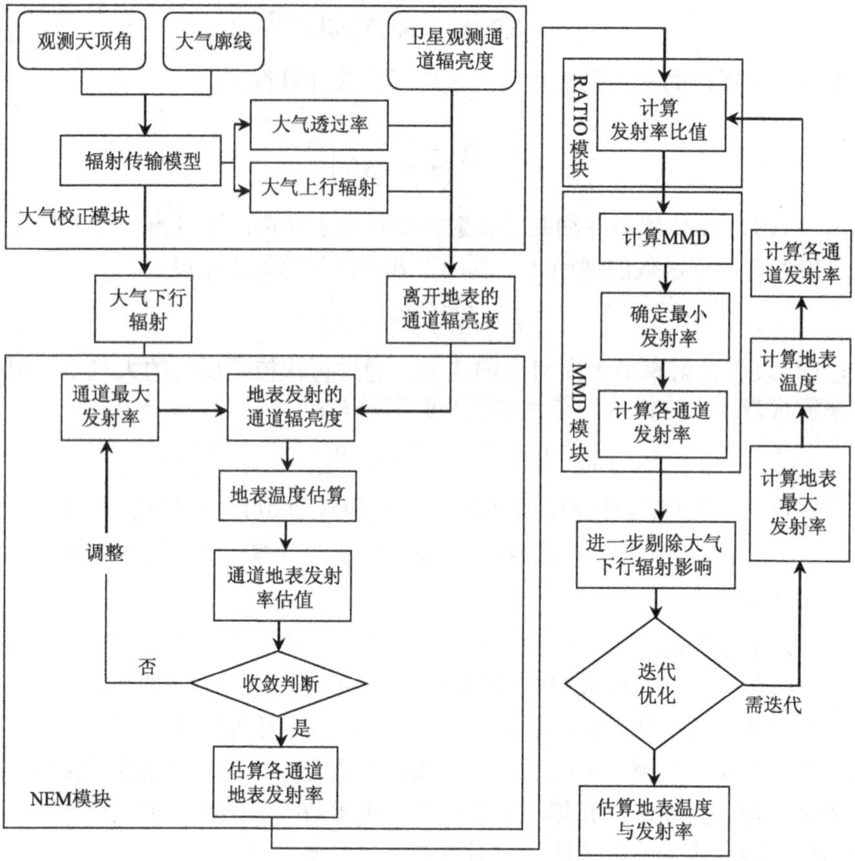

图 5.1　温度发射率分离(TES)算法流程(改绘自唐伯惠等，2014)

基于 NDVI 数据，热红外通道 i 的地表发射率可以通过 3 种地表覆盖状况下对应的 3 个线性函数分别进行估算(Sobrino et al., 2008)，这 3 种地表覆盖类型分别为裸土、浓密植被以及裸土和植被的混合类型。

1. 裸土像元发射率估算

当某像元满足 $NDVI < NDVI_{min}$ 时，该像元可认为是裸土类型，其发射率需要通过与可见光红光波段地表反射率建立关系来获取。裸土发射率和红光波段地表反射率的关系通过地物光谱库中的裸土光谱数据来建立。

$$\varepsilon_i = a_i + b_i \rho_{red} \tag{5.10}$$

式中，a_i 和 b_i 分别为第 i 通道的拟合系数；ρ_{red} 为红光波段地表反射率。

2. 浓密植被像元发射率估算

当某像元满足 $\mathrm{NDVI} > \mathrm{NDVI}_{\max}$ 条件时，该像元被认为是浓密植被类型，其发射率计算公式为

$$\varepsilon_i = \varepsilon_{v,i} + C_i \tag{5.11}$$

式中，$\varepsilon_{v,i}$ 和 C_i 通常使用典型的常量，分别为 0.985 和 0.005。因此，对于浓密植被像元，其发射率可设定为 0.99。

3. 裸土和植被混合像元发射率估算

遥感像元尺度的地表通常是粗糙非均一的，认为是裸土和植被的混合类型，其发射率为

$$\varepsilon_i = \varepsilon_{v,i} P_v + \varepsilon_{s,i}\left(1 - P_v\right) + C_i \tag{5.12}$$

式中，$\varepsilon_{v,i}$ 和 $\varepsilon_{s,i}$ 分别为第 ε_i 通道的植被和裸土发射率；P_v 为植被覆盖度；C_i 为取决于地表特性的增加项。对于水平均一地表，$C_i \approx 0$；对于粗糙非均一地表，C_i 为

$$C_i = \left(1 - \varepsilon_{s,i}\right)\varepsilon_{v,i} F\left(1 - P_v\right) \tag{5.13}$$

式中，F 为取决于地表几何分布的形状因子，其值范围为 0～1。由于从遥感可见光-近红外或者热红外数据不能估算 F，通常取不同几何分布下的 F 平均值。

P_v 可以根据 NDVI 值获得，公式为

$$P_v = \left(\frac{\mathrm{NDVI} - \mathrm{NDVI}_{\min}}{\mathrm{NDVI}_{\max} - \mathrm{NDVI}_{\min}}\right)^2 \tag{5.14}$$

式中，$\mathrm{NDVI}_{\min}$ 和 $\mathrm{NDVI}_{\max}$ 分别为裸土和浓密植被的 NDVI 值。在全球尺度上，Sobrino 和 Raissouni (2000) 设定 $\mathrm{NDVI}_{\min} = 0.2$ 和 $\mathrm{NDVI}_{\max} = 0.5$。为了获取连续的 P_v 值，对于 $\mathrm{NDVI} < \mathrm{NDVI}_{\min}$ 的像元，设定 $P_v = 0$；对于 $\mathrm{NDVI} > \mathrm{NDVI}_{\max}$ 的像元，设定 $P_v = 1$。

由于简单易用，NDVI 阈值法已经被应用到许多星载传感器，如 MODIS (Momeni and Saradjian，2007)、ASTER (Jiménez-Muñoz et al.，2006)、TM。但是 NDVI 阈值法也存在一些问题，比如不能应用于水体、冰雪和岩石等地表。而且，并非所有裸土的发射率与其红光波段地表反射率之间都存在较好的线性关系。Sobrino 等 (2008) 通过建立裸土发射率与红光波段范围内所有波段的地表反射率之间的线性关系，发现其误差比只和红光波段范围内的 1 个波段建立的线性关系要小些。对于裸土和植被的混合，其发射率只能近似地估算，从而导致发射率估算存在着一定误差。

5.1.3 基于分类的地表发射率估算

基于分类的发射率估算方法假设相似的地表覆盖类型，其地表发射率极其相似(Snyder et al.，1998b)。该方法利用地表分类信息，根据实验室测量的发射率光谱数据，结合 BRDF 核驱动模型拟合出不同地物的发射率值，并根据地物的动态变化信息建立对应的发射率查找表，在实际应用时从查找表中获取每种地类的发射率。结合 MODIS 和国际地圈生物圈计划(International Geosphere-Biosphere Program，IGBP)分类体系，为了在地类数量和发射率精度之间达到均衡，Snyder 等(1998b)选定 14 种不同地类。图 5.2 是基于分类的地表发射率估算方法的大致流程。

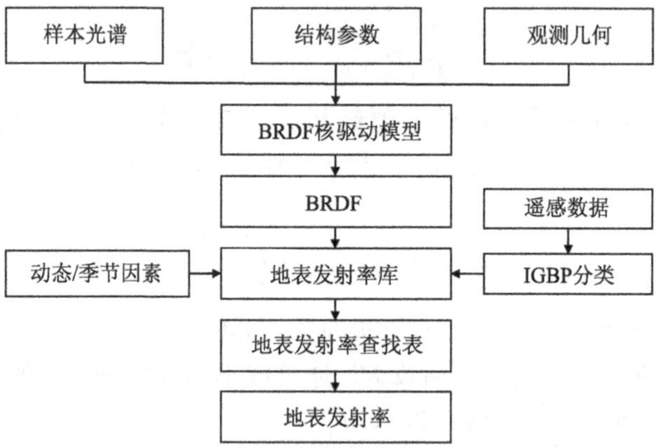

图 5.2　基于分类的地表发射率估算方法流程

对于每个地物的发射率，采用具有一定物理意义的线性核驱动模型来拟合地表的双向性反射特征，通过若干个 BRDF 核，将线性核驱动模型表示为

$$\rho(\theta_v,\theta_s,\varphi)=k_{\text{iso}}+k_{\text{vol}}\cdot f_{\text{vol}}(\theta_v,\theta_s,\varphi)+k_{\text{geo}}\cdot f_{\text{geo}}(\theta_v,\theta_s,\varphi)+k_{\text{spc}}\cdot f_{\text{spc}}(\theta_v,\theta_s,\varphi) \tag{5.15}$$

式中，$\rho(\theta_v,\theta_s,\varphi)$ 为双向反射率分布函数；$f_{\text{vol}}(\theta_v,\theta_s,\varphi)$ 为体散射核；$f_{\text{geo}}(\theta_v,\theta_s,\varphi)$ 为几何光学核；$f_{\text{spc}}(\theta_v,\theta_s,\varphi)$ 为镜面散射核，它们都是光线入射角和观测角的函数；θ_v 为观测天顶角；θ_s 为光线入射天顶角；φ 为相对方位角。k_{iso}、k_{vol}、k_{geo} 和 k_{spc} 则是系数，分别表示各向均匀散射、体散射、几何光线散射和镜面散射这四部分所占比例(权重)。这些核驱动模型的系数可通过对材料样本和结构参数的实验室测量得到。半球方向反射率通过对 BRDF 从 0°到 65°范围内的积分得到，再利用基尔霍夫定律可以估算出地表发射率，进而就能够构建地表发射

率查找表。

理论上，基于分类的地表发射率估算方法对于分类准确并已知发射率的区域可以产生精度较高的发射率产品，特别是对于利用高空间分辨率遥感数据获取的分类数据。水体、冰雪、植被等地物的发射率稳定且变化很小，使用该方法能够获得比较好的结果。但是当下垫面为裸土时，由于发射率具有较大的光谱异质性，估算精度较低，通常达不到所需的误差小于 0.01 的估算精度。此外，确定土壤水分、枯萎的植被以及地表冰雪的动态过程比较困难，这些也会降低地表发射率估算的精度。遥感分类本身具有比较大的不确定性，尤其对于混合像元和不同类别的过渡情况，该方法估算的地表发射率值具有不连续性，这可能与客观实际情况不符。

5.1.4　引入中红外波段的地表发射率估算

1. 日夜温度无关波谱指数法

温度无关波谱指数(temperature-independent spectral indices，TISI)概念是 Becker 和 Li(1990a)首先提出的。在 TISI 概念的基础上，热红外通道的发射率可以通过双通道的 TISI 和中红外通道的发射率获得。

1) 日夜温度无关波谱指数(TISI)的定义

(1) 对普朗克公式的近似。指定一个参考温度 T_0 后，利用指数函数对普朗克函数做近似计算，即

$$B_\lambda(T) \approx \alpha_\lambda(T_0) T^{n_\lambda(T_0)} \tag{5.16}$$

式中，$\alpha_\lambda(T_0)$ 和 $n_\lambda(T_0)$ 是依赖于波长和参考温度 T_0 的常数，能够通过数学推导直接得到。因此，假设大气影响已经得以精确校正，地表观测到的热红外通道辐射亮度可以近似表示为

$$R_i = \alpha_i T_{gi}^{n_i} = \varepsilon_i \alpha_i T_s^{n_i} + (1-\varepsilon_i) R_{ati\downarrow} = \varepsilon_i \alpha_i T_s^{n_i} C_i \tag{5.17}$$

式中，α_i 和 n_i 是传感器第 i 通道的拟合系数；T_{gi} 是第 i 通道地表辐射亮度对应的亮度温度；ε_i 是地表发射率；T_s 是地表温度；$R_{ati\downarrow}$ 是大气下行辐射；C_i 是补偿大气下行辐射影响的纠正因子，可以表示为

$$C_i = 1 + \beta_i (1-\varepsilon_i) / \varepsilon_i \tag{5.18}$$

式中，$\beta_i = R_{ati\downarrow} / B_i(T_s)$。

(2) 两通道的 TISI 定义。首先假设地表反射的大气下行辐射可以忽略，根据式(5.17)可以得到

$$R_i = \varepsilon_i \alpha_i T_s^{n_i} \text{ 或 } T_{gi}^{n_i} = \varepsilon_i T_s^{n_i} \tag{5.19}$$

通过 i、j 两个通道辐射亮度的比值，可以把地表温度的因素消除，得到与温度无关，只与发射率有关的指数：

$$\frac{(R_i)^{\alpha_i}}{(R_j)^{\alpha_j}} = \frac{\left(\varepsilon_i \alpha_i T_s^{n_i}\right)^{\alpha_i}}{\left(\varepsilon_j \alpha_j T_s^{n_j}\right)^{\alpha_j}} = \frac{\varepsilon_i^{\alpha_i} a_i^{\alpha_i}}{\varepsilon_j^{\alpha_j} a_j^{\alpha_j}} \tag{5.20}$$

或者用亮温可以表达为

$$\frac{\left(T_{gi}^{n_i}\right)^{\alpha_i}}{\left(T_{gj}^{nj}\right)^{\alpha_j}} = \frac{\left(\varepsilon_i T_s^{n_i}\right)^{\alpha_i}}{\left(\varepsilon_j T_s^{n_j}\right)^{\alpha_j}} = \frac{\varepsilon_i^{\alpha_i}}{\varepsilon_j^{\alpha_j}} \tag{5.21}$$

式中，α_i 和 α_j 满足关系 $\alpha_i n_i - \alpha_j n_j = 0$。

一般来说，$\alpha_i = 1$，$\alpha_j = \dfrac{n_i}{n_j} = n_{ij}$。于是可定义 i、j 两个通道的 TISI 为

$$\mathrm{TISI}_{ij} = \frac{a_j^{n_{ij}}}{a_i} \frac{R_i}{(R_j)^{n_{ij}}} = M_{ij} \frac{R_i}{(R_j)^{n_{ij}}} \tag{5.22}$$

或者用亮温可以表达为

$$\mathrm{TISI}_{ij} = \left(\frac{T_{gi}}{T_{gj}}\right)^{n_i} \tag{5.23}$$

根据 TISI 的定义，可以得到

$$\mathrm{TISIE}_{ij} = \varepsilon_i / \varepsilon_j^{n_{ij}} \tag{5.24}$$

进一步地，考虑地表反射的大气下行辐射，根据式(5.17)和式(5.18)，修正后的 TISI 可以表达为

$$\mathrm{TISI}_{ij} = C_{ij} \mathrm{TISIE}_{ij} = \left(C_i / C_j^{n_{ij}}\right) \mathrm{TISIE}_{ij} \tag{5.25}$$

理论上，C_{ij} 由地表发射率、大气状况和地表温度共同决定。当地表温度趋于无穷大或者两个通道发射率接近于 1 时，C_{ij} 将近似为 1。数值计算表明，C_{ij} 随温度的变化很小。

(3) 多通道的 TISI 定义。将两通道 TISI 的定义推广到多通道，对于 N 个通道，可推导得出相应的温度无关波谱指数为

$$\mathrm{TISI} = \prod_{k=1}^{N} T_{gk}^{\alpha_k n_k} \quad \text{或者} \quad \mathrm{TISI} = M \prod_{k=1}^{N} R_k^{\alpha_k} \tag{5.26}$$

式中，幂指数 α_k 满足条件：

$$\sum_{k=1}^{N}\alpha_k n_k = 0 \tag{5.27}$$

常数 M 表示为

$$M = \prod_{k=1}^{N} B_k\left(T_s\right)^{-\alpha_k} \approx \prod_{k=1}^{N}\alpha_k^{-\alpha_k} \tag{5.28}$$

而 TISI 与发射率的关系为

$$\text{TISI} = C\prod_{k=1}^{N}\varepsilon_k^{\alpha_k} \tag{5.29}$$

式中，修正系数 C 由各波段的修正系数合成得到。

$$C = \prod_{k=1}^{N} C_k^{\alpha_k} \tag{5.30}$$

根据 TISI 与发射率的关系，可以得到

$$\text{TISIE} = \prod_{k=1}^{N}\varepsilon_k^{\alpha_k} \tag{5.31}$$

总体来说，C 非常接近于 1 而且几乎与温度无关，所以有

$$\text{TISI} \approx \text{TISIE} \tag{5.32}$$

如果构造的幂指数 α_k 的方式不同，TISI 则可以有很多种不同的定义。

2) 日夜温度无关波谱指数(TISI) 估算发射率的原理和流程

针对 NOAA-AVHRR 的第 3、第 4 和第 5 通道的日夜两次观测的数据，Becker 和 Li(1990a) 基于温度无关波谱指数提出了地表发射率的估算方法(图 5.3)。

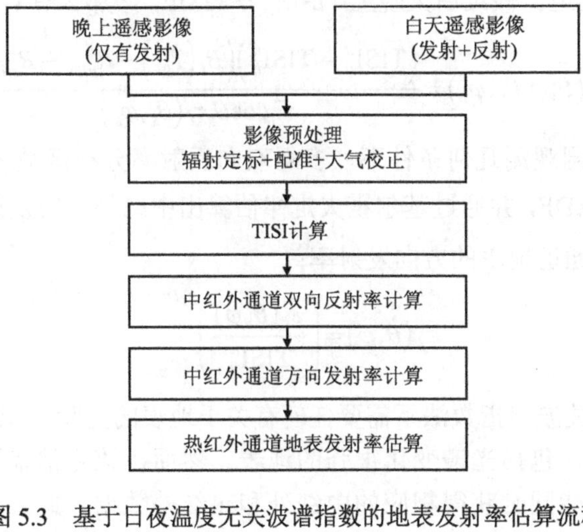

图 5.3　基于日夜温度无关波谱指数的地表发射率估算流程

NOAA-AVHRR 的第 3 通道位于 3.7 μm 的中红外大气窗口波段，第 4 和第 5 通道分别位于 10.5 μm 和 11.5 μm 的热红外大气窗口波段。引入中红外波段，可以使方程组有较好的条件数，这是因为中红外波段的白天和夜间辐射信号差别比较大。日夜温度无关波谱指数法假设白天和晚上的地表发射率一样。地表发射率不随时间改变的假设在绝大多数情况下都是合理的，通常情况下，地表发射率在几天内都不会发生明显变化，除非有雨雪天气出现。当然，夜晚结露现象可能会影响这一假设的正确性，特别是对于干旱区域的低发射率地表而言。为了避免重露造成日夜发射率变化进而影响地表发射率反演精度的问题，有必要检查大气底层的相对湿度值。

假设温度无关波谱指数随时间变化缓慢，即白天和晚上的 TISI 近似相等，借助中红外通道，就可以估算出中红外通道的地表反射率和发射率，进而计算热红外通道地表发射率。类似于两通道 TISI 的定义，白天和晚上两个中红外通道的 TISI 都可从地表观测的辐射亮度中直接估算出来：

$$\mathrm{TISI}_{ij}^{d}=\frac{B_i\left(T_{gi}^{d}\right)-\left(R_{ati\downarrow}^{d}+R_{sli\downarrow}\right)}{B_i\left(T_{gj}^{d}\right)-\left(R_{ati\downarrow}^{d}+R_{sli\downarrow}\right)}\cong \mathrm{TISIE}_{ij}^{d}+\frac{\rho_{bi}\left(\theta,\varphi,\theta_s,\varphi_s\right)E_i\cos\theta_s\tau_i\left(\theta_s,\varphi_s\right)}{\left(B_i\left(T_{gj}^{d}\right)-R_{ati\downarrow}^{d}-R_{sli\downarrow}\right)} \tag{5.33}$$

$$\mathrm{TISI}_{ij}^{n}=\frac{B_i\left(T_{gi}^{n}\right)-R_{ati\downarrow}^{n}}{B_i\left(T_{gj}^{n}\right)-R_{ati\downarrow}^{n}}\cong \mathrm{TISIE}_{ij}^{n}=\frac{\varepsilon_i}{\varepsilon_j^{n_{ij}}} \tag{5.34}$$

式中，上标 d 和 n 分别表示白天和晚上对应的物理量；ρ_{bi} 是地表的双向反射率分布函数；$R_{sli\downarrow}$ 是太阳散射导致的下行辐射；E_i 是大气层顶辐照度；i 是中红外通道；j 是热红外通道。假设白天晚上 $\mathrm{TISIE}_{ij}^{d}=\mathrm{TISIE}_{ij}^{n}$，那么有

$$\rho_{bi}\left(\theta,\varphi,\theta_s,\varphi_s\right)=\frac{\left(\mathrm{TISI}_{ij}^{d}-\mathrm{TISI}_{ij}^{n}\right)\left(B_i\left(T_{gj}^{d}\right)-R_{ati\downarrow}^{d}-R_{sli\downarrow}\right)}{E_i\cos\theta_s\tau_i\left(\theta_s,\varphi_s\right)} \tag{5.35}$$

通过获取不同观测几何条件下，多组双向反射率分布函数 ρ_{bi}，就能够直接估算出中红外 BRDF，并通过基尔霍夫定律估算出中红外方向发射率 $\varepsilon_i(\theta,\varphi)$，进而估算出热红外通道地表的方向发射率：

$$\varepsilon_j(\theta,\varphi)=\left(\frac{\varepsilon_i(\theta,\varphi)}{\mathrm{TISI}_{ij}^{n}}\right)^{n_j/n_i} \tag{5.36}$$

日夜温度无关波谱指数法不需要任何有关于地表的先验知识，能够有效地应用于各种下垫面，包括光谱变化很强的地表。然而，该方法需要进行一个大致的大气校正，并能同时获得相应的中红外和热红外数据。此外，需要精确的影

像配准。

在双通道温度无关光谱指数 TISI 方法的基础上，Li 等(2000)提出了一种物理方法，利用日夜遥感观测数据获取中红外、热红外波段的方向发射率，结果表明不同视角下植被覆盖区域的发射率相对较高且近似为常数，而干旱地区的发射率相对较低，并呈现出显著的角度变化。

2. 日夜双时相多通道物理反演方法

参考 TISI 反演方法(Becker and Li，1990a)与两温法(Watson，1992a)的基本理论，Wan 和 Li(1997)提出了日夜双时相多通道物理反演方法。该方法是一种基于物理模型的反演方法，不需要知道精确的地表发射率和大气参数等先验知识，根据辐射传输方程，利用白天和晚上双时相、多通道的观测数据就可以实现地表温度和发射率的同时反演。针对 MODIS 数据通道多的优势，该方法通过 7 个通道(3 个中红外和 4 个热红外)白天和晚上两次观测数据，构建 14 个方程以解决方程组求解的欠定问题。为了减小反演过程中大气校正残差的影响，该方法引入了大气底层的空气温度(T_a)和大气水汽含量(w)两个变量，以此改正反演过程中初始的大气廓线。该方法实现地表发射率反演的具体过程见 6.1.5 部分。

5.2　地表相对发射率遥感估算方法

热红外遥感反演必然要进行温度和发射率的分离。在发射率完全未知的情况下，依据热红外辐射传输方程，N 个波段的观测有 N 个数据，可以构建 N 个方程，但是相应也有 N 个未知的发射率，再加上目标地表温度未知，就有了 N+1 个未知数，这就始终是一个欠定问题。温度和发射率的分离算法是解决欠定问题的方法之一，一般是指利用热红外高光谱或多光谱的一个时相的观测同时求取温度和发射率波谱。为了求解欠定方程，必须引入额外的条件。这个条件通常是目标发射率波谱形状的某种先验知识，其中相对发射率是常用的先验知识之一。先验知识约束条件不同，则相对发射率估算的类型与方法不同，主要的相对发射率估算方法介绍如下。

1. 包络线法

包络线法利用典型地物发射率都小于等于 1 的特性，并且假设对于高光谱观测，总能找到某些波段的发射率等于 1。在不考虑反射的假设下，地物辐射亮度的波谱曲线始终是以同温黑体的辐射亮度曲线为包络的。通过求取地物辐射亮度波谱曲线的包络线，就可以得到目标地物的温度，进而获取目标地物的发射率。

包络线法计算相对发射率的过程包括 3 个步骤。

(1) 计算所有波段测量的辐射亮度值对应的黑体温度：

$$T_\lambda = \frac{c_2}{\lambda \ln\left(\frac{c_1}{\lambda^5 \pi L(\lambda)}+1\right)} \tag{5.37}$$

式中，$L(\lambda)$是波谱辐射亮度；c_1 和 c_2 是普朗克函数中的常数，取值分别为 $3.742\times10^{-16}\ \mathrm{W\cdot m^2}$ 和 $1.439\times10^4\ \mu\mathrm{m\cdot K}$。

(2) 找到所有波段中最高的一个黑体温度：

$$T = \max(T_\lambda) \tag{5.38}$$

(3) 在温度 T 就是目标真实温度的假设下，求解所有波段的发射率：

$$\varepsilon(\lambda) = \frac{L(\lambda)}{B(\lambda,T)} \tag{5.39}$$

包络线法算法简单，容易实现，但地物发射率都小于或等于 1 的前提假设使得该算法对噪声极其敏感。光谱中某一异常点的噪声常常会使估算的地表温度偏高，进而导致发射率计算整体的结果偏低。而且该方法假定总能找到某些波段的发射率等于 1，则不可避免地会过高地估计了地物目标的发射率。这种情况在野外测定时更为常见，由于野外测量时不可控因素较多，在测量光谱中常会造成异常点的产生。

2. *参考通道法*

参考通道法最早由 Kahle 和 Rowan (1980) 提出，该方法假定目标地物某一通道的发射率 ε_r 可由先验知识获得，因此目标地物真实温度可以通过该通道的辐射亮度观测得到，而其他通道的发射率就可以根据这个温度相应地求出。

$$\varepsilon_i = \frac{R_{gi} - R_{ati\downarrow}}{B_i(T_{\mathrm{ref}}) - R_{ati\downarrow}} \tag{5.40}$$

式中，T_{ref} 是由参考通道发射率估算得到的温度；R_{gi} 是第 i 通道地表辐射能；$R_{ati\downarrow}$ 是大气下行辐射；$B_i(T_{\mathrm{ref}})$ 是温度 T_{ref} 对应的黑体辐射。

对于只需地物发射谱形状而不要求准确的绝对发射率值的研究而言，参考通道法具有一定的实用价值，由于植被、水体、冰雪等地物在 11～12 μm 波段的发射率都很高，变化相对较小，平均值可以取 0.983。Lyon (1965) 的研究表明，对于多数含硅的岩石，其最大发射率通常约为 0.95，而且最大发射率所对应的波长位于 8～14 μm 大气窗口。然而参考通道法也有不足之处，算法看起来相对简单，但需要事先对地物的发射光谱有充分认知，而且仅靠经验性地给出最大发射率或者平均发射率，算法分离精度难以满足高精度数据质量的需求。

3. 灰体发射率法

灰体发射率法假定对于波长大于 10 μm 的波段范围，地表发射率光谱较平滑，不依赖于波长而变化，通过这样的假设可以减少未知数的个数，并使反演算法趋于稳定(Barducci and Pippi，1996)。根据这个假设可以得到

$$\frac{\mathrm{d}\varepsilon}{\mathrm{d}\lambda}=0 \text{ 或者 } \varepsilon_i=\varepsilon_j \tag{5.41}$$

式中，ε_i 和 ε_j 分别为第 i 和第 j 通道的发射率。

依据灰体发射率法关于在一定波长范围内发射率波谱平滑的假设，从理论上说，只要至少两个通道在感兴趣的波长范围内有相同的地表发射率，地表温度和发射率就可以同时估算得到。但是，灰体发射率法应用于卫星遥感数据时，需要对热红外通道数据进行精确的大气校正，并且保证至少两个通道有着相同的地表发射率。此外，由于热红外通道测量数据的高度相关性，该方法对传感器噪声和大气校正误差非常敏感。相比多波段数据，热红外高光谱数据中更容易找出至少两个地表发射率相同的通道，有利于发射率估算精度的提高。

4. 发射率归一化法

发射率归一化方法是由 Gillespie(1985)首先提出来的，是对包络线法和参考通道法的改进。发射率归一化方法不固定哪个波段的发射率为最高，可以选择最为合适的波段作为发射率值最高的波段，因此算法的弹性较大，能够适合于更加复杂的地物光谱。Gillespie 等(1998)将 NEM 作为温度发射率分离算法 TES 的三大模块之一。发射率归一化方法假设某个像元在所有波段上的发射率是 1 个常数，这与 TES 算法的 NEM 模块中假定某像元最大发射率为定值(如 0.99)的原理相同，利用式(5.1)，可确定估算的最大地表温度及其所对应的通道，进而计算其他通道的发射率。

发射率归一化法不是直接将发射率的最大值设置为 1，而是达到某个最大值，这个值因地物不同而不同，更符合实际情况，但是这个最大发射率很难照顾到所有的地物种类。

5. 发射率再归一化法

发射率再归一化方法与两通道 TISI 方法类似，该方法假定：

$$\mathrm{TISI}_{ij}\approx\frac{\varepsilon_i}{\varepsilon_j} \tag{5.42}$$

在此基础上，Stoll(1993)构建了发射率再归一化光谱指数 RE，将其定义为

$$\mathrm{RE}_i = \frac{\mathrm{TISI}_{ij}}{\left(\frac{1}{N}\right)\sum_{k=1}^{N}\mathrm{TISI}_{kj}} \tag{5.43}$$

式(5.42)和式(5.43)中，j 为式(5.1)中确定的最大地表温度对应的通道。综合式(5.42)和式(5.43)可得

$$\mathrm{RE}_i \approx \frac{\varepsilon_i}{\left(\frac{1}{N}\right)\sum_{k=1}^{N}\varepsilon_k} \tag{5.44}$$

需要注意的是，N个通道再归一化光谱指数的平均值为 1。

6. 光谱比率法

Watson(1992b)提出了光谱比率方法用于计算相对发射率，计算模型如下：

$$\frac{\varepsilon_i}{\varepsilon_r} = \frac{R_i - R_{ati\downarrow}}{R_r - R_{atr\downarrow}} \frac{B_r(T_s) - R_{atr\downarrow}}{B_i(T_s) - R_{ati\downarrow}} \tag{5.45}$$

式中，r表示参考通道；R_i、R_r分别为i、r通道的地表辐射亮度；$R_{ati\downarrow}$、$R_{atr\downarrow}$分别为 i、r 通道的大气下行辐射亮度。实际计算中，由于地表真实温度T_s未知，Watson(1992b)建议采用式(5.1)中计算出的T_{NEM}代替T_s计算光谱比率。

7. a 剩余法

a 剩余法由 Kealy 和 Gabell(1990)提出，该方法利用普朗克函数的维恩公式近似，把分母中的“减 1”项忽略，在对普朗克公式取对数后可以得到一个近似线性的表达。对于温度 300 K 的黑体，在波长 10 μm 处使用维恩公式大约引起 1%的误差。

第j个波谱通道的黑体辐射近似公式为

$$\mathrm{B}(\lambda_j, T) = \frac{c_1}{\pi\lambda_j^{\,5}\exp\left(\frac{c_2}{\lambda_j T}\right)} \tag{5.46}$$

对于第j个通道的发射率为ε_j的物体，将其辐射亮度L_j取自然对数后得到

$$\ln L_j = \ln\varepsilon_j + \ln c_1 - 5\ln\lambda_j - \ln\pi - \frac{c_2}{\lambda_j T} \tag{5.47}$$

在等式两边乘以λ_j并将包含波长的项与包含温度的项分开，可以得到

$$\lambda_j \ln L_j = \lambda_j \ln\varepsilon_j + \lambda_j \ln c_1 - 5\lambda_j \ln\lambda_j - \lambda_j \ln\pi - \frac{c_2}{T} \tag{5.48}$$

对N个通道的数据，对等式两边的各项取平均：

$$\frac{1}{N}\sum_{i=1}^{N}\lambda_i \ln L_i = \frac{1}{N}\sum_{i=1}^{N}\lambda_i \ln \varepsilon_i + \frac{1}{N}\sum_{i=1}^{N}\lambda_i \ln c_1 - \frac{5}{N}\sum_{i=1}^{N}\lambda_i \ln \lambda_i - \frac{\ln \pi}{N}\sum_{i=1}^{N}\lambda_i - \frac{c_2}{T} \tag{5.49}$$

将式(5.48)和式(5.49)相减，并将所有包含发射率的项移到等式左边，得

$$\begin{aligned}\lambda_j \ln \varepsilon_j - \frac{1}{N}\sum_{i=1}^{N}\lambda_i \ln \varepsilon_i = &\lambda_j \ln L_j - \frac{1}{N}\sum_{i=1}^{N}\lambda_i \ln L_i - \lambda_j \ln c_1 + \frac{1}{N}\sum_{i=1}^{N}\lambda_i \ln c_1 + \\ &5\lambda_j \ln \lambda_j - \frac{5}{N}\sum_{i=1}^{N}\lambda_i \ln \lambda_i + \lambda_j \ln \pi - \frac{\ln \pi}{N}\sum_{i=1}^{N}\lambda_i\end{aligned} \tag{5.50}$$

这样就得到了 N 个等式，这些等式中都不包含温度 T。因此可以定义一个新参数 a_j，称为 a 剩余，它是一个与温度无关的量：

$$\begin{aligned}\alpha_j &= \lambda_j \ln \varepsilon_j - \frac{1}{N}\sum_{i=1}^{N}\lambda_i \ln \varepsilon_i \\ &= \lambda_j \ln L_j - \frac{1}{N}\sum_{i=1}^{N}\lambda_i \ln L_i + K_j\end{aligned} \tag{5.51}$$

式中，K_j 是一个与辐射亮度无关的量，可以作为常数被计算出来。这样，N 个波段的 a_j 可以通过辐射亮度观测 L_j 计算出来，它们都是与温度无关的量。因此，a 剩余实际上是一个反映发射率光谱曲线形状的参数，通过对目标辐射亮度光谱曲线的测量，就可以知道发射率曲线的形状。在实际应用中，在野外测量目标辐射亮度波谱并计算 a 剩余波谱，就可以与实验室测量样本的 a 剩余波谱进行对比，而不需要考虑观测对象的温度。

但是 a 剩余法只能给出目标发射率波谱的形状而不能决定其绝对数值，为了确定绝对发射率，还必须知道发射率平均值，这只能依靠使用其他经验约束获得。

为了利用 a 剩余法计算发射率，可以将式(5.51)进一步整理为

$$\varepsilon_j = \exp\left[\frac{\alpha_j + \frac{1}{N}\sum_{i=1}^{N}\lambda_i \ln \varepsilon_i}{\lambda_j}\right] \tag{5.52}$$

式中，$\frac{1}{N}\sum_{i=1}^{N}\lambda_i \ln \varepsilon_i$ 为发射率的平均值。

Li Z L 等(1999)评估了温度无关光谱指数 TISI、参考通道法、发射率归一化法、发射率再归一化法、光谱比率法、a 剩余法计算相对发射率光谱的结果差异，结果表明所有方法对大气参数的不确定性都较为敏感，其中地表反射的大气下行辐射影响更为明显，而仪器定标的系统误差对相对发射率的结果影响可以忽略。

5.3 热红外高光谱地表发射率估算方法

5.3.1 光谱迭代平滑算法

热红外高光谱数据可以提供更多的关于大气和地表的详细光谱信息。光谱迭代平滑算法(iterative spectrally smooth temperature emissivity separation, ISSTES)由 Borel(1998)提出，用于热红外高光谱数据的温度与发射率分离。大气下行辐射曲线由于有众多吸收线的存在表现得很不规则，而地物热辐射虽然包含了反射的大气下行辐射，但其光谱曲线比大气下行辐射曲线要平滑得多。因此，该方法基于自然地表热红外发射率光谱比大气下行辐射平滑的假设，来估计地表温度。如果地表温度估值偏离真值，由式(5.53)计算的发射率光谱在大气发射线的位置，呈现出锯齿状特征，称之为大气下行辐射残留。

$$\varepsilon_i = \frac{R_{gi} - R_{ati\downarrow}}{B_i(T_s) - R_{ati\downarrow}} \tag{5.53}$$

式中，ε_i 是第 i 波段的发射率；R_{gi} 是地表出射辐亮度；$R_{ati\downarrow}$ 是大气下行辐射。

再定义一个指数来描述地表发射率的大气下行辐射残留程度，称为平滑度指数，其定义为

$$S = \sum_{i=2}^{N-1}\left(\varepsilon_i - \frac{\varepsilon_{i-1} + \varepsilon_i + \varepsilon_{i+1}}{3}\right)^2 \tag{5.54}$$

式中，N 是波段数。优化就是寻找使得平滑度指数 S 为最小时，地物发射率曲线对应的温度。

ISSTES 算法不需要借助任何经验关系，还利用了大气光谱特征信息。但该方法需要精确的大气校正，其结果精度对热红外通道中心波长的移动和波段宽度较为敏感。此外，Wang 等(2011)指出，当地表温度与大气下行辐射的有效温度接近时，异常点的出现可能会使找到令人满意的解变得困难。

5.3.2 分段线性地表温度和发射率分离方法

分段线性地表温度和发射率分离方法(简称分段线性法)是针对高光谱数据提出的温度和发射率估算方法。该方法利用分段线性函数表达整个地物发射率波谱，减少未知数的个数从而进行方程的求解。地物发射率波谱在热红外范围内都比较光滑，特别是在高光谱分辨率下，表现为相邻两个或几个通道发射率基本相等或呈线性变化。一般情况下，一种地物的发射率光谱可以用多个分段线性函数来表示，如图 5.4 中描述了一种土壤的地表发射率随波长变化的曲线，从曲线变化趋势可知，曲线相对光滑，没有特别大的呈现锯齿状的起伏情况出现。

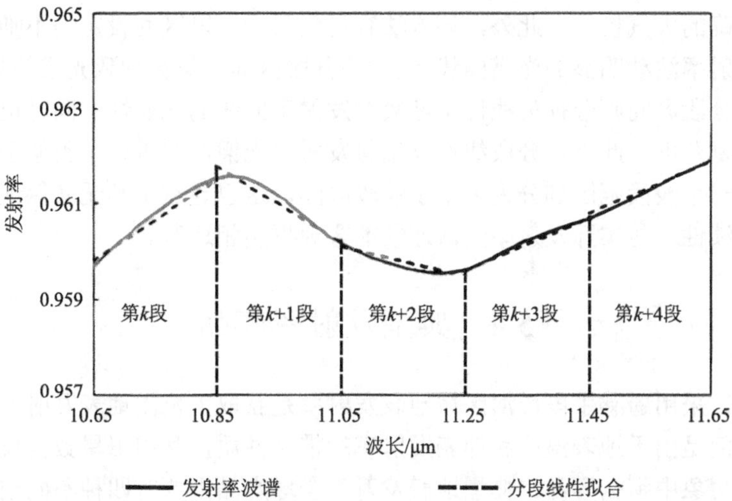

图 5.4　地物发射率谱分段线性函数拟合示意图(改绘自唐伯惠等，2014)

在热红外波段，对于处于局地热平衡的大气，不考虑大气散射的影响，辐射传输方程可以写为

$$L(\lambda)=R(\lambda)\tau(\lambda)+R_{at\uparrow}(\lambda) \tag{5.55}$$

$$R(\lambda)=\varepsilon(\lambda)B(\lambda,T)+(1-\varepsilon(\lambda))R_{at\downarrow}(\lambda) \tag{5.56}$$

式中，$R(\lambda)$是地表波谱辐射能。假设大气校正已经精确进行，那么所要面临的问题就是从地表观测辐射$R(\lambda)$中解出地表发射率$\varepsilon(\lambda)$和地表温度T。

由于$\varepsilon(\lambda)$可以利用一个分段线性函数来表示，并将整个发射率谱分为M段，其中第k段有m_k个通道，则

$$\varepsilon(\lambda_i)\approx\alpha_k\lambda_i+b_k\quad k=1,\cdots,M;i\in\left[\sum m_k,\sum m_{k+1}\right] \tag{5.57}$$

式中，a_k和b_k是对应第k段的两个线性拟合系数。在这里要求每一段的通道数目$m_k\geqslant 3$，即$\mathrm{M}\leqslant N/3$，只使用两个通道拟合直线没有任何意义。将式(5.57)代入式(5.56)，得到

$$\begin{gathered}R(\lambda_i)=(\alpha_k\lambda_i+b_k)B(\lambda_i,T)+\left[1-(\alpha_k\lambda_i+b_k)\right]R_{at\downarrow}(\lambda_i)\\k=1,\cdots,M;i\in\left[\sum m_k,\sum m_{k+1}\right]\end{gathered} \tag{5.58}$$

该方程组中一共有N个方程，$2M$+1 个未知数，方程的个数多于未知数个数，因此该方程可解。由于方程是超越方程，得到具体的解析解非常困难，因此需要迭代求解过程。在方法的具体实现中，为了确保算法本身的稳定性，可以采用牛顿法作为主要的迭代方法，并以黄金分割法作为补充，避免迭代过程不收敛。

分段线性方法具有较强的抗噪能力和高效性。同时与其他方法类似，该方法

也需要精确的大气校正。此外，该方法容易受限于分段区间设定的不唯一性，对于地表发射率波动明显的光谱曲线，过大的分段区间必然会导致光谱信息的丢失，而过小的分段区间则会损失线性子函数对发射率曲线的代表性，同时也会增加算法运算的复杂度。此外，分段线性算法将发射率光谱曲线进行了类似于离散化的处理，将一个波段范围划分为多个子波段区间，这也导致了其无法保证各子波段区间的连续性，与实际发射率光谱连续的客观事实相违背。

5.4 典型发射率产品

目前，采用遥感手段反演区域地表发射率是获取大范围地表发射率的唯一可行途径，但是由于地表温度和地表发射率的耦合性质，利用卫星数据反演地表发射率并非想象中那么容易。典型地表发射率全球产品主要有四种不同空间分辨率的窄波段方向发射率数据(表 5.1)。

表 5.1 典型地表发射率遥感产品

产品名称	反演方法	空间分辨率	时间分辨率
AST-05-08	温度发射率分离法(TES)	90 m	每日
MYD/MOD11_L2	基于分类的地表发射率估算	1 km	5 min
MYD/MOD11A1	基于分类的地表发射率估算	1 km	每日
MYD/MOD11A2	基于分类的地表发射率估算	1 km	8 日
MYD/MOD11B1	日夜双时相多通道物理反演方法	6 km	每日
MYD/MOD11C1	日夜双时相多通道物理反演方法	0.05°	每日
MYD/MOD11C2	日夜双时相多通道物理反演方法	0.05°	8 日
MYD/MOD11C3	日夜双时相多通道物理反演方法	0.05°	每月

5.4.1 ASTER 地表发射率产品

ASTER 传感器 90 m 分辨率地表发射率产品 AST-05-08 是通过 ASTER 热红外数据反演出的地表瞬时发射率产品，该产品由地表温度发射率分离法(TES)生成，包含了 5 个热红外通道，光谱范围为 8.125～11.65 μm，每景图像空间覆盖范围约为 60 km×60 km，采用了通用横墨卡托投影(universal transverse Mercator projection)。

5.4.2 MODIS 地表发射率产品

1. 1 km 分辨率地表发射率产品

MODIS 传感器 1 km 分辨率地表发射率产品包含了 MOD11_L2、MYD11_L2、MOD11A1、MYD11A1、MOD11A2 和 MYD11A2，其中 MOD11_L2、MOD11A1 和 MOD11A2 是 TERRA 卫星上搭载的 MODIS 传感器的地表发射率反演产品，而 MYD11_L2、MYD11A1 和 MYD11A2 是 AQUA 卫星上搭载的 MODIS 传感器的地表发射率反演产品。这些地表发射率反演产品都包含了 2 个热红外通道，光谱范围为 10.78～12.27 μm。其中，MOD11_L2 和 MYD11_L2 是未经过几何纠正的每 5 分钟一景的瞬时地表发射率产品，MOD11A1 和 MYD11A1 是经过正弦投影后的全球每日地表发射率产品，MOD11A2 和 MYD11A2 是经过正弦投影后的 8 日合成地表发射率产品。

MODIS 的 1 km 分辨率地表发射率产品都由基于分类的地表发射率估算方法生成。针对 MODIS 传感器位于热红外大气窗口 10.78～12.27 μm 的 2 个热红外通道，即 31 和 32 通道，由 Snyder 等(1998b)提出。该算法已经作为 MODIS 的业务化运行算法，用于生成 2 个热红外窄波段的全球地表发射率产品。

2. 6 km 分辨率地表发射率产品

MODIS 传感器 6 km 分辨率地表发射率产品 MOD11B1 和 MYD11B1 是经过正弦投影后的每日地表发射率产品，前者是 TERRA 卫星的产品，后者是 AQUA 卫星的产品。针对 MODIS 传感器位于中红外大气窗口的 3 个中红外通道，即 20、22 和 23 通道，以及热红外大气窗口的 4 个热红外通道，即 29、31、32 和 33 通道，6 km 分辨率地表发射率产品由日夜双时相多通道物理反演方法(Wan and Li, 1997)生成。

3. 0.05°分辨率地表发射率产品

MODIS 传感器 0.05°分辨率地表发射率产品 MOD11C1 是将 6 km 分辨率地表发射率产品 MOD11B1 进行重投影和平均计算，重新生成的 0.05°分辨率每日地表发射率产品。将 MOD11C1 产品中 8 日、1 个月的发射率值分别进行平均，合成得到 8 日合成的 MOD11C2 产品和月合成的 MOD11C3 产品。与 TERRA MODIS 发射率产品的生成算法相同，MYD11C1、MYD11C2、MYD11C3 地表发射率产品由 AQUA 卫星搭载的 MODIS 传感器获得的数据计算得到。

第6章　地表温度热红外遥感反演

6.1　地表温度热红外遥感反演算法

地表温度是地球系统热状况、地球系统水热平衡的关键因子，同时也是一个基本气候因素。地表温度是区域和全球尺度上陆地表层系统过程的关键参数，它综合了地表与大气的相互作用以及大气和陆地之间能量交换结果。一方面，地表温度决定着地表向大气的长波能量辐射能力，另一方面它也取决于地表许多状态参数的状态，如地表反照率、地表湿度、植被覆盖及其长势、土壤物理及热特性等。由此可见，地表温度是影响长波辐射过程和热量交换的关键因素，对地表能量分配起着决定性作用。

由于影响地表温度的表面状态参数，例如地表反照率、土壤物理与热特性以及植被等具有较强的空间非均匀性，因此地表温度随空间位置、时间变化快速，常规测量手段难以准确获取地表温度的空间连续变化。采用遥感手段是获取区域和全球尺度上地表温度时空分布特征的唯一手段。根据传感器的工作波段可以将地表温度遥感反演方法分为热红外遥感方法和被动微波遥感方法两大类，其中热红外遥感反演地表温度相对更为准确，空间分辨率更高，更能够详细反映地表温度的空间分布。

过去几十年里，利用卫星热红外数据进行地表温度反演已经取得了显著进展。海表温度热红外遥感反演研究与业务应用开展得较早，精度较高。陆面温度的热红外遥感反演问题最早可追溯到TIROS-Ⅱ气象卫星上搭载的热红外辐射计，结果发现传感器得到的陆面温度和地面实测的沙漠表面温度差异很大，后续研究通过沙子发射率明显小于1的现象解释了这个问题。

随着热红外遥感技术的不断发展，根据热红外辐射传输方程，在对大气校正和地表发射率估算的基础上，针对不同卫星搭载的多通道、多时相、多角度等不同类型的热红外传感器，学者们提出了多种地表温度反演算法(Li et al.，2013)，这些算法大致可以分为6类：单通道算法、双通道算法、多通道算法、多角度算法、多时相算法和高光谱反演算法(李召良等，2016)。

6.1.1　单通道地表温度反演算法

单通道算法利用卫星接收的位于大气窗口的单通道热红外波段数据，结合大气垂直廓线数据(大气温度、湿度等)，根据大气辐射传输方程计算大气上行辐射、下行辐射和大气透过率等参数以达到大气校正目的，进而在地表发射率估算基础上，反演得到地表温度。陆表温度的单通道反演方法有两种方式，一种是单通道直接反演法，即辐射传输方程法，另外一种是单通道统计方法。

1. 辐射传输方程方法

将热红外波段辐射传输方程进行变形，可得到地表温度反演的基本方程：

$$T_s = B_i^{-1}\left[\frac{\left(B_i\left(T_i\right)-R_{ati\uparrow}\right)/\tau_i-\left(1-\varepsilon_i\right)R_{ati\downarrow}}{\varepsilon_i}\right] \tag{6.1}$$

根据式(6.1)，要获取地表温度，必须已知通道 i 对应的大气透过率 τ_i、大气上行辐射亮度 $R_{ati\uparrow}$、大气下行辐射亮度 $R_{ati\downarrow}$，以及地物发射率 ε_i。

图 6.1 给出了单通道辐射传输方程直接反演地表温度的流程。

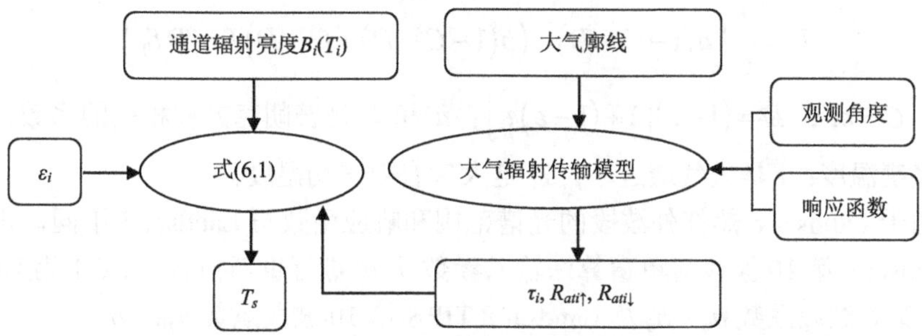

图 6.1　单通道辐射传输方程法反演地表温度流程图

根据图 6.1，辐射传输方程方法反演地表温度需要精确的大气辐射传输模型、准确的地物发射率以及高质量的大气廓线等数据，并且需要考虑地形的影响。大气廓线数据可以通过星载大气垂直探测器、地面探空或气象数据得到。大气透过率、大气辐射的计算精度主要受到大气辐射传输模型以及大气分子吸收系数、气溶胶吸收系数不确定性等因素的影响。在实际运用中，获得与传感器成像时刻同步的精确实测的大气垂直廓线一般比较困难，因此一般用大气模型模拟计算出结果来代替。

由于大气热辐射和大气对地表热辐射传输的影响，以及精确实测大气垂直廓线的困难，使得通过辐射传输方程法直接反演地表温度的误差与难度较大。研究表明，在大气窗口内，不同大气辐射传输模型的精度在 0.5%～2%，这将造成地表温度反演误差在 0.4～1.5 K；地表发射率 1%的误差在湿热大气下会对地表温度造成 0.3 K 的误差，而在干冷大气下误差更是高达 0.7 K。由于单通道的波长范围通常在 10 μm 左右，在这个波段附近地物发射率的估算误差及其不确定性会造成地表温度 1～2 K 的误差。

2. 单通道统计方法

从地–气热红外辐射传输方程出发，考虑大气含水量和传感器视角等因素的影响，建立遥感亮度温度与地表温度之间的经验公式，通过同步实测资料回归经验系数实现由遥感亮度温度反演地表温度的目标，这就是单通道统计方法的基本思想。典型算法有 Qin 等(2001b)的单窗算法、Jiménez-Muñoz 和 Sobrion(2003)提出的通用单通道算法。

1)单窗算法

Qin 等(2001b)针对 Landsat 5 TM 数据提出了单窗地表温度反演方法，该算法利用了大气透过率和水汽含量之间、平均大气温度和近地表空气温度之间的经验线性关系，仅仅需要近地表空气温度和水汽含量，而不需要知道大气廓线。

单窗算法的主要公式为

$$T_s = \frac{1}{C}\Big[a(1-C-D)+\big(b(1-C-D)+C+D\big)T_i - DT_0\Big] \tag{6.2}$$

式中，$C=\varepsilon\tau$；$D=(1-\tau)\big[1+(1-\varepsilon)\tau\big]$；$a$ 和 b 是普朗克方程相关的系数；T_i 是星上亮度温度；τ 是大气透过率；T_0 是大气有效平均温度。

由于 Landsat 8 热红外波段的光谱范围和响应函数与 Landsat 5 不同，需要针对 Landsat 8 第 10 波段对单窗算法输入参数 a、b 进行重新拟合。表 6.1 为 Landsat 5 TM 第 6 波段系数 a_6、b_6 及 Landsat 8 TIRS 第 10 波段系数 a_{10}、b_{10}。

表 6.1 单窗算法中系数 *a*、*b* 的取值

温度范围/℃	a_6	b_6	温度范围/℃	a_{10}	b_{10}
0～30	–60.3263	0.43436	20～70	–70.1775	0.4581
10～40	–63.1885	0.44411	0～50	–62.7182	0.4339
20～50	–67.9542	0.45987	–20～30	–55.4276	0.4086
30～60	–71.9992	0.47271			

T_0 由近地表气温 T_a 计算得到，如表 6.2。

表 6.2 大气有效平均温度计算公式 (单位：K)

大气剖面	公式
USA 1976	$T_0 = 25.9396 + 0.88045T_a$
热带大气	$T_0 = 17.9769 + 0.91715T_a$
中纬度夏季大气	$T_0 = 16.0110 + 0.92621T_a$
中纬度冬季大气	$T_0 = 19.2704 + 0.91118T_a$

热红外波段大气透过率可由大气水汽含量计算得到，但计算公式中的系数与传感器有关。也可以通过 NASA 网站(https://atmcorr. gsfc. nasa.gov) 输入成像时间、图像中心经纬度等参数，利用在线计算功能将与之匹配的 NCEP 模拟的特定时间与地点的大气廓线输入 MODTRAN 模型，计算大气透过率，同时输出大气上行辐射亮度和下行辐射亮度。

单窗算法既考虑了地表发射率的影响，也考虑了大气辐射的影响。在地表温度反演过程中所需要的大气参数比传统的辐射传输方程要少，且反演精度较高。Qin 等(2001b)使用模拟数据对单窗算法进行了验证，结果表明当输入参数没有误差时，地表温度反演精度可以达到 0.4 K；Wang 等(2015)针对 Landsat 8 TIRS 第 10 波段，采用改进单窗算法反演地表温度的偏差和 RMSE 分别为–0.05 K 和 0.84 K。

2) 普适性单通道算法

Jiménez-Muñoz 和 Sobrino 于 2003 年针对 Landsat 5 TM 数据提出了普适性单通道算法(generalized single-channel，GSC)，该算法假设地表发射率已知，根据辐射传输方程，对普朗克函数进行一阶泰勒级数展开，仅需要大气水汽含量即可反演地表温度。Jiménez-Muñoz 等(2009)对 GSC 算法进行改进并扩展到 Landsat 4 TM 和 Landsat 7 ETM+；Jiménez-Muñoz 等(2014)将单通道普适性算法继续扩展到 Landsat 8 TIRS。

普适性单通道算法的计算公式为

$$T_s = \gamma\left[\left(\Psi_1 I_i + \Psi_2\right) / \varepsilon_i + \Psi_3\right] + \delta \tag{6.3}$$

式中，γ 和 δ 是普朗克方程相关的系数，计算公式为

$$\gamma \approx \frac{T_i^2}{b_\gamma I_i} \tag{6.4}$$

$$\delta \approx T_i - \frac{T_i^2}{b_\gamma} \tag{6.5}$$

式中，$b_\gamma = \dfrac{c_2}{\lambda}$，$c_2$=1.4387685，$\lambda$ 是有效波长，对于 Landsat 4 TM 第 6 波段，b_γ= 1290 K，对于 Landsat 5 TM 第 6 波段，b_γ=1256 K，对于 Landsat 7 ETM+第 6 波段，b_γ=1277 K，对于 Landsat 8 TIRS 第 10 波段，b_γ=1324 K，I_i 为传感器输出辐射亮度；T_i 为波段 i 的亮度温度；Ψ_1、Ψ_2、Ψ_3 为 3 个大气功能参数，均由大气水汽含量 w 计算得到，如式(6.6)，公式中的系数 c 的取值见表 6.3。

$$\begin{bmatrix} \Psi_1 \\ \Psi_2 \\ \Psi_3 \end{bmatrix} = \begin{bmatrix} c_{11} & c_{12} & c_{13} \\ c_{21} & c_{22} & c_{23} \\ c_{31} & c_{32} & c_{33} \end{bmatrix} \begin{bmatrix} w^2 \\ w \\ 1 \end{bmatrix} \tag{6.6}$$

表 6.3　Landsat 系列卫星数据对应的大气功能参数计算系数

传感器/通道	c_{ij}	j=1	j=2	j=3
Lansat 4 TM 6	i=1	0.06674	−0.03447	1.04483
	i=2	−0.50095	−1.15652	0.09812
	i=3	−0.04732	1.50453	−0.34405
Lansat 5 TM 6	i=1	0.08158	−0.05707	1.05991
	i=2	−0.58853	−1.08536	−0.00448
	i=3	−0.06201	1.59086	−0.33513
Lansat 7 ETM+ 6	i=1	0.06982	−0.03366	1.04896
	i=2	−0.51041	−1.20026	0.06297
	i=3	−0.05457	1.52631	−0.32136
Lansat 8 TIRS 10	i=1	0.04019	0.02916	1.01523
	i=2	−0.38333	−1.50294	0.20324
	i=3	0.00918	1.36072	−0.27514

普适性单通道算法既考虑了地表发射率的影响，也考虑了大气辐射的影响，适用于任何带宽约为 1μm 的热红外传感器，并且由于其需要的实时大气参数较少而被广泛使用。Jiménez-Muñoz 等(2009) 对普适性单通道算法进行了验证，结果表明当大气水汽含量在 0.5～2 g·cm^{-2} 范围内时，普适性单通道算法的误差在 1～2 K；当考虑更大范围的大气水汽含量时，普适性单通道算法的精度大幅降低，误差将超过 4 K。Jiménez-Muñoz 等(2014)对改进后的普适性单通道算法进行验证，结果表明当大气水汽含量小于 3 g·cm^{-2} 时，RMSE 小于 1.5 K。

6.1.2　双通道地表温度反演算法

针对双通道热红外波段，一般采用分裂窗算法进行地表温度反演。分裂窗算法利用大气窗口内两个相邻通道(中心波长约在 11 μm、12 μm 处) 对大气吸收作用的不同，尤其是对大气中水汽作用的差异，通过两个通道测量值的各种组合来剔除大气的影响，从而进行大气校正。

1975 年 McMillin 最早提出用于海表温度反演的分裂窗方法，该方法不需要任何大气廓线信息。在此之后，多种分裂窗算法被提出并加以完善，成功用于较高精度、较高分辨率的海表温度反演。

1. 分裂窗算法的推导

分裂窗算法最早用于海表温度遥感反演，具有以下 4 个基本假设：

(1)大气温度与海表温度差异不大，普朗克函数可以采用线性形式进行近似。

这一假定要求用两个非常邻近的波段来构成分裂窗通道进行观测。

(2)海水近似为黑体，发射率近似等于 1。在这个假设条件下，根据热红外波段辐射传输方程，海表反射的大气下行辐射亮度可以忽略。

(3)大气水分的吸收作用较弱，其吸收系数可以近似为常数，且在两个波段之间不相同。这一假设要求大气水分含量不能太大，大气水分含量的吸收作用与这两个波段间的亮度温度差异之间存在着线性关系。

(4)亮度温度、气温和海表温度等所有相关温度处于相同数量级。大多数大气条件能满足这一假设，从而能从传感器接收的辐射中消除掉大气的上行辐射贡献。

在上述假设基础上，由于发射率近似为 1，根据热红外辐射传输方程，满足公式：

$$I_i = B_i\left(T_s\right)\cdot\tau_i + R_{ati\uparrow} \tag{6.7}$$

首先计算大气上行辐射亮度 $R_{ati\uparrow}$。设高度 z 到大气层顶的大气透过率为 $\tau_i(z)$，则高度为 z、温度为 $T_a(z)$ 的微分薄层空气所发射的热辐射经上层大气削弱后，最后被传感器所接收的能量为 $\varepsilon_i\cdot B\left[T_a(z)\right]\cdot\tau_i(z)$。

对于薄层气体，有 $\varepsilon_{\rm i} = a_i = \dfrac{\mathrm{d}\tau_\lambda}{\tau_{\rm i}(z)}$，式中 a_i 为微分薄层气体的吸收率，$\mathrm{d}\tau_\lambda$ 为微分薄层气体透过率的变化量。因此，微分薄层气体对大气上行辐射亮度 $R_{ati\uparrow}$ 的贡献为 $B_i\left[T_a(z)\right]\cdot\mathrm{d}\tau_\lambda$，假设 $\tau_{\lambda0}$ 为薄层大气的透过率，则薄层大气的上行辐射亮度可以表达为

$$L_{ati\uparrow}(z) = \int_{\tau_{\lambda0}}^{1} B_i\left[T_a(z)\right]\mathrm{d}\tau_\lambda = B_i\left[T_a(z)\right]\cdot\left(1-\tau_{\lambda0}\right) \tag{6.8}$$

将薄层大气扩展到整层大气，以 T_0 表示大气平均作用温度，则大气上行辐射亮度 $R_{ati\uparrow}$ 的计算公式为

$$R_{ati\uparrow} = B_i\left(T_0\right)\left(1-\tau_i\right) \tag{6.9}$$

将式(6.9)代入式(6.7)，并将传感器通道辐射亮度表达为通道亮温 T_i 的普朗克函数，可以得到

$$B_i\left(T_i\right) = B_i\left(T_s\right)\tau_i + B_i\left(T_0\right)\left(1-\tau_i\right) \tag{6.10}$$

利用泰勒级数在 T_s 附近的一阶展开来近似普朗克函数，即

$$B_i\left(T_i\right) = B_i\left(T_s\right) + B_i'\left(T_s\right)\left(T_i - T_s\right) \tag{6.11}$$

将式(6.11)代入式(6.10)，可以得到

$$T_s - T_i = \left(1-\tau_i\right)\left(T_s - T_0\right) \tag{6.12}$$

同样地，对于通道 j，也满足：

$$T_s - T_j = \left(1-\tau_j\right)\left(T_s - T_0\right) \tag{6.13}$$

式(6.13)减去式(6.12)，经整理可得

$$T_i - T_j = \left(T_s - T_0\right)\left(\tau_i - \tau_j\right) \tag{6.14}$$

利用式(6.14)除以式(6.13)，整理可得

$$T_s = T_i + A\left(T_i - T_j\right) \tag{6.15}$$

式中，$A = \dfrac{1-\tau_i}{\tau_i - \tau_j}$。在大气窗口通道 i 中，大气透过率可用水汽含量 w 和通道 i 上水汽吸收系数 A_i 的指数函数近似表达，即

$$\tau_i = \mathrm{e}^{-\frac{A_i w}{\cos\theta}} \tag{6.16}$$

如果大气在通道 i 和 j 上的吸收都很小，则式(6.16)可以近似为

$$\tau_k = 1 - \frac{A_k w}{\cos\theta}, k = i, j \tag{6.17}$$

式(6.17)中的系数 A 可以进一步表达为

$$A = \frac{1}{A_j / A_i - 1} \tag{6.18}$$

式(6.18)表明，当大气吸收很小时，系数 A 仅取决于水汽在通道 i 和 j 上的吸收系数之比，而与其他大气参数和观测角度无关。

考虑到推导式(6.15)时所引入的近似，地表温度反演的分裂窗算法的一般形式可以写成式(6.19)或式(6.20)：

$$T_s = T_i + A\left(T_i - T_j\right) + B \tag{6.19}$$

$$T_s = aT_i + bT_j + c \tag{6.20}$$

分裂窗算法中的系数 A、B 或者 a、b、c 可以采用两种方法进行确定。第一种是实测数据拟合法，即在热红外传感器成像的同步时刻，选择几个不同位置、地表类型单一的大面积地表，实测其地表温度，并找到图像上与实测位置对应像元的通道 i 和 j 的亮温，一一对应，建立方程，利用最小二乘法解方程组，进行系数拟合；第二种为数值模拟法，即设置地表温度、发射率(海表温度分裂窗反演模型拟合时设定为 1，地表温度分裂窗模型拟合时可利用发射率光谱库实测数据)、大气廓线、传感器参数等不同参数的组合，利用辐射传输模型(如 MODTRAN)模拟传感器通道亮温 T_i、T_j，建立其与对应地表温度之间的分裂窗模型，再利用最小二乘法进行系数拟合，得到分裂窗模型系数。

2. 双通道线性分裂窗算法

受到分裂窗算法成功用于海面温度遥感反演的启发，20 世纪 80 年代开始，国内外学者努力尝试将其扩展用于陆表温度反演。Price(1984)最早通过引入发射率改正项，将用于海表温度反演的分裂窗算法简单扩展到农田地区的地表温度反演。分裂窗算法用于海表温度反演和陆表温度反演的原理相同，但用于反演陆表温度的精度相对要低于反演海表温度。

源于海表温度的分裂窗算法模型，线性分裂窗算法使用 10～12.5 μm 相邻的不同水汽吸收通道，根据温度或波长对辐射传输方程进行线性化处理。这种方法将地表温度表达为两个热红外通道亮度温度的线性组合，典型线性分裂窗算法形式如式(6.20)所示。过去几十年，已经发展了多种线性分裂窗算法，这些算法形式较为相似，只是对系数 a、b、c 的参数化方式不同。总的来说，这些系数都被参数化为地表发射率、水汽含量和观测天顶角的线性或非线性组合，并且针对不同传感器的系数不同。

介绍 3 个典型的线性分裂窗算法模型。

1) 局地/通用分裂窗算法

Becker(1987)分析了 AVHRR 第 4 和第 5 通道发射率对地表温度反演的影响，通过去除大气和发射率的综合影响后，给出了一个地表温度和发射率之间的关系式：

$$T_s - T_s(\varepsilon = 1) = 50\frac{1-\bar{\varepsilon}}{\bar{\varepsilon}} - 300\frac{\Delta\varepsilon}{\bar{\varepsilon}} \tag{6.21}$$

式中，$\bar{\varepsilon}$ 为两个热红外通道发射率的平均值；$\Delta\varepsilon$ 为两个热红外通道发射率的差值；$T_s(\varepsilon=1)$ 表示发射率为 1 时的地表温度。该研究从理论上证明了地表温度可以用相邻两个波段的亮度温度线性表示，其方程系数仅由通道发射率决定。Becker 和 Li(1990b)进一步讨论了地表发射率对陆面温度反演的影响，推导出适合陆地表面温度反演的局地分裂窗算法：

$$T_s = A_0 + P\frac{T_i + T_j}{2} + M\frac{T_i - T_j}{2} \tag{6.22}$$

式中，A_0=1.274；$P = 1 + 0.15616\frac{1-\bar{\varepsilon}}{\bar{\varepsilon}} - 0.482\frac{\Delta\varepsilon}{\bar{\varepsilon}^2}$；$M = 6.26 + 3.98\frac{1-\bar{\varepsilon}}{\bar{\varepsilon}} + 38.33\frac{\Delta\varepsilon}{\bar{\varepsilon}^2}$；$T_i$ 和 T_j 分别表示两个热红外通道的星上亮度温度。“局地”的意思是指这个分裂窗算法的系数，只取决于地表发射率，而不取决于大气状况。

1996 年 Wan 和 Dozier 利用天顶角、大气水汽含量和大气底层温度构建局地分裂窗算法系数的查找表，提出了通用分裂窗算法：

$$T_s = C + \left(A_1 + A_2 \frac{1-\bar{\varepsilon}}{\bar{\varepsilon}} + A_3 \frac{\Delta\varepsilon}{\bar{\varepsilon}^2} \right) \frac{T_i + T_j}{2} + \left(B_1 + B_2 \frac{1-\bar{\varepsilon}}{\bar{\varepsilon}} + B_3 \frac{\Delta\varepsilon}{\bar{\varepsilon}^2} \right) \frac{T_i - T_j}{2} \tag{6.23}$$

式中，A_i、B_i(i=1，2，3)和 C 表示分裂窗算法的系数。与局地分裂窗算法不同的是，A_1 不再设置为常数 1。将大气水汽含量、大气底层温度分别进行分段，建立每个天顶角、每段大气水汽含量和大气底层温度的分裂窗算法系数，从而构建通用分裂窗算法系数查找表。通用分裂窗算法已被业务化应用于第 1～第 5 版本的 MODIS 地表温度产品反演。

2)考虑大气水汽含量和地表发射率的分裂窗算法

Sobrino 等(1996)提出了一个基于大气水汽含量和地表发射率的分裂窗算法，公式为

$$T_s = T_i + A\left(T_i - T_j\right) - B_0 + \left(1-\bar{\varepsilon}\right)B_1 - \Delta\varepsilon B_2 \tag{6.24}$$

式中，$A=\alpha_0$；$B_0 = A\left(1-\tau_j\right)\left(T_{0i} - T_{0j}\right)$；$B_1 = \alpha_1\left(T_i - T_j\right) + \beta_1 L_i$；$B_2 = \tau_j A B_1$。$L_i$ 表示与普朗克函数相关的参数；T_{0i} 和 T_{0j} 分别表示两个热红外通道的有效大气平均气温($T_{0i} - T_{0j} \approx 0$)；$\alpha_0$、$\alpha_1$、$\beta_1$ 分别是 3 个与大气相关的参数，$a_0 = \dfrac{1-\tau_i}{\tau_i - \tau_j}$，$\alpha_1 = \dfrac{1-\tau_i\tau_{i,53}}{\tau_i - \tau_j}$，$\beta_1 = \tau_{i,53}$；$\tau_i$和$\tau_j$ 分别表示两个热红外通道的有效大气透过率，$\tau_{i,53}$ 表示 i 波段在天顶角 53°时的有效大气透过率。

3)针对 NOAA-AVHRR 传感器的分裂窗算法

Qin 等(2001a)提出了一种针对 NOAA-AVHRR 传感器的分裂窗算法，模型形式为

$$T_S = T_i + A\left(T_i - T_j\right) + B \tag{6.25}$$

式中，A 和 B 表示分裂窗系数，$A = \dfrac{D_i}{E_0}$，$B = E_1 L_i - E_2 L_j$。其中，E_0，E_1 和 E_2 是中间参数，分别表示为 $E_1 = \dfrac{D_j\left(1-C_i-D_i\right)}{E_0}$，$E_2 = \dfrac{D_i\left(1-C_j-D_j\right)}{E_0}$，$E_0 = C_i D_j - C_j D_i$；$L_i$ 和 L_j 表示普朗克辐射亮度与温度之间转换的相关参数；C_i、C_j、D_i 和 D_j 表示与大气透过率和发射率相关的参数，$C_i = \varepsilon_i \tau_i(\theta)$，$C_j = \varepsilon_j \tau_j(\theta)$，$D_i = \left[1-\tau_i(\theta)\right]\left[1+\left(1-\varepsilon_i\right)\tau_i(\theta)\right]$，$D_j = \left[1-\tau_j(\theta)\right]\left[1+\left(1-\varepsilon_j\right)\tau_j(\theta)\right]$；$\varepsilon_i$ 和 ε_j 表示两个热红外通道的地表发射率；$\tau_i(\theta)$ 和 $\tau_j(\theta)$ 表示两个热红外通道观测天顶角为 θ 时的大气有效透过率，可在观测天顶角 10°对应的大气透过率基础上进行角度校正，表达为 $\tau_i(\theta) = \tau_i(10) - \Delta\tau_i(\theta) = \left(c_{i,1} + c_{i,2}w\right) + \left(c_{i,3} + c_{i,4}\theta^2\right)$，$c_{i,1}$、$c_{i,2}$ 表示

观测天顶角 10°对应的大气透过率计算的拟合系数；$c_{i,3}$和$c_{i,4}$为不同观测天顶角角度对应的透过率订正方程系数。

3. 双通道非线性分裂窗算法

对辐射传输方程进行线性处理，以及分裂窗算法中的近似处理会带来地表温度的反演误差，如把大气透过率近似处理为水汽含量的线性函数，最终导致线性分裂窗算法反演的地表温度在湿热的大气条件下误差较大。

为提高反演精度，学者们发展了一种非线性分类窗算法，模型形式为

$$T_s = c_0 + c_1 T_i + c_2\left(T_i - T_j\right) + c_3\left(T_i - T_j\right)^2 \tag{6.26}$$

系数 $c_k(k=0,1,2,3)$ 可利用不同大气和地表参数下的模拟数据，根据式(6.26)拟合回归得到。多种形式相似的非线性分裂窗算法不断被发展，与线性分裂窗算法一样，有的非线性分裂窗算法将地表发射率加入 c_k 的表达式中，有的则同时考虑了发射率和水汽含量，有的还进一步考虑了观测天顶角的影响。

Sobrino 和 Raissouni (2000) 克服 Sobrino 等 (1996) 提出的分裂窗算法输入参数较多的缺点，将大气温度和大气透过率用大气水汽含量表示，并增加两个通道亮度温度之差的平方项，得到分裂窗模型：

$$T_s = T_i + c_1\left(T_i - T_j\right) + c_2\left(T_i - T_j\right)^2 + c_0 + \left(c_3 + c_4 w\right)\left(1 - \overline{\varepsilon}\right) + \left(c_5 + c_6 w\right)\Delta\varepsilon \tag{6.27}$$

式中，$c_i\ (i=0,1,2,\cdots,6)$ 表示分裂窗算法系数；w 表示大气水汽含量。

Wan (2014) 在通用分裂窗算法中增加两个热红外通道亮度之差的平方项，以进一步提高通用分裂窗算法精度：

$$T_s = C + \left(A_1 + A_2\frac{1-\overline{\varepsilon}}{\overline{\varepsilon}} + A_3\frac{\Delta\varepsilon}{\overline{\varepsilon}^2}\right)\frac{T_i + T_j}{2} + \left(B_1 + B_2\frac{1-\overline{\varepsilon}}{\overline{\varepsilon}} + B_3\frac{\Delta\varepsilon}{\overline{\varepsilon}^2}\right)\frac{T_i - T_j}{2} + D\left(T_i - T_j\right)^2 \tag{6.28}$$

改进的通用分裂窗算法被用于 MODIS 第 6 版的地表温度产品生产。Wan (2014) 和 Duan 等 (2017) 对第 6 版的 MODIS 地表温度产品进行了验证，结果表明第 6 版地表温度产品的精度优于第 5 版，尤其在裸地区域。

6.1.3　多通道地表温度反演算法

1. 三通道组合反演方法

当有 3 个或多个热红外通道时，使用类似上述分裂窗的算法模型，将大气顶部的多通道亮度温度进行线性或非线性组合，反演地表温度。例如 Sun 和 Pinker (2003) 发展了一种三通道线性算法，利用地球静止环境卫星 (GOES) 数据反

演夜间地表温度，他们假设这 3 个通道的地表发射率可以根据地表类型估算得到，利用 3.9 μm 处的中红外通道提高夜间大气校正的精度，3 个通道线性方程的参数由通道发射率组成，没有考虑水汽含量和观测天顶角。

$$T_s = d_0 + \left(d_1 + d_2 \frac{1-\varepsilon_i}{\varepsilon_i}\right)T_i + \left(d_3 + d_4 \frac{1-\varepsilon_j}{\varepsilon_j}\right)T_j + \left(d_5 + d_6 \frac{1-\varepsilon_{i1}}{\varepsilon_{i1}}\right)T_{i1} \tag{6.29}$$

式中，d_k 是常数，与大气水汽含量和观测天顶角无关。与已有的双通道分裂窗算法进行比较，三通道算法能够获得精度更高的地表温度，均方根误差是 1 K。此外，Sun 和 Pinker(2007)还提出了一种基于 SEVIRI 数据的四通道非线性地表温度反演算法，算法考虑了地表发射率的影响，系数与地表类型有关。关于夜间地表温度反演的四通道反演算法可表示为

$$T_s = e_0 + e_1 T_i + e_2(T_i - T_j) + e_3(T_{i1} - T_{i2}) + e_4(T_i - T_j)^2 + e_5(\sec\theta - 1) \tag{6.30}$$

式中，θ 指卫星观测天顶角；系数 e_k(k=0～5)与地表类型有关。

2. *多通道温度与发射率分离(TES)算法*

Gillespie 等(1998，1999)利用大气校正后的高级星载热辐射与反射辐射计(ASTER)数据，提出了温度与发射率分离算法。这一方法基于光谱反差和最小发射率之间的经验关系来增加方程数目，使不可解的反演问题变得可解，同时实现发射率和地表温度的反演计算。

TES 算法由 3 个成熟的模块组成：发射率归一化方法(NEM)、发射率之比(RATIO)、最大最小差值法(MMD)。NEM 模块被用来估计初始的地表温度值，并从大气校正后的辐射值中得到归一化后的地表发射率值。RATIO 模块用来计算归一化后的发射率值与它们均值的比值，尽管 RATIO 模块不能直接获得真实的地表发射率，但即使地表温度是由 NEM 模块粗略估计出的，发射率光谱的形状还是能得到很好的描述。最后，在 RATIO 模块结果的基础上，MMD 模块用来找出 N 个通道的光谱差异，接着利用 N 个通道的最小发射率值(LSE_{min})和最大最小差值(MMD)之间的经验关系估算出最小地表发射率。一旦估算出最小发射率值，各通道的发射率就可以计算得出，进而便可以估算地表温度。

6.1.4　多角度地表温度反演算法

热红外传感器，特别是中等分辨率的传感器具有较大的视场角，例如 AVHRR 和 MODIS 有±55°的横向扫描角；ATSR 传感器前向视角达到 50°，加上地球曲率和地形影响可使观测目标相对视角超过 70°。理论研究和实验观测都表明，裸土、雪等物质的发射率随观测角变化，作物冠层也存在明显的热辐射方向性。如果不考虑地表热辐射的方向性，则会对温度反演起到负面影响。然而，地表热辐射的

方向性既是一种干扰，也可以成为一个信息源。通过多角度观测并构建适当的模型，可以提高地表温度反演的精度，并可进一步用于反演组分温度。因此，地物热辐射方向性变化已成为地表温度反演中必须考虑的主要问题之一(陈良富等，2001)。

多角度地表温度反演算法，建立在不同角度观测同一目标时，经过的大气路径不同而产生的大气吸收作用不同的基础上。由于大气吸收体的相对光学物理特性在不同观测角度下保持不变，大气透过率仅随角度的变化而变化。与分裂窗算法的基本原理类似，大气的作用可以通过特定通道在不同角度观测下所获得亮温的线性或非线性组合来消除。

多角度地表温度反演算法主要基于第一代双角度模式卫星，即搭载在第一代欧洲遥感卫星(ERS-1)上的沿轨迹扫描辐射计(ATSR)发展而来。ATSR 能在 2 min 内对同一片地表区域进行双角度观测：一个是垂直观测，天顶角范围 0°～21.6°，另一个是前向观测，天顶角范围是 52°～55°。Sobrino 等(1996)提出了一种改进型的双角度算法，考虑了垂直观测时的发射率 ε_n 和前向观测时的发射率 ε_f，双角度反演模型为

$$T_s = T_n + p_1\left(T_n - T_f\right) + p_2 + p_3\left(1-\varepsilon_n\right) + p_4\left(\varepsilon_n - \varepsilon_f\right) \tag{6.31}$$

式中，p_k 是与垂直和前向观测角度下大气透过率和平均等效温度有关的参数；T_n 和 T_f 分别是垂直观测和前向观测的亮度温度。

Sobrino 等(2004)发展了一种非线性双角度算法，以减少大气水汽含量对地表温度反演结果的影响，即

$$T_s = T_n + q_1\left(T_n - T_f\right) + q_2\left(T_n - T_f\right)^2 + \left(q_3 + q_4 w\right)\left(1-\varepsilon_n\right) + \left(q_5 + q_6 w\right)\Delta\varepsilon + q_0 \tag{6.32}$$

多角度算法应用于卫星数据时的难点是地表温度、地表发射率的角度效应问题，而且由于地物三维结构的影响，不同角度观测的地物可能明显不同，对不同观测角度的几何配准精度要求较高。同时，该算法要求在不同路径下的多角度测量具有明显差异，以降低不同角度观测的相关性，提高算法稳定性。因此，多角度算法仅适用于理想大气条件下的均质区域，如海洋表面或浓密森林植被区域，不适用于城市等非均质地表区域。

6.1.5 多时相地表温度反演算法

多时相地表温度反演算法是在假定地表发射率不随时间变化的前提下，利用不同时间的测量结果来同时反演地表温度和发射率，其中最为典型的是日夜双时相多通道物理反演法。

受到日夜温度无关波谱指数法和两温法的启发，Wan 和 Li(1997)提出日夜双

时相多通道物理反演法。该方法不需要精确的地表发射率和大气参数等先验知识，利用辐射传输方程，根据白天和晚上双时相多通道观测数据协同反演地表参数和大气参数。由于干旱和半干旱地区地表发射率的动态变化范围较大，日夜双时相反演方法能够解决简单分类赋值法反演地表发射率精度不高的问题。

该方法使用日夜双时相多通道的红外遥感观测数据，认为大气辐射传输模型(如 LOWTRAN、MODTRAN 等)能够准确地模拟大气影响，而且 MODIS 的探空通道及其相应的反演算法能够提供大气水汽廓线和温度廓线。该方法是一种基于物理模型的反演方法，继承了温度无关波谱指数(TISI)方法的思想，并进一步利用 MODIS 数据的特点，使用了以下 3 个假设：

(1) 假设地表发射率在短时间内几乎不变，除非发生了降雨或降雪等自然现象。

(2) 虽然大多数地表在中红外波段(3.5～4.2 μm)表现出较强的反射率光谱变化，但是它们的双向反射异向因子却只在 2%的范围内变化，可以假设 MODIS 数据的中红外通道都有相同的双向反射异向因子来描述地表非朗伯辐射源散射特性。

(3) 在晴天条件下，地表反射太阳散射辐射远小于反射的太阳直射辐射，而地表反射的大气下行辐射也要小于地表自身发射辐射。因此在 3～14 μm 波谱范围内，假设太阳散射辐射和大气下行辐射近似为朗伯反射，不会导致较大的反演误差。

由此可以近似采用下式来描述 MODIS 第 i 通道接收到的辐射亮度：

$$I_i = \tau_{1i}\varepsilon_i B_i(T_s) + R_{ati\uparrow} + R_{si} + \frac{1-\varepsilon_i}{\pi}(\tau_{2i}\rho\mu_0 E_{0i} + \tau_{3i}E_{di} + \tau_{4i}E_{ti}) \tag{6.33}$$

式中，ε_i 是第 i 通道地表发射率；T_s 是地表温度；$B_i(T_s)$ 是第 i 通道黑体辐射亮度；$R_{ati\uparrow}$ 和 R_{si} 是观测方向大气上行辐射和上行散射太阳辐射；E_{0i} 是大气层顶的太阳辐照度；μ_0 是太阳天顶角余弦；ρ 是双向反射异向因子；E_{di} 和 E_{ti} 分别是 i 通道下行太阳散射辐射和大气下行辐射；$\tau_{ji}(j=1,\cdots,4)$ 是相应各辐射项所对应的通道等效透过率。

由于中红外通道与热红外通道的相关性不强，引入中红外通道可以降低方程组的相关性，使方程组的求解更为稳定，而且中红外通道白天观测数据中有太阳辐射贡献而晚上却没有，能够满足两温法中两个时刻地表温度差异较大的要求。引入双向反射异向因子来描述中红外通道地表非朗伯辐射源散射特性，并假设白天和夜晚地表发射率不变，使用日夜两次观测的方法解决方程组求解的欠定问题；引入大气底层温度修正项及大气总水汽含量，提高了地表温度和发射率的反演精度。

通过 7 个通道的白天和晚上两次观测数据，可以构建 14 个方程来求解 14 个未知数，即 7 个通道地表发射率、1 个地表双向反射异向因子、白天和晚上地表温度各 1 个、白天和晚上大气底层温度和大气水汽改正项各 2 个。但是，在实际应用中还会有很多不确定因素，主要包括：真实大气廓线是连续变化的，而遥感探测只能考虑离散的几个层的大气温湿度廓线；MODIS 大气廓线产品存在误差；传感器本身存在探测噪声；大气辐射传输模型中使用的一些基础数据存在着误差。

日夜双时相多通道物理反演法的关键步骤包括：建立查找表近似获取所需的大气参数；通过非线性方程式的最优求解，实现地表温度和地表发射率等参数的反演。

1. 查找表的建立

地表温度反演需要调用大气辐射传输模型，而大气辐射传输模拟需要占用大量的计算时间和空间资源，在业务化运行系统中可以通过查找表方法提高运算效率。查找表的原理是先将模型输入参数在一定精度上离散化，然后穷举所有可能的参数组合，将输入参数和计算结果存于表中，以后每次需要调用该模型时，就可以在表中查找到已经计算好的结果。查找表的优点是能够节约计算量，缺点在于查找表大小随参数个数的增加呈幂指数级增长。在查找表建立过程中，通过选用合适的插值方法，可以在一定程度上使用较小的查找表而仍然获得较高精度。例如，大气温度变化步长取 2 K，大气总水汽含量变化步长是 10%，太阳天顶角和观测天顶角在 30°以下取 10°为步长、30°以上取 5°为步长，通道平均辐射亮度与亮温的关系用步长为 0.1K 的查找表近似，再考虑 24 种基本的大气廓线形状，这样的参数设置所建立的查找表数据量大约是 60 MB。

2. 非线性方程的最优求解

对于非线性方程，可以采用统计回归方法和数值迭代方法进行求解计算。

(1)统计回归方法。观测数据为日夜 2 个时相、7 个波段的 MODIS 数据，待反演参数是前面论述的 14 个大气参数和地表参数，可以建立反演模型：

$$x_j = \sum_{j=1}^{14} w_{i,j} y_i \quad (j = 1, \cdots, 14) \tag{6.34}$$

式中，x_j 表示待反演的地表参数和大气参数；y_i 是观测到的第 i 通道辐射亮温；$w_{i,j}$ 是权重系数。为了获取权重系数 $w_{i,j}$，首先在地表参数和大气参数的可能变化范围内，用大气辐射传输模型模拟传感器观测数据，然后利用统计回归方法从模拟数据中求解 $w_{i,j}$。将回归拟合的权重系数 $w_{i,j}$ 与 MODIS 昼夜观测数据代入式(6.34)，估算得到 14 个大气参数和地表参数。

(2)数值迭代方法。通过牛顿迭代法或者最小二乘法拟合求解 14 个未知数的最优解，其实质为最小化代价函数：

$$\chi^2 = \sum_{i=1}^{14}\left[\frac{1}{\sigma_i^2}\left(\overline{I_i} - I_i\right)^2\right] \tag{6.35}$$

式中，$\overline{I_i}$ 和 I_i 分别是归一化后的模拟辐射亮度和星上观测辐射亮度，i=1,…,7 代表白天观测的通道，i=8,…,14 代表晚上观测的通道；σ_i 是对第 i 通道亮温不确定性的估计。可以将统计回归方法得到的 14 未知数的估计值作为数值迭代法的初始值。

日夜双时相多通道物理反演方法需要白天和晚上的红外通道数据，已成为 MODIS 地表温度产品的业务算法之一，也被用于 NOAA-AVHRR 传感器的地表温度与发射率分离反演(Dash et al.，2005)。但是该方法对云的干扰比较敏感，如果白天和夜间出现云的概率是 70%，那么同时拥有白天和夜间配套数据的概率将少于 50%。夜晚露水的出现，将使得地表发射率在短时间不变的假设不成立，降低地表温度反演精度。同时，该方法需要同时拥有中红外和热红外通道，而且还需要准确配准白天和夜间的遥感图像，这限制了该方法在其他传感器上的推广与应用。

6.1.6　高光谱地表温度反演算法

现阶段高光谱遥感研究主要还是集中于可见光到短波红外谱段范围。受制于数据处理的特殊性和复杂性，热红外谱段的高光谱遥感技术发展较为滞后，存在诸多问题尚未解决，机会与挑战并存。

传统多光谱热红外采用的分步反演地表发射率和地表温度的方法，无法充分利用高光谱热红外数据通道多的优势，且难以有效保障反演的精度。地表温度和发射率的协同分离是高光谱热红外数据的主要处理方式。根据两者分离过程采用的不同策略，分离方法分为增加约束和减少未知数两大类。无论是增加约束还是减少未知数，其核心都是消除反演方程的病态问题。

1. 温度与发射率分离(TES)算法

针对 ASTER 多光谱热红外数据提出的经典的温度与发射率分离算法，利用最小发射率和发射率光谱反差之间的经验关系来增加反演方程的数目，进而解决温度与发射率分离问题。TES 算法也逐步成功地用于高光谱热红外数据处理，但是 MMD 模型系数需要利用高光谱热红外发射率数据进行重新拟合。

2. 基于光谱平滑度的温度与发射率分离算法

Borel(1998，2008)指出，与大气影响的光谱特征相比，典型的发射率光谱要平滑得多。因此，当反演的地表发射率的光谱平滑度达到最大时，反演出的地表温度和发射率是最准确的。在这一属性的基础上，学者们提出了包括一阶和二阶等各种平滑标准的迭代光谱平滑温度与发射率分离算法。

与 TES 方法类似，该方法同样需要精确的大气校正。而且，当地表自身完全发射的黑体辐亮度与大气下行辐亮度数值大小相当时，反演的发射率会出现奇异值，影响平滑度指标的计算，导致地表温度和发射率的分离精度出现偏差，这是该类算法无法避免的问题。为了减少奇异值的出现，学者们提出了下行辐射残余指标法、逐步细化求精法等分离方法。

3. 基于光谱相关性的温度与发射率分离算法

该方法利用附带大气残余信息的发射率波谱与大气下行辐射间存在一定的相关性作为判据，当两者之间相关性最小时，对应的地表温度即为真实温度的最佳估计值。发射率奇异值的存在，也会改变相关性指标，从而影响地表温度估算精度。

4. 线性发射率约束法

线性发射率约束法假定发射率光谱可以被分为 M 个部分，每一部分的发射率随着波长线性变化。在这种情况下，发射率光谱可以通过分段线性函数来重新创建，从而减少未知数的个数，使地表温度和发射率可以进行分离。该方法相较于基于光谱平滑度的温度与发射率分离算法，产生的异常点更少，白噪声和大气下行辐射的不确定性对其影响更小，但是分段区间的划分直接影响计算效率与结果精度。

6.2　组分温度的热红外遥感反演

在热红外遥感图像中，遥感像元是由一种或多种端元(或组分)混合而成的，而这些端元(或组分)常常具有三维的空间分布。前面介绍的地表温度反演算法基本上是利用单通道或多通道热红外遥感数据反演混合像元的平均温度和平均发射率。但自然状态的地表极不均一，一个像元内部往往含有不同温度和不同发射率的多种地表类型，也就是大多数地球表面都处于非均质、非等温的非热力学平衡状态，而且地表的三维结构通常会使得地表辐射与角度密切相关(Chen et al., 2004)。因此，从物理机制上解释遥感反演的地表温度变得非常困难。在地表温度遥感反演过程中，若想获得更高的反演精度，不能简单地把遥感像元当作一个均匀平面，而必须考虑它的三维几何结构、多次散射和非同温性质。

Li X W 等(1999)指出，普朗克定律不能直接适用于非同温混合像元，而必须经过尺度校正，这说明了尺度效应是热红外遥感建模所必须考虑的一个因素。对于反演来说，考虑尺度效应不能简单地反演像元平均温度和平均发射率，而是需要考虑亚像元的多种组分的温度和发射率，这就极大地增加了反演过程需要考虑的未知数，对遥感数据以及反演算法都提出了更高的要求。

例如，陆地表面的一个重要类别是土壤和植被的混合体，对于这一类陆地表面，热红外辐射呈现明显的方向性差异，土壤温度与植被温度有很大差异，直接计算两者之间的平均温度将带来较大的地表温度反演误差(Shi，2011；Liu et al.，2020)。目前多个描述植被冠层辐射方向性特征的模型已被建立，因此也可以利用辐射方向性特征来分离植被和土壤温度，进行组分温度反演，但这种反演方法依赖于环境辐射和冠层结构信息。

6.2.1 基于多角度热红外数据的地表组分温度反演

利用传感器接收到的多角度单通道或多通道数据，在去除大气影响后，如果组分间的温度及发射率存在明显差别，可通过合理的假设构建一种反映热红外辐射传输过程的组分温度反演模型，并采用一定的反演方法得到组分温度(张舒婷等，2019)。

对于光滑界面，发射率的方向规律性可以通过菲涅耳公式计算，绝对粗糙面的发射率不随角度而变化，一般粗糙面的发射率随视角天顶角的增加而逐渐减小，但是目前还没有一般的理论计算公式。

多角度热红外遥感数据可以提供不同视角上的辐射亮度值，这对于非同温混合像元中的不同地表组分温度的建模尤为关键。地表组分温度反演主要体现在不同组分的有效发射率定义以及组分温度反演模型的建立。

对于连续植被与土壤两种组分的混合像元，热辐射亮度值的方向规律性可以表述为(徐希孺等，2000，2001；庄家礼等，2001；孙珂和陈圣波，2004；范闻捷和徐希孺，2005)

$$I_\lambda(\theta)=\varepsilon_{ve}(\theta)B_\lambda(T_v)+\varepsilon_{se}(\theta)B_\lambda(T_s) \tag{6.36}$$

式中，$I_\lambda(\theta)$是在λ波段、θ视角方向上混合像元的辐射亮度值；T_v和T_s分别为植被冠层温度和土壤温度；$B_\lambda(T)$为波段λ上温度为T的普朗克黑体辐射；$\varepsilon_{ve}(\theta)$和$\varepsilon_{se}(\theta)$分别为植被冠层和土壤表面的有效发射率，包括了单个组分在混合像元内所占面积以及多次散射两方面因素(徐希孺等，2000)，即

$$\varepsilon_{ve}(\theta)=a_v(\theta)\varepsilon_v(\theta)+\Delta\varepsilon_v(\theta) \tag{6.37}$$

$$\varepsilon_{se}(\theta)=\left[1-a_v(\theta)\right]\varepsilon_s(\theta)+\Delta\varepsilon_s(\theta) \tag{6.38}$$

式中，$a_v(\theta)$和$1-a_v(\theta)$分别为植被和土壤在混合像元内的面积比例；$\Delta\varepsilon_v(\theta)$和$\Delta\varepsilon_s(\theta)$为多次散射引起的组分有效发射率增量。

非同温混合像元热辐射方向性主要取决于有效发射率的方向性，而有效发射率与连续植被的结构和各个组分的光学特性有关。连续植被的结构可以用叶倾角分布函数(LAD)、叶面积指数(LAI)表示。组分的光学特性是指两种组分的发射率，即植被叶片发射率 $\varepsilon_v(\theta)$ 和土壤发射率 $\varepsilon_s(\theta)$。

研究表明，连续植被情形下的植被组分和土壤组分在不同角度下的有效发射率是叶倾角分布函数、叶面积指数、植被叶片发射率和土壤发射率的多元函数，而现在还没有对这种复杂函数关系给出明确的函数表达式。在相关研究中，一般采用蒙特卡罗方法及遗传算法对有效发射率与多个变量之间的关系进行模拟。

一般情况下，对于多角度热红外数据，可利用热辐射矩阵模型表示非同温混合像元在 n 个不同角度处测得的对应于波长 λ 的辐射亮度(王奋勤等，2004)：

$$\boldsymbol{I}_a=\begin{bmatrix} I_{a\lambda}(\theta_1) \\ I_{a\lambda}(\theta_2) \\ \vdots \\ I_{a\lambda}(\theta_n) \\ \end{bmatrix}=\boldsymbol{A}\cdot\boldsymbol{\varepsilon}\cdot\boldsymbol{I}_b \tag{6.39}$$

式中，$\boldsymbol{I}_a$ 是由非同温混合像元在 n 个不同角度处测得的 λ 波段辐射亮度值所组成的列向量，称为角度辐射亮度；矩阵 $\boldsymbol{A}$ 为 n 个观测角度视场中 m 个组分所占的面积比例，是一个 n 行 m 列的面积比例矩阵。

$\boldsymbol{\varepsilon}$ 是发射率矩阵，其中 ε_m 表示组分 m 自身的发射率，$\Delta\varepsilon_{mm}$ 表示目标体系内多次散射后的发射率增量。$\boldsymbol{\varepsilon}$ 可表达为

$$\boldsymbol{\varepsilon}=\begin{bmatrix} \varepsilon_1+\Delta\varepsilon_{11} & \Delta\varepsilon_{12} & \cdots & \Delta\varepsilon_{1m} \\ \Delta\varepsilon_{21} & \varepsilon_2+\Delta\varepsilon_{22} & \cdots & \Delta\varepsilon_{2m} \\ \cdots & \cdots & \cdots & \cdots \\ \Delta\varepsilon_{m1} & \Delta\varepsilon_{m2} & \cdots & \varepsilon_m+\Delta\varepsilon_{mm} \end{bmatrix} \tag{6.40}$$

$\boldsymbol{I}_b$ 是由非同温混合体内 m 个组分温度所对应的黑体辐射亮度所组成的 m 维列向量，称为组分黑体辐射亮度向量，可以表达为

$$\boldsymbol{I}_b=\begin{bmatrix} I_{b\lambda}(T_1) \\ I_{b\lambda}(T_2) \\ \vdots \\ I_{b\lambda}(T_m) \end{bmatrix} \tag{6.41}$$

这表明在某种视角下，传感器测得的辐射亮度是各组分黑体辐射亮度的加权和，矩阵 $\boldsymbol{W}=\boldsymbol{A}\cdot\boldsymbol{\varepsilon}$ 的每一个行向量描述了该视角天顶角条件下像元内各组分黑体辐射亮度在总辐射亮度值中的权重系数，矩阵 $\boldsymbol{W}$ 的某一列向量代表某一组分的权重系数随天顶角的变化规律，可称之为组分权重系数谱(范闻捷和徐希孺，2005)。

矩阵 $\boldsymbol{A}$ 表达了混合像元内部不同组分的几何结构。对于行播作物和土壤组分温度反演来说，可以用作物垄宽(W)、垄高(H)和垄间距(D)等参数描述作物的几何结构。发射率矩阵$\boldsymbol{\varepsilon}$可以用土壤发射率、植被发射率、叶面积指数(LAI)、叶倾角分布函数(LAD)等参数进行表达，这些参数可以通过地面调查或遥感手段获得。如，范闻捷和徐希孺(2005)将这些参数视为先验知识，取固定值，分别为 LAI=3.0，W=40cm，H=60cm，D=40cm，LAD 为球形，太阳天顶角为 30°，ε_s=0.95，ε_v=0.98，并利用蒙特卡罗方法模拟得到有效发射率矩阵。

在考虑连续植被(植被冠层和背景土壤)的两相混合像元情形下的热辐射模型时，庄家礼等(2001)采用蒙特卡罗方法对不同叶倾角分布类型的连续植被进行了数值模拟。假设叶倾角分布函数已知，单叶片发射率为朗伯辐射源，其值为 0.97，以 0.2 为间隔将 LAI 从 0.1 变化到 6.0；土壤发射率 ε_s 从 0.89 到 0.96，间隔 0.01 进行取值，采用蒙特卡罗方法对土壤和植被的有效发射率进行模拟计算。对于模拟结果，在不同视角下进行最小二乘拟合，天顶角 0°、10°、20°时，土壤和植被有效发射率的拟合结果分别为(庄家礼等，2001)

$$\begin{cases}\varepsilon_{ve}(0°)=0.2733-0.1573\cdot\varepsilon_s-0.1443\cdot\varepsilon_s\cdot \mathrm{e}^{-\mathrm{LAI}}+0.07601\cdot\mathrm{LAI}\\ \varepsilon_{se}(0°)=0.2431+0.4516\cdot\varepsilon_s+0.2974\cdot\varepsilon_s\cdot \mathrm{e}^{-\mathrm{LAI}}-0.09043\cdot\mathrm{LAI}\end{cases} \tag{6.42}$$

$$\begin{cases}\varepsilon_{ve}(10°)=0.2112-0.1545\cdot\varepsilon_s-0.2341\cdot\varepsilon_s\cdot \mathrm{e}^{-\mathrm{LAI}}+0.09845\cdot\mathrm{LAI}\\ \varepsilon_{se}(10°)=0.2451+0.5244\cdot\varepsilon_s+0.2270\cdot\varepsilon_s\cdot \mathrm{e}^{-\mathrm{LAI}}-0.09838\cdot\mathrm{LAI}\end{cases} \tag{6.43}$$

$$\begin{cases}\varepsilon_{ve}(20°)=0.3459-0.1005\cdot\varepsilon_s-0.2943\cdot\varepsilon_s\cdot \mathrm{e}^{-\mathrm{LAI}}+0.1026\cdot\mathrm{LAI}\\ \varepsilon_{se}(20°)=0.2750+0.4438\cdot\varepsilon_s+0.2779\cdot\varepsilon_s\cdot \mathrm{e}^{-\mathrm{LAI}}-0.09927\cdot\mathrm{LAI}\end{cases} \tag{6.44}$$

从上述介绍可以看出，组分有效发射率是观测角度、像元结构、组分发射率的函数，独立于组分温度。如果能够得到像元的结构参数和组分发射率等先验知识，可以通过模型模拟得到组分有效发射率。利用多角度热红外数据建立反演模型，模型中未知数的数量一般大于方程个数，这使得组分温度的反演成为一个病态问题，采用遗传算法可以对模型中的参数进行估计(庄家礼等，2001；孙珂和陈圣波，2012)，并进一步求得混合像元内的组分温度。

6.2.2 基于多通道热红外数据的组分温度反演

多角度法反演组分温度主要利用了传感器多角度观测信息，然而目前大部分红外传感器并不具备多角度观测能力。因此，针对多角度算法这一缺点，一些学者提出利用多通道信息来反演地表组分温度。MODIS 传感器、ASTER 传感器可以获取多个通道的热红外波段数据，这些增加的波段信息相当于增加了反演方程数量，增大了反演组分温度的可能性。

在可见光波段，混合像元的反射率可以表示为像元内部多种组分反射率的线性组合，利用光谱线性混合模型可以进行混合像元分解，从而求得每种组分的丰度。但是，混合像元在热红外波段的辐射强度不仅与温度密切相关，还受到发射率影响，也就是说混合像元上的温度并不能简单地表示为各种组分温度的线性组合。在忽略像元空间结构特征的前提下，可以把混合像元的地表热辐射能量表示为占一定比例的各基本组分的热辐射能量的线性组合(刘振华和赵英时，2012)，即

$$I_\lambda = f_1\varepsilon_{1,\lambda}B_\lambda(T_1) + f_2\varepsilon_{2,\lambda}B_\lambda(T_2) + \cdots + f_m\varepsilon_{m,\lambda}B_\lambda(T_m) \tag{6.45}$$

式中，I_λ 为 λ 波段的混合像元辐射亮度值；m 为混合像元内的基本组分数目；$\varepsilon_{i,\lambda}$ 为第 i 个组分在 λ 波段的发射率；$B_\lambda(T_i)$ 为第 i 个组分在 λ 波段的地表黑体辐射亮度值；T_i 为第 i 个组分的地表温度；f_i 为第 i 个组分的丰度，满足条件：

$$f_i \geqslant 0,\quad f_1 + f_2 + \cdots + f_m = 1 \tag{6.46}$$

以常见的植被与土壤混合像元为例，式(6.45)可以进一步简化为

$$I_\lambda = f\varepsilon_{v,\lambda}B_\lambda(T_v) + (1-f)\varepsilon_{s,\lambda}B_\lambda(T_s) \tag{6.47}$$

式中，f 为混合像元中的植被丰度；$\varepsilon_{v,\lambda}$ 和 $\varepsilon_{s,\lambda}$ 分别为 λ 波段上植被和土壤的发射率；$B_\lambda(T_v)$ 和 $B_\lambda(T_s)$ 分别是植被温度为 T_v 和土壤温度为 T_s 时的黑体辐射亮度。

如果利用 MODIS 传感器获取的第 29 波段、31 波段反演土壤和植被的组分温度，则可以构造两个方程，即

$$I_{29} = f\varepsilon_{v,29}B_{29}(T_v) + (1-f)\varepsilon_{s,29}B_{29}(T_s) \tag{6.48}$$

$$I_{31} = f\varepsilon_{v,31}B_{31}(T_v) + (1-f)\varepsilon_{s,31}B_{31}(T_s) \tag{6.49}$$

上述两个方程中共有 7 个待定参数，即 T_v、T_s、$\varepsilon_{v,29}$、$\varepsilon_{s,29}$、$\varepsilon_{v,31}$、$\varepsilon_{s,31}$、f，反演参数多于独立方程个数，属于欠定性问题，可以采用遗传算法求解。

在上述植被与土壤的混合像元模型中利用了植被和土壤的发射率，并没有考虑光子在像元内部的多次反射所导致的植被和土壤发射率增量，为此，在两个热红外波段 λ_1 和 λ_2 上的混合像元辐射亮度值 I_{λ_1} 和 I_{λ_2} 分别为

$$I_{\lambda_1} = [f, 1-f]\begin{bmatrix} \varepsilon_{v,\lambda_1} & \Delta\varepsilon_{v,\lambda_1} \\ \Delta\varepsilon_{s,\lambda_1} & \varepsilon_{s,\lambda_1} \end{bmatrix}\begin{bmatrix} B_{\lambda_1}(T_v) \\ B_{\lambda_1}(T_s) \end{bmatrix} \tag{6.50}$$

$$I_{\lambda_2} = [f, 1-f]\begin{bmatrix} \varepsilon_{v,\lambda_2} & \Delta\varepsilon_{v,\lambda_2} \\ \Delta\varepsilon_{s,\lambda_2} & \varepsilon_{s,\lambda_2} \end{bmatrix}\begin{bmatrix} B_{\lambda_2}(T_v) \\ B_{\lambda_2}(T_s) \end{bmatrix} \tag{6.51}$$

式中，$\Delta\varepsilon_{v,\lambda_i}$ 表示在波段 λ_i 中多次散射导致的植被发射率增量；$\Delta\varepsilon_{s,\lambda_i}$ 表示在波段 λ_i 中多次散射导致的土壤发射率增量。在这个模型中增加了多个变量，这为模型

的解算增加了难度。可以通过蒙特卡罗算法对植被有效发射率、土壤有效发射率、发射率增量以及组分温度进行模拟，给出这些参数的估计值。

6.2.3 基于混合像元分解的组分温度反演

设混合像元内部的 3 种端元 α_1、α_2、α_3 的发射率分别为 ε_1、ε_2、ε_3，则混合像元水平上的发射率为

$$\varepsilon = f_1\varepsilon_1 + f_2\varepsilon_2 + f_3\varepsilon_3 \tag{6.52}$$

混合像元水平上的地表总热辐射强度为

$$\varepsilon B(T_s) = \sum f_i\varepsilon_i B(T_i) \tag{6.53}$$

式中，$B(T_s)$ 表示温度为 T_s 时的黑体辐射亮度，$B(T_i)$ 表示混合像元内部的端元 i 温度为 T_i 时的黑体辐射亮度。

传感器端接收到的辐射亮度可表示为

$$I_i = \tau_i[\varepsilon_i B_i(T_s) + (1-\varepsilon_i)R_{ati\downarrow}] + R_{ati\uparrow} \tag{6.54}$$

式中，I_i 表示传感器获取的辐射亮度，τ_i 表示大气透过率；$R_{ati\uparrow}$ 和 $R_{ati\downarrow}$ 分别表示大气上行辐射和大气下行辐射。联立式(6.53)和式(6.54)可得

$$f_1\varepsilon_1 B(T_1) + f_2\varepsilon_2 B(T_2) + f_3\varepsilon_3 B(T_3) = \frac{I_i - R_{ati\uparrow} - (1-\varepsilon_i)\tau_i R_{ati\downarrow}}{\tau_i} \tag{6.55}$$

组分温度反演转化为利用式(6.55)计算 $B(T_1)$、$B(T_2)$ 和 $B(T_3)$。其中的问题在于只有一个方程，却有三个未知数，该问题是一个病态的反演问题。可以考虑的解决思路是：既然可以找到纯净像元作为端元，混合像元是这些端元的线性组合，这些纯净像元的同温黑体辐射亮度也可以作为初始值，对混合像元内部端元的同温黑体辐射亮度进行解算。

设 $B(T_1)^0$、$B(T_2)^0$ 和 $B(T_3)^0$ 分别为端元 1、2 和 3 的同温黑体辐射亮度初始值，则混合像元内部端元的同温黑体辐射亮度可以表示为

$$B(T_1) = B(T_1)^0 + V_1 \tag{6.56}$$

$$B(T_2) = B(T_2)^0 + V_2 \tag{6.57}$$

$$B(T_3) = B(T_3)^0 + V_3 \tag{6.58}$$

式中，V_1、V_2、V_3 为改正数，式(6.55)可以表示为

$$f_1\varepsilon_1 V_1 + f_2\varepsilon_2 V_2 + f_3\varepsilon_3 V_3 - w = 0 \tag{6.59}$$

式中，

$$w = \frac{I_i - R_{ati\uparrow} - (1-\varepsilon_i)\tau_i R_{ati\downarrow}}{\tau_i} - f_1\varepsilon_1 B(T_1)^0 - f_2\varepsilon_2 B(T_2)^0 - f_3\varepsilon_3 B(T_3)^0 \tag{6.60}$$

将式(6.59)表示为矩阵形式：

$$\boldsymbol{AV}-\boldsymbol{w}=0 \tag{6.61}$$

式中，

$$\boldsymbol{A}=\left[f_1\varepsilon_1, f_2\varepsilon_2, f_3\varepsilon_3\right], \boldsymbol{V}=\begin{bmatrix} V_1 \\ V_2 \\ V_3 \end{bmatrix} \tag{6.62}$$

利用最小二乘法，可得到改正数 $\boldsymbol{V}$ 的解：$\boldsymbol{V}=\left(\boldsymbol{A}^{\mathrm{T}}\boldsymbol{A}\right)^{-1}\boldsymbol{A}^{\mathrm{T}}\boldsymbol{w}$，代入式(6.56)～式(6.58)即可得到组分温度对应的黑体辐射亮度 $B(T_1)$、$B(T_2)$ 和 $B(T_3)$，进而根据普朗克公式计算得到组分温度。

6.2.4　基于双时相与邻近像元信息的组分温度反演

假设地表可以简化为包含植被和土壤两种均质同温的组分，根据几何光学模型，混合像元的地表温度 LST 可以近似表示为

$$\mathrm{LST}=\left[\frac{f(\theta)\varepsilon_v T_v^4+(1-f(\theta))\varepsilon_s T_s^4}{\varepsilon}\right]^{0.25} \tag{6.63}$$

$$\varepsilon=f(\theta)\varepsilon_v+(1-f(\theta))\varepsilon_s \tag{6.64}$$

式中，θ 为观测天顶角；ε、ε_v 和 ε_s 分别为混合像元、植被组分和土壤组分的发射率；T_v 和 T_s 分别为植被组分和土壤组分的温度；$f(\theta)$ 为方向性植被覆盖度。

为了结合多时相观测数据，Liu 等(2020)使用一个经过广泛验证的 DTC (diurnal temperature cycle)模型描述组分温度的变化规律，该模型由一个表达白天地表温度变化的余弦函数和一个估算夜间温度下降的双曲线衰减函数组成，具体表达式为

$$T_{\mathrm{day}}(t)=T_0+T_a\cos\left(\frac{\pi}{\omega}(t-t_m)\right), t<t_s \tag{6.65}$$

$$T_{\mathrm{night}}(t)=(T_0+\delta T)+\left[T_a\cos\left(\frac{\pi}{\omega}(t-t_m)\right)-\delta T\right]\frac{k}{k+t-t_s}, t\geqslant t_s \tag{6.66}$$

$$k=\frac{\omega}{\pi}\left[\tan^{-1}\left(\frac{\pi}{\omega}(t-t_m)\right)-\frac{\delta T}{T_a}\sin^{-1}\left(\frac{\pi}{\omega}(t-t_m)\right)\right] \tag{6.67}$$

式中，T_0 是日出时温度；T_a 是温度日变化幅度；t 是观测时间；t_m 是最大温度时刻；t_s 是夜间温度开始衰减的时刻；δT 是 T_0 和 t 至无穷大时温度的差值；k 是衰减系数；ω 是白天时长，可根据地理位置和观测日期获取。因此，该模型共有 5 个参数，即 T_0、T_a、t_m、t_s 和 δT。将式(6.65)、式(6.66)、式(6.67)代入式(6.63)

中，可得到 t 时刻混合像元的地表温度 $\mathrm{LST_{obs}}$：

$$\mathrm{LST_{obs}}=\left\{\frac{f(\theta)\varepsilon_v\left[\mathrm{DTC}\left(T_{0,v},T_{a,v},t_{m,v},t_{s,v},\delta T_v,t\right)\right]^4}{f(\theta)\varepsilon_v+\left[1-f(\theta)\right]\varepsilon_s}+\right.$$
$$\left.\frac{1-f(\theta)\varepsilon_s\left[\mathrm{DTC}\left(T_{0,s},T_{a,s},t_{m,s},t_{s,s},\delta T_s,t\right)\right]^4}{f(\theta)\varepsilon_v+\left[1-f(\theta)\right]\varepsilon_s}\right\}^{0.25} \tag{6.68}$$

至此，组分温度求解问题转换为计算 10 个 DTC 模型的系数。结合多像元数据，采用活动窗口的方法增加方程个数，同时假设 10 个 DTC 参数在窗口内保持不变，以此求解式(6.68)。综合考虑方程可解性和计算效率，刘向阳等(2021)设置窗口大小为 5，从而得到 25 个非线性方程去求解 10 个自由参数，进而分离出植被和土壤的组分温度。

由于邻近像元信息的多像元法的局限性是活动窗口内各像元组分温度变化模式(即 DTC 模型系数)相等的假设不一定完全成立，Liu 等(2020)应用空间权重矩阵考虑空间相关性来合理地削弱这一理想假设的影响。

6.3　典型地表温度遥感产品

分别介绍 8 种常见的地表温度产品。

1. MODIS 地表温度产品

MODIS 地表温度产品采用通用分裂窗算法和日夜地表温度算法反演生成，其中分裂窗算法在已知发射率的基础上，利用第 31 和 32 波段进行反演；日夜地表温度算法利用一对白天和夜间的第 20、22、23、29、31、32 和 33 波段数据同步反演地表发射率和地表温度。MODIS 地表温度产品包括 9 种，从每景实时观测数据开始，通过时间和空间变换方法，生成每日、8 日和每月合成的全球网格产品，主要产品与特点见表 6.4。

表 6.4　主要 MODIS 地表温度产品与特点

产品类型	产品级别	卫星平台	空间分辨率	时间分辨率	地图投影
MYD/MOD11_L2	L2	AQUA/TERRA	1 km	5 min	无
MYD/MOD11A1	L3	AQUA/TERRA	1 km	每日	正弦曲线
MYD/MOD11A2	L3	AQUA/TERRA	1 km	8 日	正弦曲线
MYD/MOD11B1	L3	AQUA/TERRA	6 km	每日	正弦曲线
MYD/MOD11B2	L3	AQUA/TERRA	6 km	8 日	正弦曲线

续表

产品类型	产品级别	卫星平台	空间分辨率	时间分辨率	地图投影
MYD/MOD11B3	L3	AQUA/TERRA	6 km	每月	正弦曲线
MYD/MOD11C1	L3	AQUA/TERRA	0.05°	每日	等角投影
MYD/MOD11C2	L3	AQUA/TERRA	0.05°	8 日	等角投影
MYD/MOD11C3	L3	AQUA/TERRA	0.05°	每月	等角投影

MOD11_L2 地表温度产品利用通用分裂窗算法生成，其中第 31 和 32 波段发射率通过基于分类的方法计算，土地覆盖类型由每季度的土地覆盖数据(MOD12Q1)和每日积雪覆盖数据(MOD10_L2)确定。MOD11_L2 产品包括 9 个科学数据集，分别是 LST(地表温度)、QC(质量控制)、Error_LST(地表温度误差)、Emis_31(第 31 波段发射率)、Emis_32(第 32 波段发射率)、View_angle(观测角度)、View_time(观测时间)、Latitude(纬度)和 Longitude(经度)。

每日 MOD11A1 地表温度产品利用通用分裂窗算法反演得到，只针对 MOD35 定义的晴空状况下的像元进行计算。通过将有效的晴空地表温度映射到正弦曲线投影的网格上，并以重叠面积为权重平均计算得到重叠像素的地表温度。当纬度超过 30°时，可能会有多个晴空观测，MOD11A1 产品中每个网格上的地表温度取值为大于 2 K 的较小观测天顶角或较大天顶角对应的地表温度。MOD11A1 产品数据集中的主要数据与特点如表 6.5 所示。

表 6.5　MOD11A1 产品数据集

数据集名称	全称	单位	有效范围	填充值	尺度因子	偏移值
LST_Day_1 km	逐日白天 1 km 分辨率地表温度	K	7500～65535	0	0.02	0.0
QC_Day	白天地表温度与发射率的质量控制	无	0～255	0	NA	NA
Day_view_time	白天地表温度的观测时间(地方时)	h	0～255	255	0.1	0
Day_view_angle	白天地表温度的观测天顶角	°	0～130	255	1.0	–65
LST_Night_1 km	逐日夜间 1 km 分辨率地表温度	K	7500～65535	0	0.02	0
QC_Night	夜间地表温度与发射率的质量控制	无	0～255	0	NA	NA
Night_view_time	夜间地表温度的观测时间(地方时)	h	0～240	255	0.1	0
Night_view_angle	夜间地表温度的观测天顶角	°	0～130	255	1.0	–65
Emis_31	第 31 波段发射率	无	1～255	0	0.002	0.49
Emis_32	第 32 波段发射率	无	1～255	0	0.002	0.49
Clear_day_cov	白天晴空覆盖率	无	1～65535	0	0.0005	0
Clear_night_cov	夜间晴空覆盖率	无	1～65535	0	0.0005	0

MOD11A2 产品提供 8 日合成的地表温度和发射率，每个像素值都是 8 日内获取的 MOD11A1 产品像素的简单平均值。8 日合成期对应于 TERRA 和 AQUA 平台轨道重复周期的两倍。MOD11A2 地表温度产品科学数据集中除最后两行数据外，其余数据与 MOD11A1 产品相似。

每日 MOD11B1 地表温度产品由日夜地表温度算法反演得到，包括 23 种数据。通过将 8 日、1 个月内的 MOD11B1 数据集中有效地表温度和发射率进行平均计算，可以分别得到 8 日合成的 MOD11B2、月合成的 MOD11B3 地表温度产品，这两个数据集包含了 MOD11B1 产品中除夜间发射率以外的其他数据。利用 MOD11B1 数据进行重投影和平均计算，得到分辨率约为 0.05°的 MOD11C1 产品，该产品采用等角投影方式，像元大小随纬度发生变化，在赤道处为 5.6 km×5.6 km，其中采用了通用分裂窗算法反演昼夜观测值无效网格的地表温度。将 MOD11C1 产品中 8 日、1 个月的温度和发射率值分别进行平均，合成得到 8 日合成的 MOD11C2 产品和月合成的 MOD11C3 产品。

MYD11 系列产品的地表温度反演算法与合成方法与 MOD11 系列相同，观测数据来自于 AQUA 卫星 MODIS 传感器。

2. ASTER 地表温度产品

TERRA 卫星搭载的 ASTER 传感器在 8～12 μm 光谱范围内设置了 5 个热红外波段，生成了 2003 年至今陆地区域 90 m 空间分辨率的地表温度。ASTER 地表温度产品以 16 位无符号整型存储，有效值的动态范围是 200～3200，利用转换系数 0.1 将其转换为地表温度。

ASTER 地表温度产品的大气校正使用了三组辅助数据作为输入，包括 AURA OMI 臭氧数据(NCEP、TOVS、NRL 中的臭氧数据作为备用)、NRL 气溶胶气候辅助数据、MOD07_L2 温度、大气压力和水汽廓线数据。在此基础上，通过温度发射率分离(TES)算法计算发射率，进而反演得到地表温度。

3. GLASS 地表温度数据

全球地面卫星(global land surface satellite，GLASS)的目标是支持气候变化和卫星产品的环境应用，其已经生产了 17 个全球地面产品，包括第一阶段的 5 个和第二阶段的 12 个。其在第二阶段地面产品中，生产了 1983、1993 和 2013 年的全球瞬时地表温度产品。GLASS 地表温度产品的基本卫星数据输入分别为 1983 年的 NOAA-7 AVHRR、1993 年的 NOAA-14 AVHRR 和 2013 年的 TERRA/AQUA MODIS。

GLASS 地表温度产品是通过多个分裂窗算法的集合生成的(Zhou et al., 2019)，算法具体公式见表 6.6。

表 6.6　GLASS 地表温度产品集所采用的分裂窗算法

分裂窗算法	公式
PR1984	$T_s = A_0 + A_1T_{11} + A_2(T_{11} - T_{12}) + A_3T_{11}\varepsilon_{11} + A_4(T_{11} - T_{12})(1 - \varepsilon_{11}) + A_5T_{12}\Delta\varepsilon$
UC1985	$T_s = A_0 + A_1T_{11} + A_2(T_{11} - T_{12}) + A_3(1 - \varepsilon)$
PP1991	$T_s = A_0 + A_1\frac{T_{11} - T_0}{\varepsilon_{11}} + A_2\frac{T_{12} - T_0}{\varepsilon_{12}} + A_3\frac{1 - \varepsilon_{11}}{\varepsilon_{11}} + T_0$
SO1991	$T_s = A_0 + A_1T_{11} + \left[A_2w + A_3 + (A_4w + A_5)(1 - \varepsilon_{11}) + (A_6w + A_7)\Delta\varepsilon\right](T_{11} - T_{12}) + \frac{1 - \varepsilon_{11}}{\varepsilon_{11}}T_{11}\left[A_8w + A_9 + (A_{10}w + A_{11})\Delta\varepsilon\right] - \frac{1 - \varepsilon_{12}}{\varepsilon_{12}}T_{12}\left[A_{12}w + A_{13} + (A_{14}w + A_{15})\Delta\varepsilon\right]$
VI1991	$T_s = A_0 + A_1T_{11} + A_2(T_{11} - T_{12}) + A_3\frac{1 - \varepsilon}{\varepsilon} + A_4\frac{\Delta\varepsilon}{\varepsilon}$
OV1992	$T_S = A_0 + A_1T_{11} + A_2(T_{11} - T_{12})$
CO1994	$T_s = A_0 + A_1T_{11} + A_2(T_{11} - T_{12}) + A_3(T_{11} - T_{12})^2 + \left[(A_4w + A_5)T_{11} + (A_6w + A_7)\right](1 - \varepsilon) - \left[(A_8w + A_9)T_{11} + (A_{10}w + A_{11})\right]\Delta\varepsilon$
UL1994	$T_s = A_0 + A_1T_{11} + A_2(T_{11} - T_{12}) + A_3(1 - \varepsilon) + A_4\frac{\Delta\varepsilon}{\varepsilon}$
ULW1994	$T_s = A_0 + A_1T_{11} + (A_2w + A_3)(T_{11} - T_{12}) + (A_4w + A_5)(1 - \varepsilon) + (A_6w + A_7)\Delta\varepsilon$
BL1995	$T_s = A_0 + A_1w + \left[A_2 + (A_3w\cos\theta + A_4)(1 - \varepsilon_{11}) - (A_5w + A_6)\Delta\varepsilon\right](T_{11} + T_{12}) + \left[A_7 + A_8w + (A_9 + A_{10}w)(1 - \varepsilon_{11}) - (A_{11}w + A_{12})\Delta\varepsilon\right](T_{11} - F_{12})$
BL-WD1996	$T_s = A_0 + \left(A_1 + A_2\frac{1 - \varepsilon}{\varepsilon} + A_3\frac{\Delta\varepsilon}{\varepsilon^2}\right)(T_{11} + T_{12}) + \left(A_4 + A_5\frac{1 - \varepsilon}{\varepsilon} + A_6\frac{\Delta\varepsilon}{\varepsilon^2}\right)(T_{11} - T_{12})$
FO1996	$T_s = A_0 + A_1T_{11} + A_2(T_{11} - T_{12}) + A_3(T_{11} - T_{12})^2$
FOW1996	$T_s = A_0 + (A_1w + A_2w^2 + A_3)T_{11} + (A_4w + A_5w^2 + A_6)T_{12} + A_7w + A_8w^2$
SR2000	$T_s = A_0 + A_1T_{11} + A_2(T_{11} - T_{12}) + A_3(T_{11} - T_{12})^2 + (A_4w + A_5)(1 - \varepsilon) - (A_6w + A_7)\Delta\varepsilon$
MT2002	$T_s = A_0 + A_1T_{11} + A_2(T_{11} - T_{12}) + A_3(T_{11} - T_{12})^2 + (A_4w + A_5)(1 - \varepsilon)$
GA2008	$T_s = A_0 + A_1T_{11} + A_2(T_{11} - T_{12}) + A_3(T_{11} - T_{12})^2 + (A_4 + A_5w + A_6w^2)(1 - \varepsilon) + (A_7 + A_8w)\Delta\varepsilon$
WA2014	$T_s = A_0 + \left(A_1 + A_2\frac{1 - \varepsilon}{\varepsilon} + A_3\frac{\Delta\varepsilon}{\varepsilon^2}\right)(T_{11} + T_{12}) + \left(A_4 + A_5\frac{1 - \varepsilon}{\varepsilon} + A_6\frac{\Delta\varepsilon}{\varepsilon^2}\right)(T_{11} - T_{12}) + A_7(T_{11} - T_{12})^2$

注：$\varepsilon = (\varepsilon_{11} + \varepsilon_{12})/2, \Delta\varepsilon = \varepsilon_{11} - \varepsilon_{12}$。

多算法集成方法的发展过程：首先，选取应用广泛的分裂窗算法作为初始候选算法，进行全局训练；其次，从训练精度、对输入不确定性的敏感性和测试精度 3 个方面对候选分裂窗算法进行提炼；最后，将性能较好的候选分裂窗算法与贝叶斯模型平均模型(BMA)合并，并使用集成方法作为 GLASS 地表温度产品的源算法。GLASS 地表温度产品的算法在全球模拟数据集上进行了测试，当地表发射率产生的不确定度为–0.02～0.02，多算法集成方法的精度优于 1.0 K；当地表发射率的不确定度增加到–0.04～0.04 时，精度优于 1.5 K。

假设有 N 个分裂窗算法 $\{f_1, f_2, \cdots, f_N\}$，分裂窗算法的地表温度估计为 r，对应的地表温度真值为 r_t。基于多算法集成的地表温度概率密度函数为

$$p(f|f_1, f_2, \cdots, f_N) = \sum_{k=1}^{N} p(r|f_k) p(f_k|r_t) \tag{6.69}$$

式中，$p(r|f_k)$ 为基于 f_k 的预测值；$p(f_k|r_t)$ 为 f_k 的后验概率。

基于多算法集成的地表温度估计值为 r 的期望值计算公式为

$$E(r|f_1, f_2, \cdots, f_N) = \sum_{k=1}^{N} w_k \overline{f_k} \tag{6.70}$$

式中，w_k 为 f_k 的权重；$\overline{f_k}$ 为符合高斯分布的均值。

4. Landsat 地表温度产品

根据 Landsat 携带的传感器不同，Landsat 地表温度产品分别封装在 Landsat 4～5 TM C2L2、Landsat 7 ETM+ C2L2、Landsat 8～9 OLI/TIRS C2L2 这 3 个数据集中。3 种地表温度产品都是根据 Landsat Collection 2 Level-1 数据集中的热红外波段、大气顶部(TOA)反射率、TOA 亮度温度数据、高级星载热辐射与反射辐射计 (ASTER)全球发射率数据集(GED)数据、ASTER 归一化差异植被指数(NDVI)数据，以及从再分析数据(MERRA-2)中提取的位势高度、比湿度和气温的大气廓线等数据，基于罗切斯特理工学院(RIT)和美国国家航空航天局(NASA)喷气推进实验室(JPL)联合创建的单通道算法，由地球资源观测与科学中心(EROS)以 30 m 的空间分辨率生成。

Landsat 地表温度单通道算法包括三个步骤：①使用 MODTRAN 辐射传输模型和再分析数据对观测到的热红外波段辐射亮度进行大气校正；②利用 ASTER 全球发射率数据集，根据 Landsat 热红外波段与 ASTER 窄波段发射率之间的回归关系，计算 Landsat 热红外波段发射率，并结合 NDVI、归一化差异积雪指数 NDSI 数据，对植被物候和雪盖季节性变化引起的发射率变化进行调整；③利用查找表法对经过大气校正和发射率校正后的 Landsat 热红外波段辐射亮度进行反演，得到地表温度。

Landsat 地表温度产品的科学数据集(L2SP)包括表面反射率(SR)、地表温度(ST)、ST 中间波段、角度系数文件和质量评估(QA)波段。标准 L2SP 是以 16 位无符号整数格式存储的数值(DN)产品。地表温度有效值的动态范围是[1, 65535]，无效像元的填充值为 0。在实际应用中需要利用转换系数将 DN 转换为地表温度真值：

$$T_s = \mathrm{DN} \times 0.00341802 + 149.0 \tag{6.71}$$

式中，T_s 单位为 K。

5. Sentinel 地表温度产品

Sentinel 地表温度产品是利用 Sentinel-3 海洋与陆地表面温度辐射计(SLSTR)观测数据反演得到的 L2 级数据产品之一。利用 S7～S9 三个波段及其他辅助数据，Sentinel-3 SLSTR LST 产品通过分裂窗算法进行反演，空间分辨率为 1 km，产品精度达到 1 K，在两极、中纬度和赤道地区的不确定性分别为 0.8 K、1.5 K 和 2.0 K。

Sentinel 地表温度产品反演的分裂窗形式为

$$T_s = a_0 + b_0 T_{11} + c_0 T_{12} \tag{6.72}$$

$$a_0 = \alpha \left(\frac{\partial B}{\partial T} \right)_{\bar{T}}^{-1} \tag{6.73}$$

$$b_0 = \frac{1+\gamma}{\varepsilon_{11}} \left(\frac{1}{1+\gamma_{12}\Delta\varepsilon / \varepsilon_{11}} \right) \tag{6.74}$$

$$c_0 = \frac{\gamma}{\varepsilon_{12}} \left[\frac{1}{1+(1+\gamma)\tau_{11}\Delta\varepsilon / \varepsilon_{12}} \right] \tag{6.75}$$

$$\alpha = -\frac{(1-\tau_{11})\tau_{12}(1-\varepsilon_{12})I_{12} - (1-\tau_{12})\tau_{11}(1-\varepsilon_{11})I_{11}}{\varepsilon_{12}\tau_{12}(1-\tau_{11}) - \varepsilon_{11}\tau_{11}(1-\tau_{12})} \tag{6.76}$$

$$\gamma = \frac{1-\tau_{11}}{\tau_{11}-\tau_{12}} \tag{6.77}$$

$$\Delta\varepsilon = \varepsilon_{11} - \varepsilon_{12} \tag{6.78}$$

系数 a_0、b_0、c_0 与地表覆盖类型、植被覆盖度、季节、白天或夜间、降水、卫星天顶角等因素有关；T_{11}、T_{12} 分别为 SLSTR 传感器 11 μm、12 μm 通道的亮温，单位为 K；θ 为卫星观测天顶角。

6. VIIRS 地表温度产品

VIIRS 地表温度产品是通过搭载在美国国家极轨业务环境卫星系统预备项目(NPP)卫星上的可见光红外成像辐射仪套件(VIIRS)传感器反演得到的。VIIRS 传感器设置了 3 个中红外和 4 个热红外通道，空间分辨率为 375 m 和 750 m 两种。

VIIRS 地表温度产品在 2014 年 12 月正式对外发布，采用的反演算法是基于全球地表覆盖类型的分裂窗算法。分裂窗算法模型为

$$T_s = a_0(i) + a_1(i)T_{15} + a_2(i)(T_{15} - T_{16}) + a_3(i)(\sec\theta - 1) + a_4(i)(T_{15} - T_{16})^2 \tag{6.79}$$

式中，T_{15}、T_{16} 分别为 VIIRS 传感器 M15、M16 通道的亮度温度；$a_k(k=0\sim4)$ 为

拟合系数，主要根据地表覆盖类型和日夜时刻来确定；$i(i=0\sim16)$为国际地圈生物圈计划(IGBP)发布的17种地表覆盖类型。

VNP21 是利用 TES 算法计算得到的新一代 VIIRS 地表温度产品。在MERRA-2再分析数据的基础上，通过RTTOV辐射传输模型进行大气校正，得到VIIRS数据在M14(8.55 μm)、M15(10.76 μm)、M16(12.01 μm)3个热红外波段的地表辐射亮度、大气上下行辐射亮度和透过率数据。根据大气校正后的数据，利用TES算法的3个模块分别进行计算，得到VIIRS的地表温度产品。在获取地表最小发射率时，利用ASTER光谱库建立发射率最小值与MMD指数之间的拟合关系：

$$\varepsilon_{\min}=0.9882-0.7802\mathrm{MMD}^{0.8353} \tag{6.80}$$

7. FY-3 极轨气象卫星 VIRR 地表温度产品

可见光红外扫描辐射计(VIRR)具有10个1 km分辨率的光谱通道，覆盖可见光至远红外各个波段。VIRR 地表温度产品包括白天/夜间陆表温度、白天 VIRR 第4、5通道发射率，1 km分辨率地表温度产品采用Hammer投影，全球10°×10°分幅存储，日产品数据集基本特点如表6.7所示。

表 6.7 FY-3 VIRR 地表温度日产品科学数据集

名称	数据集描述	维数	有效范围	填充值	尺度因子	偏移值
VIRR_NDVI	归一化植被指数	[1000, 1000]	-10^4～10^4	−999	0.0001	0
VIRR_1KM_LST	全球分幅 Hammer 投影的 1 km 分辨率日夜地表温度产品	[1000, 1000]	0～17000	−999	0.02	0
VIRR_1KM_CH4_Emissivity	全球分幅 Hammer 投影 1 km 分辨 VIRR 4 通道陆表发射率日产品	[1000, 1000]	0～17000	−999	0.001	0
VIRR_1KM_CH5_Emissivity	全球分幅 Hammer 投影 1 km 分辨 VIRR 5 通道陆表发射率日产品	[1000, 1000]	0～17000	−999	0.001	0
QC_Flag	日地表温度产品质量标识	[1000, 1000]	−128～127	−999	1.0	0

FY-3 VIRR地表温度旬/月产品是在日产品基础上生成旬/月合成地表温度产品，产品为1 km 分辨率、Hammer 投影。每个网格点包含 10 天/月最大昼夜 LST、白天 VIRR 第4、5通道发射率、旬/月数据和数据质量标识。全球 10°×10°分幅保存。

8. FY-2/FY-4 地表温度产品

FY-2系列卫星中地表温度产品数据主要由FY-2F/G/H三个卫星的扫描辐射计(VISSR)获取，扫描辐射计包括1个可见光和4个红外通道，可以实现非汛期每小时、汛期每半小时获取覆盖地球表面约1/3的全圆盘图像。FY-2地表温度产品基本信息见表 6.8。

表 6.8　FY-2 地表温度产品基本信息

名称	卫星	仪器	时段	格式
9210 格式 1 小时地表温度产品	FY-2F/G/H	VISSR	HHmm	AWX
9210 格式候平均地表温度产品	FY-2F/G/H	VISSR	5-Day	AWX
9210 格式日平均地表温度产品	FY-2F/G/H	VISSR	DAILY	AWX
9210 格式旬平均地表温度产品	FY-2F/G/H	VISSR	10-Day	AWX
9210 格式月平均地表温度产品	FY-2F/G/H	VISSR	MONTHLY	AWX
标称格式 1 小时地表温度产品	FY-2F/G/H	VISSR	HHmm	HDF
标称格式候平均地表温度产品	FY-2F/G/H	VISSR	5-Day	HDF
标称格式日平均地表温度产品	FY-2F/G/H	VISSR	DALIY	HDF
标称格式旬平均地表温度产品	FY-2F/G/H	VISSR	10-Day	HDF
标称格式月平均地表温度产品	FY-2F/G/H	VISSR	MONTHLY	HDF

FY-4 气象卫星是我国第二代静止气象卫星，FY-4A 搭载的扫描成像辐射计(AGRI)可以提供 2019 年 8 月 1 日以来的全圆盘、北半球、特定区域的 L2 级别的 4 km 分辨率地表温度产品，产品以 NetCDF 格式存储。

6.4　热红外遥感反演地表温度验证

开展热红外遥感反演地表温度的验证，定量评估地表温度精度，是保证地表温度在各个领域合理、有效应用的重要前提，例如地表温度 1～3 K 的误差可能导致地表通量估算的不确定性高达 150 $W \cdot m^{-2}$。同时，地表温度验证过程也可以提供对遥感数据质量、产品处理流程和反演算法等方面的反馈信息，便于遥感数据、反演算法和地表温度反演产品的进一步迭代优化。

由于应用体系和目标的差异，不同应用领域对地表温度的精度需求也不尽相同。例如，世界气象组织 WMO 设定了地表温度在不同应用领域的时间分辨率、空间分辨率以及精度需求，详见表 6.9。

表 6.9　不同应用领域对地表温度的精度需求

应用领域	现状与目标	空间分辨率/km	时间分辨率	精度/K
农业气象	精度目标	0.1	60 min	0.3
	目前进展	0.5	3 h	0.6
	最低要求	10	3 d	2
数值预报	精度目标	5	30 min	0.5
	目前进展	15	3 h	1
	最低要求	250	6 h	4

由于地表温度与发射率在热红外波段中的耦合关系，地表温度产品验证及其反演精度的影响因素分析一般都离不开发射率数据。一般地，地表温度产品的地面验证流程可归纳为图 6.2 所示。

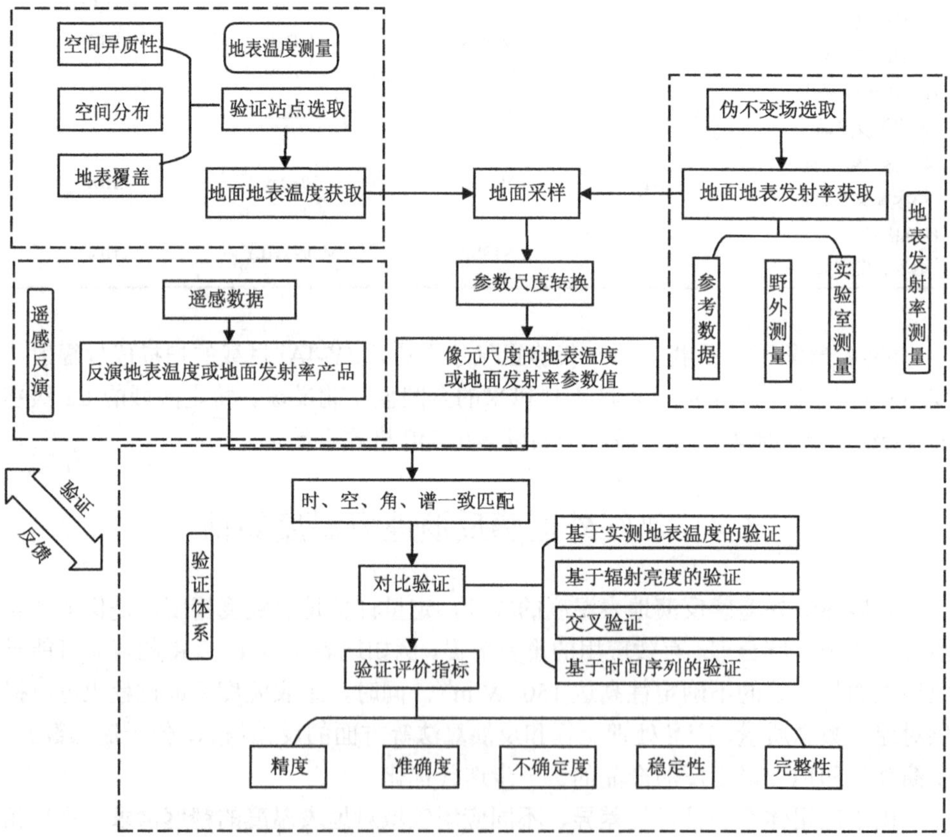

图 6.2　地表温度与发射率遥感产品地面验证流程(改绘自朱金顺等，2021)

在验证前期，需要对站点的布设和站点区域卫星足迹内的空间异质性、站点的空间分布以及覆盖的地表类型等进行综合评估；在验证过程中进行地面点测量，获取地表温度与发射率参考值，通过适当的采样策略，得到验证站点一组测量参考值；之后通过尺度转换方法将点测量值尺度上推到像元尺度，获得像元尺度的地表温度与地面发射率参考值，与遥感反演的地表温度和地面发射率产品进行空间配准，以及时间归一化和角度归一化等处理，地面发射率验证还需要进行不同光谱范围内发射率的光谱匹配等；最后结合地表温度与发射率验证方法和验证指标对地表温度与发射率产品进行综合验证，得到地面验证报告。

在对定量遥感产品进行地面验证时，常从精度、准确度、不确定度、完整性和稳定性五个方面组成验证指标体系，对定量遥感产品进行精度评价（表 6.10），评价指标分别为偏差、绝对偏差、标准偏差和均方根误差等。

表 6.10　地表温度验证指标

参数	评价指标	描述
精度	偏差 绝对偏差	测量结果与真实值之间的一致程度
准确度	标准偏差	相同测量条件下连续测量结果之间的一致性
不确定度	均方根误差	合理地归因于被测量因素的测量值离散度
完整性	—	反演结果中被验证分析的比例
稳定性	—	测量结果长时间尺度上的一致性

现有 4 种主要的地表温度验证方法，包括基于实测地表温度的验证、基于辐亮度的验证、交叉验证和基于时间序列的验证等。

6.4.1 基于实测地表温度的验证方法

1. 实测地表温度验证方法的基本原理

基于实测地表温度的验证方法是最直接的检验方法，又称为直接验证方法。该方法直接比较遥感反演的像元尺度地表温度和由地面同步测量上推到像元尺度的地表温度，以直接评价星载/机载传感器反演地表温度的精度（Göttsche et al., 2013）。

直接验证方法依赖于地面温度测量精度，以及尺度转换后像元尺度地表温度对地表异质性的表征能力。受不同地表覆盖类型的影响，地表温度随着时间和空间会发生明显变化，对于某些地表类型，在几厘米之内的变化甚至超过 10K，或者在 1min 内的变化超过 1K 都较为常见。理想条件的地表温度实测数据应满足以下几点：地面观测时刻与卫星过境时间要尽可能地接近；同步采集大气廓线、发射率等相关辅助数据，以便进行星、地面观测地表温度之间的时-空-角度匹配；地面站点在数百米到数千米的空间尺度上较为均一；观测期间天空晴朗且大气的气溶胶含量较低；地面观测仪器定标精度优于±0.1K。

为了获得精确的地表温度，地表温度采样通常针对均匀地表，如水体、沙地、冰雪、草地和农田等目标，将采样点随机或均匀分布在一个卫星像素内，或者在地物同温性更好的夜间进行。基于实测地表温度的验证方法总体表明，夜间地表温度的验证结果一般优于白天，这可能与白天时段的太阳-观测几何造成的光照-阴影效应以及异质站点在白天的同温性差等因素有关。

对于非均一地表，单个辐射计的点测量值无法表征研究区域的空间变异性，需要配合地面采样进行地表温度的地面测量。现有地表温度验证最常用的采样方法包括随机采样、系统采样和分层采样等。随机采样是指随机选择几个采样点进行地表温度观测。系统采样则将研究区域划分为几个有规则的部分，并根据一定的规则(如每个部分的中心或角落)从每个部分中选择相同数量的样本。系统采样和随机采样适用于均一地表，而异质地表往往需要进行分层采样。分层采样根据先验信息(如土地覆盖类型)对研究区域进行分层，然后在每个分层的地类中随机抽取样本。

基于实测地表温度的真实性检验方法简单,能直接评价遥感地表温度的质量。检验过程中主要选取均匀下垫面进行单点或多点观测数据，然而，自然环境中地势平坦、地表类型均一的陆面环境相对较少。因此，如何在复杂地表环境中进行地表温度观测，复杂环境中的站点观测温度如何代表遥感像元尺度地表温度，以及如何开展复杂地表环境中的遥感地表温度真实性检验都需要深入思考。

2. 地表温度的地面测量方法

根据地表温度测量时，测量仪器是否与地表接触可以分为接触式测温和非接触式测温两大类。接触式测温方式是将温度计埋设在地表表层进行测量。该方法测量精度较高，但是观测空间范围有限，仅为电阻与地面接触的部分，同时，该方法测量的温度为地物、空气以及探头三者之间的平衡温度。因此该方法适用于地表温度变化不明显且地表温度与空气温度差异不明显区域的地表温度观测。为了弥补单一站点测量值的空间代表性不足问题，可通过在小区域尺度内增加观测仪器数量，组建观测矩阵进行观测。

非接触式测温方法通常是先测量一组离地和大气下行的辐射亮度或亮度温度，然后通过辐射传输方程进行温度与发射率分离，间接求解地表温度。非接触式测温方法通过传感器接收地面物体的热辐射，根据辐射能量与地表温度之间的关系进行转换得到地表温度。由于实际地物为非黑体，在地表温度转换与计算过程中，需要根据不同地表类型以及不同环境获取观测站点位置的地表发射率。

根据辐射计接收到的辐射光谱范围与测量视场不同(表 3.1)，可以把辐射计分为长波辐射传感器(波长范围为 4～50 μm)和红外辐射传感器(波长范围主要为 8～14 μm)，其中后者分为手持式测温、固定式测温和热红外成像等方式。需要注意的是观测仪器虽然在出厂时都进行过标定，但标定环境通常不能完全代表实验观测环境，而且仪器观测精度会随着使用时间推移而发生变化。为了获得准确的地表温度实测数据，需要对辐射计进行定期标定。

由于视场角存在着差异，布设在地面或近地面的不同仪器观测的空间范围不同，通常使用的红外辐射计观测范围不超过 10 m，而视场范围较大的辐射计受视场角及地表的影响，其观测范围也不超过 100 m。因此，地面站点观测地表温度能否代表像元尺度上的地表温度“真值”问题被提出，其核心问题在于地面观测尺度与遥感像元尺度之间的匹配。在一些研究工作中，使用了低分辨率像元范围内的高分辨率地表温度均值、标准差以及变异系数等指标，进行站点的空间代表性评价。

受测量环境条件等各种因素的影响，实测地表温度与热红外遥感反演的地表温度并不相同。除了非同温混合像元的定义问题，热红外遥感反演的地表温度在垂直方向上与实测方法也存在着差异。在热红外波谱区，辐射信号的穿透深度非常浅，传感器接收的是接近地表的薄层物体所发射的辐射能量，例如 11 μm 波长的热红外辐射在海水中传播的皮层深度大约为 30 μm，在陆地目标上的传播深度甚至更小，因此热红外遥感反演的地表温度也被称为“地面皮肤温度(land skin temperature)”。这与站点实测通常采用的 0 cm、5 cm 深度的地表温度并不完全对应。

3. 地表温度验证网络

表 6.11 列举了现阶段世界范围内若干公开地表温度验证网络的名称、站点分布、地表类型以及访问网址。通过其站点分布可以看出，现有公开验证站点主要位于美国和欧洲各国，而位于亚洲、南美洲和非洲的验证站点仍较少；此外，大多数验证站点集中在北半球，南半球的验证站点较少；覆盖极地的站点仍很少，地表温度验证网络的空间分布仍很不均衡。

表 6.11　全球主要地表温度验证网络(改自朱金顺等，2021)

验证网络	站点分布	地表类型	访问网址
ARM	美国	多类型	https://www.archive.arm.gov/discovery/
FLUXNET	美国	多类型	https://fluxnet.org/
SURFRAD	美国	灌丛和裸土	ftp://aftp.cmdl.noaa.gov/data/radiation/surfacerad
USCRN	美国	灌丛和裸土	http://www.ncdc.noaa.gov/crn/

续表

验证网络	站点分布	地表类型	访问网址
GCU	西班牙	多类型	https://www.uv.es/ucg/
KIT	非洲各国、葡萄牙	多类型	https://www.imk-asf.kit.edu/english/MSA-Validiation.php
OzFLUX	澳大利亚	多类型	http://www.ozflux.org.au/
TERN	澳大利亚	多类型	https://www.tern.org.au/
AsiaFlux	亚洲	多类型	http://asiaflux.net
AmeriFlux	北美洲	多类型	http://ameriflux.lbl.gov/
EuroFlux	欧洲	多类型	http://europe-fluxdata.eu/
AWI	两极冻土区	冰\雪地	https://www.awi.de/
LTER	美国	荒地	https://lter.jornada.nmsu.edu/
NDBC	全球	水体	https://www.ndbc.noaa.gov/
LAW	欧洲各国、澳大利亚	森林和农田	https://law.acri-st.fr/data-access
NEON	欧洲	多类型	https://data.neonscience.org/
GBOV	全球	多类型	https://gbov.acri.fr/dataaccessLP/
BSRN	全球	多类型	https://bsrn.awi.de/
HiWATER	中国	农田和裸地	https://data.tpdc.ac.cn
PKULSTNet	中国	农田和裸地	renhuazhong@pku.edu.cn

6.4.2 基于辐亮度的验证方法

基于辐亮度的验证方法是一种典型的前向物理模型方法。该方法是以辐射传输模型为基础，通过输入遥感反演地表温度、实测大气廓线以及发射率等初始参数，模拟大气顶层辐亮度。模拟过程中，不断调整地表温度的输入直到模拟大气顶层辐亮度与卫星传感器观测的顶层辐亮度一致时，该输入地表温度认为是地面真实温度。对该地表温度值与卫星遥感反演地表温度值进行比较得到遥感地表温度产品的精度信息。基于辐亮度的验证方法流程如图 6.3 所示。

基于辐亮度的验证方法不需要地面实测温度，具有全天候验证地表温度产品的优点，为难以进行实地测量的地表或难以表征等效地表温度的异质地表提供了验证地表温度产品的可能。基于辐亮度的验证方法一般选择地表发射率相对稳定的区域，避免了对地面发射率的重复测量，适合在全球范围内进行大规模的验证。此外，在保证模拟数据输入质量的前提下，该方法能够直接发现遥感地表温度产品反演算法存在的问题，这对于改进与优化遥感地表温度产品生产算法有极大的帮助。然而该方法在模拟大气辐射传输获取大气顶层辐亮度过程中对大气廓线及地表发射率等参数的依赖比较明显，因此其的成功应用取决于大气辐射传输方程、大气廓线以及像元尺度地表发射率的精度，这为验证带来了额外的误差来源。

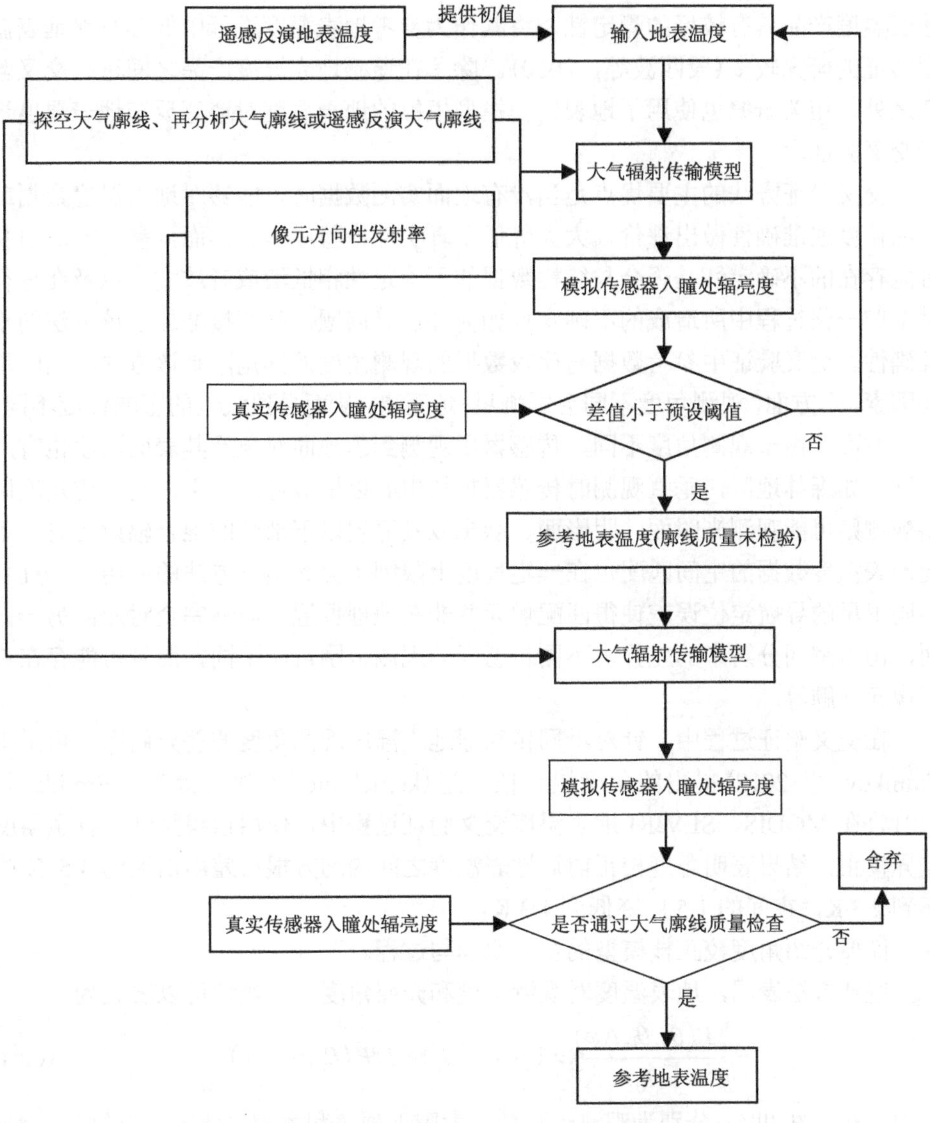

图 6.3　基于辐亮度的地表温度验证方法流程(改绘自朱金顺等，2021)

6.4.3　交叉验证方法

交叉验证将地表温度反演结果与其他已经验证过且精度较高的地表温度产品进行对比，从而对反演地表温度产品的相对精度进行评估。该方法可用于没有地面实测地表温度以及大气廓线的情况，但只能得到相对于参考地表温度产品的相对精度，而且要求用于对比的不同产品之间的观测时间差异较小。由于 MODIS

地表温度产品具有较好的稳定性，将其作为参考地表温度进行中低分辨率地表温度验证的研究较多(段四波等，2020)。除了在遥感地表温度产品之间进行交叉验证之外，相关研究也使用了地表过程模型模拟的地表温度对遥感反演地表温度进行交叉验证。

交叉验证方法的主要优点是当没有地面实测数据时，能够对地表温度数据或产品精度或准确性做出评价，大大降低了真实性检验成本。然而，参考产品自身可能存在的不确定性是否会与待检数据的不确定性相抵消或者放大，以及在进行时空归一化过程中所造成的不确定性如何评价等问题，都间接增加了该方法的不准确性。交叉验证中参考数据与比较数据的观测角度差异是限制该方法应用的重要因素，一方面，观测角度不同会影响星-地距离，从而导致大气的影响程度不同；另一方面，由于观测角度不同，传感器所观测到的地面对象及其表面温度也有所不同，如森林地区，垂直观测时传感器视场中心以植被冠层为主，而一定角度倾斜观测则可能观测光照面、阴影面、裸土以及冠层以下部分的混合辐射信息。不同地表温度数据的空间匹配也在一定程度上限制了交叉验证方法的应用。一方面，不同卫星的导航定位误差使得匹配像元并非在地理位置上能够完全对应；另一方面，由于空间分辨率的差异，不同传感器的观测范围可能不同，而且可能存在着跨像元问题等。

在交叉验证过程中，针对不同传感器地表温度观测角度的差异问题，可采用 Vinnikov 等(2012)提出的角度校正核模型(kernel model)进行处理，Ermida 等(2017)在 MODIS、SEVIRI 地表温度交叉验证过程中，使用该模型针进行了角度差异校正，结果表明角度校正前后地表温度之间的均方根误差由白天的 3.5 K 降低到 2.3 K，夜间的 1.5 K 降低到 1.3 K。

简要介绍角度校正核模型的主要原理与过程。

统计方法表明，地表温度对观测角度和光照角度的依赖性可以表达为

$$\frac{T\left(\theta_v,\theta_i,\Delta\varphi\right)}{T_0}=1+A\Phi\left(\theta_v\right)+D\Psi\left(\theta_v,\theta_i,\Delta\varphi\right) \tag{6.81}$$

式中，θ_v，θ_i 和 $\Delta\varphi$ 分别为观测天顶角，太阳天顶角和太阳、传感器方位角之差；T_0 是观测天顶角为 0 时对应的地表温度；A 和 D 是通过卫星观测数据估算得出的系数；$\Phi\left(\theta_v\right)$ 为发射率核(emissivity kernel)；$\Psi\left(\theta_v,\theta_i,\Delta\varphi\right)$ 为太阳核(solar kernel)，其中：

$$\Phi\left(\theta_v\right)=1-\cos\left(\theta_v\right) \tag{6.82}$$

$$\Psi\left(\theta_v,\theta_i,\Delta\varphi\right)=\sin\left(\theta_v\right)\cos\left(\theta_i\right)\sin\left(\theta_i\right)\cos\left(\theta_i-\theta_v\right)\cos\left(\Delta\varphi\right) \tag{6.83}$$

可见，发射率核只与观测天顶角有关。作为复杂陆地表面，发射率核基于地表发射率从星下点到较大天顶角(例如大于 40°)观测时会发生显著变化的假设。许多

地物发射率随着观测天顶角变化较小，裸地发射率通常会随观测天顶角的增加而降低。当发射率随观测天顶角增加而降低时，将导致反演的地表温度变大，式(6.81)中的 A 为负值；而当发射率随观测天顶角增加而增加时，式(6.81)中 A 为正值。太阳核则模拟了传感器视场范围内阴影、阳光照射作用对不同地表的非均匀性加热影响，与观测角度和光照角度有关。

由于地表温度通常为非星下点观测，根据式(6.81)，两个不同观测时间与观测角度下的地表温度关系可以表达为

$$\frac{T_1}{T_2}=\frac{1+A\Phi_1+D\Psi_1}{1+A\Phi_2+D\Psi_2} \tag{6.84}$$

地表温度观测角度差异校正时，可选择夜间观测的同步或准同步数据，由于夜间时刻 Ψ=0，式(6.84)可以转换为式(6.85)，利用两种传感器观测天顶角，并根据式(6.82)计算 Φ_1 和 Φ_2，输入两种传感器夜间地表温度 T_{n1} 和 T_{n2} 计算得出参数 A。

$$T_{n1}-T_{n2}=A\left(\Phi_1 T_{n2}-\Phi_2 T_{n1}\right) \tag{6.85}$$

针对需要角度校正传感器的每个像元，根据白天两种传感器同步观测地表温度数据 T_{d1} 和 T_{d2} 和式(6.85)计算出的参数 A，利用式(6.86)计算得到参数 D。

$$D=\frac{T_{d1}-T_{d2}-A\left(\Phi_1 T_{d2}-\Phi_2 T_{d1}\right)}{\left(\Psi_1 T_{d2}-\Psi_2 T_{d1}\right)} \tag{6.86}$$

当参数 A 和 D 确定后，将需要角度校正的地表温度数据代入式(6.81)即可得到角度校正后的地表温度 T_0。在较高观测天顶角(例如大于 50°)情况下，热红外传感器反演的地表温度具有较大不确定性，这些观测数据不应代入式(6.85)和(6.86)，计算参数 A 和 D。

6.4.4　基于时间序列的验证方法

基于时间序列的验证方法首先对长时间序列中相对稳定的地表类型(如内陆水体)进行长时间序列观测，得到背景参考值；然后分析地表温度产品的时序稳定性，根据其偏离背景参考值的程度，反映地表温度产品的精度和稳定性。该方法无法得到反演地表温度的绝对精度，但具有检测在轨运行的星载传感器由于云覆盖或者校准漂移等因素造成的观测异常值的能力，配合地面验证站点可以对在轨热红外传感器进行辐射再校正。

第 7 章　热红外遥感应用

7.1　城市热环境遥感监测

7.1.1　城市热环境概述

城市热环境是城市环境在温度热力场中的综合表现，是城市化气候的主要特征之一。城市空间热环境的演变过程与人类社会、经济活动有着密切关系。城市化进程中，沥青、金属、水泥等人造不透水表面大量替代了原先的农田、草地、林地、裸地以及水体等自然地表，改变了城市地表热特征，并在城市地区形成一个明显的高温区，称之为城市热岛效应(urban heat island effect，UHI)。图 7.1 描述了从乡村到城市的温度空间分布状况，乡村至城市边缘的城郊再到市中心商业区，气温总体上呈升高趋势，而公园、池塘等则表现出较低的温度，城市区域温度场的差异体现了明显的城市热岛效应。

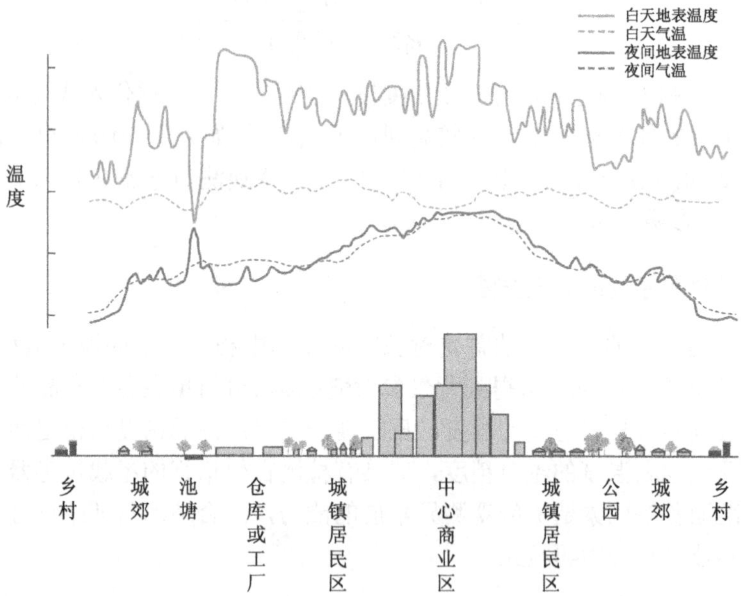

图 7.1　城市热岛效应空间剖面(改绘自 US Environmental Protection Agency，https://www.epa.gov/ heatislands/learn-about-heat-islands)

城市热岛效应表现在城市的不同高度层面，按照高度可以分为冠层城市热岛(canopy urban heat island，CUHI)、边界层城市热岛(boundary-layer urban heat island，BUHI)、地表城市热岛(surface urban heat island，SUHI)。城市冠层是指地平面与近似平均建筑高度之间的城市大气层，而城市边界层位于冠层之上。冠层城市热岛(CUHI)和边界层城市热岛(BUHI)是大气热岛，CUHI 一般通过近地面固定气象站或移动气象传感器进行观测，BUHI 观测来自高塔、无线电探空仪或系留气球飞行器等。地表城市热岛(SUHI)是地表热岛，主要通过飞机或者卫星遥感反演得到的地表温度来表征(Voogt and Oke，2003；孙铁钢等，2016)。

城市热岛效应对于城市人居环境、居民公共健康、微气候、空气质量和能源消耗等方面都产生了深远影响。近些年来，研究人员利用气象资料、遥感数据、数值模型等方法对城市热岛强度、热环境空间格局、形成机制及缓解对策等多方面进行了广泛的研究，为城市规划建设和改善人居环境等提供理论指导(姚远等，2018；Deilami et al.，2018)。

常规的城市热环境监测主要基于气象站点观测温度。气象站点可以对温度进行精确测定，定点观测适合于长期观测的研究，可以更好地揭示城市热岛的历史发展过程。但气象站点数目有限且空间分布不均，仅限于观测点尺度的温度变化，不能准确反映城市热环境的空间细节特征，在面尺度上具有局限性。此外，在定点观测过程中，观测站点的变动、观测仪器的不同也会对观测数据和观测结果产生影响。

除了定点观测之外，可以将观测仪器架设在移动平台，如汽车上，开展移动观测，获取城市热环境的精细空间变化。移动观测弥补了定点观测的位置固定、数量少的缺点，但观测数据存在时间差异，多为流动路线观测，在形成详细的城市热环境空间分布方面仍存在一定差距。

遥感观测能够同步获取大范围空间连续的地表信息，可以减少局部环境人为干扰，并具有成本低、效率高等优势，和站点观测相互补充，在城市热环境监测中得到了广泛应用。自 Rao(1972)首先利用遥感监测城市热岛效应以来，已有很多学者在城市热环境遥感监测领域开展了大量的研究工作。在城市热环境遥感监测过程中，可利用地表温度、亮度温度、气温等温度指标表征热环境，或者在此基础上构建不同的热岛指数，研究城市与区域热环境时空变化格局与影响因素(张佳华等，2010)。

7.1.2　城市热环境遥感监测指标

为了对城市热环境进行定量监测和分析，研究人员在遥感反演地表温度、气温、亮度温度等参数的基础上构建了一系列城市热环境监测指标(叶彩华等，2011)，包括城市热岛强度指数(urban heat island index，UHII)、城市热岛变异指数(thermal field variance indice，TFVI)、城市热场强度指数(urban heat field intensity index，UHFI)、城市热岛比例指数(urban heat island proportion index，UHPI)等。

1. 城市热岛强度指数

城市热岛强度指数(UHII)定义为城市和郊区的温度差异，这是表征城市热岛效应最常用的指标。气象研究中，经常选取城市和郊区的典型气象站点观测气温的差值来表征城市热岛强度，其强度值是一个数值，无法反映城市热岛强度的空间差异。遥感获取的温度是空间连续的温度场信息，通常以整个研究区各像元温度值减去郊区(或参考区域)温度值，得到热岛强度的空间分布。

城市热岛强度指数(UHII)计算公式为

$$\mathrm{UHII}_i = T_i - \frac{1}{n}\sum_{j=1}^{n} T_{\mathrm{sub},j} \tag{7.1}$$

式中，UHII_i为图像上第 i 个像元所对应的热岛强度指数；T_i为第 i 个像元的温度值；n 为选取的郊区像元数目；$T_{\mathrm{sub},j}$为第 j 个郊区像元的温度值。

如何确定郊区像元，不同的研究采用了不同的思路，包括根据土地覆盖数据提取所有农田像元、水体像元、林地像元等作为郊区像元，通过目视解译选取典型的郊区像元，或者根据夜间灯光遥感强度、归一化植被指数 NDVI、土地覆盖、海拔等多个指标提取典型郊区像元等。确定郊区像元后，统计其平均温度作为背景温度计算城市热岛强度指数(UHII)。

根据计算得到的城市热岛强度指数(UHII)，可以进行热岛强度等级划分。以遥感反演地表温度表征的地表城市热岛强度指数(surface UHII，SUHII)为例，可以划分为 7 个等级：强冷岛、较强冷岛、弱冷岛、无热岛、弱热岛、较强热岛和强热岛(表 7.1)。

表 7.1　地表城市热岛强度分级

等级	日 SUHII 值域范围/℃	月或者年 SUHII 值域范围/℃	等级含义
1	<−7	<−5	强冷岛
2	−7～−5	−5～−3	较强冷岛
3	−5～−3	−3～−1	弱冷岛
4	−3～3	−1～1	无热岛
5	3～5	1～3	弱热岛
6	5～7	3～5	较强热岛
7	>7	>5	强热岛

2. 城市热岛变异指数

考虑到不同城市、不同时相等因素的影响，不能直接比较不同区域与时间的地表温度绝对值，可利用地表温度计算城市热岛变异指数(TFVI)，进而比较差异。计算公式为

$$\mathrm{TFVI}_i = \left(T_i - T_{\mathrm{mean}}\right) / T_{\mathrm{mean}} \tag{7.2}$$

式中，TFVI_i 为像元 i 的城市热岛变异指数；T_i 为遥感反演得到的该像元地表温度；T_{mean} 为研究区地表温度平均值。

基于遥感计算得到的城市热岛变异指数(TFVI)，可根据其均值 m 与标准差 s 构建阈值范围，并将热岛划分成 5 个等级：无热岛、弱热岛、中热岛、强热岛和极强热岛(表 7.2)。

表 7.2　城市热岛变异指数分级

等级	城市热岛变异指数	等级含义
1	$\leqslant m-s$	无热岛
2	$m-s \sim m$	弱热岛
3	$m \sim m+s$	中热岛
4	$m+s \sim m+2s$	强热岛
5	$\geqslant m+2s$	极强热岛

3. 城市热场强度指数

可以对遥感地表温度进行归一化得到城市热场强度指数(UHFI)来衡量热岛状况，消除不同城市、不同时相等因素的影响。城市热场强度指数(UHFI)能对一景图像热场分布的相对高温、低温范围及位置做出明确的判断。计算公式为

$$\mathrm{UHFI}_i = \left(T_i - T_{\min}\right) / \left(T_{\max} - T_{\min}\right) \tag{7.3}$$

式中，UHFI_i 为像元 i 的城市热场强度指数；T_i 为遥感反演得到的该像元地表温度；$T_{\max}$ 和 $T_{\min}$ 分别为区域有效的地表温度最高值和最低值。

城市热场强度指数(UHFI)越大，表明处于热岛范围的可能性越大。可依据城市热场强度指数(UHFI)，划分 5 个等级：低温区、次低温区、常温区、次高温区和高温区(表 7.3)。

表 7.3　城市热场强度指数分级

等级	城市热场强度指数	等级含义
1	0～0.1	低温区
2	0.1～0.3	次低温区

续表

等级	城市热场强度指数	等级含义
3	0.3～0.7	常温区
4	0.7～0.9	次高温区
5	0.9～1.0	高温区

4. 城市热岛比例指数

城市热岛比例指数(UHPI)用于定量衡量某个区域的整体热岛强度，UHPI 值越大，热岛现象越严重。计算公式如下：

$$\mathrm{UHPI}=\frac{1}{m}\sum_{i}^{n}w_i p_i \tag{7.4}$$

式中，UHPI 为城市热岛比例指数；m 为热岛强度等级数；i 为城区温度高于郊区温度等级序号；n 为城区温度高于郊区温度的等级数；w_i 为第 i 级的权重，取等级值；p_i 为第 i 级所占百分比例。按照表 7.1 的地表城市热岛强度分级，m 取值为 7，n 取值为 3。

UHPI 值在 0～1，该值越大，热岛现象越严重。其值为 0 时，表明此地无热岛现象；值为 1 时，表明此地处于强热岛范围。可根据 UHPI 值划分不同等级，对区域整体热岛强度进行评估(表 7.4)。

表 7.4　城市热岛比例指数分级

等级	城市热岛比例指数	等级含义
1	0～0.2	轻微或无
2	0.2～0.4	较轻
3	0.4～0.6	一般
4	0.6～0.8	较严重
5	0.8～1.0	严重

7.1.3　城市热环境景观格局

除了城市热岛强度之外，城市热环境空间格局也是城市热环境的重要研究内容(陈爱莲等，2012)。可以基于遥感反演得到的空间连续的地表温度数据，利用景观分析方法对城市热力景观格局进行分析(祝善友等，2012)。城市热力景观格局是城市生态环境的综合表征，深入揭示热力景观时空格局及其形成机制，能够从整体上诊断城市热环境问题成因，并进一步防范城市热环境风险。

对城市热环境进行景观格局分析，首先在遥感反演的地表温度基础上计算城市热岛强度指数、城市热岛变异指数、城市热场强度指数等，并进行等级划分，将连续的地表温度信息转换为等级类别信息，然后计算景观格局指数表征城市热力景观(乔治等，2019)。

景观格局指数可以定量描述各类景观的空间分布特征、尺度等信息，分为斑块、类型、景观三个水平(傅伯杰等，2011)。斑块水平的景观格局指数包括单个斑块的面积、形状、边界特征、与其他斑块距离等，其本身对了解整个景观结构的解释价值并不高，通常作为计算其他景观格局指数的基础。类型水平的景观格局指数包括斑块密度、平均斑块分形维数、景观形状指数、斑块占景观面积比、最大斑块指数、分离度指数和聚集度指数等。景观层面的景观格局指数包括斑块密度、平均斑块分形维数、景观形状指数、最大斑块指数、分离度指数、聚集度指数、香农-维纳多样性指数等。

斑块密度(patch density，PD)定义为某单位面积内景观斑块的数量，在一定程度反映人为因素对景观的干扰强度，应用于城市热环境，可表征热力景观的破碎程度。计算公式为

$$\mathrm{PD} = m_i / A_i \tag{7.5}$$

式中，m_i 为第 i 级热力景观(如表 7.1～表 7.3 划分得到的不同热力强度等级)的斑块数量；A_i 为景观 i 的总面积(如计算景观层面 PD 则用 A，即景观总面积)。

平均斑块分形维数(mean patch fractal dimension，MPFD)描述斑块空间形状的复杂性，应用于城市热环境，可表征热力斑块形状的复杂程度。其值在 1～2，越接近 1 表示斑块形状越简单，越接近 2 表示斑块形状越复杂。计算公式为

$$\mathrm{MPFD} = \frac{\sum_{j=1}^{m}\left(\dfrac{2\ln\dfrac{p_{ij}}{4}}{\ln a_{ij}}\right)}{m_i} \tag{7.6}$$

式中，p_{ij} 为第 i 级热力景观中斑块 j 的周长；a_{ij} 为第 i 级热力景观中斑块 j 的面积；m_i 为第 i 级热力景观的斑块个数。

景观形状指数(landscape shape index，LSI)通过计算区域内斑块形状与同面积正方形之间的偏离程度来衡量斑块形状复杂程度，应用于城市热环境，可表征热力斑块形状的复杂程度。形状指数越接近 1，表示越趋近正方形，值越大表示越复杂。计算公式为

$$\mathrm{LSI} = 0.25 \cdot E / \sqrt{A} \tag{7.7}$$

式中，E 为景观中所有斑块边界总长度，A 为景观总面积。

斑块占景观面积比(percentage of landscape，PLAND)定义为某一斑块类型占整个景观面积的相对百分比，其值接近 0 表示景观中此类斑块类型很少，高值表示景观中该类斑块多，应用于城市热环境，可表征热力景观的比例丰度。计算公式为

$$\mathrm{PLAND}=\left(\frac{\sum_{j=1}^{m}a_{ij}}{A}\right)\cdot 100 \tag{7.8}$$

式中，a_{ij} 为第 i 级热力景观中斑块 j 的面积；A 为景观总面积。

最大斑块指数(largest patch index，LPI)定义为景观中最大斑块的面积占总景观面积的比例，应用于城市热环境，可确定热力景观的优势类型。计算公式为

$$\mathrm{LPI}=\max\left(a_{ij}\right)/A \tag{7.9}$$

式中，a_{ij} 为第 i 级热力景观中斑块 j 的面积；A 为景观总面积。

分离度指数(splitting index，SPLIT)指某一景观类型中不同斑块个体分布的离散程度，分离度指数值越高表示斑块在空间的离散程度越高，应用于城市热环境，可描述热力斑块在空间分布上的分散程度。计算公式为

$$\mathrm{SPLIT}=A^2/\sum_{j=1}^{m}a_{ij}{}^2 \tag{7.10}$$

式中，A 为景观总面积，a_{ij} 为第 i 级热力景观中斑块 j 的面积，m 为第 i 级热力景观的斑块个数。

聚集度指数(aggregation index，AI)反映景观斑块聚集性，聚集度指数值越高表示景观聚合度越高，结构紧凑，应用于城市热环境，可描述热力斑块的集聚和连通程度。计算公式为

$$\mathrm{AI}=\frac{g_{ii}}{\max\rightarrow g_{ii}}\cdot 100 \tag{7.11}$$

式中，g_{ii} 为第 i 级热力景观类型的邻接斑块数量，$\max\rightarrow g_{ii}$ 为第 i 级热力景观的最大邻接斑块数量。AI 的取值在 0～100，高值表示热环境由少数团聚的大面积热斑块组成，低值表示热环境由许多小面积的热斑块组成。

香农-维纳多样性指数(Shannon-Wiener's diversity index，SHDI)描述一个区域内不同景观类型分布的均匀化和复杂化程度。在一个景观系统中，各类型越丰富，破碎程度越高，多样性指数也越高，应用于城市热环境，可描述热力景观的异质性。计算公式为

$$\mathrm{SHDI}=-\sum_{i=1}^{m}\left(P_i\cdot\ln P_i\right) \tag{7.12}$$

式中，m 为热力景观等级数，P_i 为第 i 级热力景观面积占景观总面积的比例。

香农均匀性指数(Shannon's evenness index，SHEI)描述一个区域内不同景观类型的均匀分布程度，均匀性指数值等于 0 表明整个景观仅有一种斑块组成，高值表示景观内没有优势景观类型，分布均匀，应用于城市热环境，可描述热力景观的均匀性。计算公式为

$$\mathrm{SHEI} = -\sum_{i=1}^{m}\left(P_i \cdot \ln P_i\right) / \ln m \tag{7.13}$$

式中，m 为热力景观等级数；P_i 为第 i 级热力景观面积占景观总面积的比例。

7.1.4　城市热环境影响因素遥感分析

城市热环境具有明显的时空变化特征，城市热岛强度和空间格局和形态不仅与气象条件有关，还与土地覆盖、地形、植被覆盖、不透水面分布、城市空间形态、人为热、局地小气候等多种因素相关(陈云浩等，2014)。受这些因素影响，每个城市热环境都具有独特性。在分析地表城市热环境时，除了分析热岛强度以及格局之外，还需要考虑其影响因素。

1. 土地覆盖对城市热环境的影响分析

城市化进程中，水体、林地、草地等平坦的自然地表被人工建筑等具有复杂三维结构的人造地物所取代，导致地表性质和形态发生改变，改变了陆地表面辐射收支和水热平衡过程，是城市热环境的根本驱动力。在无风或者微风的晴朗天气下，土地覆盖和三维结构是城市热环境的主要影响因素。人造不透水表面通常导致温度升高，而城市中植被和水体则会降低温度。根据遥感图像进行分类得到城市土地覆盖图，通过不同土地覆盖类型的比例及其时空变化，分析其对城市热环境的影响。

考虑到较粗分辨率导致的混合像元效应，可以通过遥感数据构建归一化植被指数(NDVI)、归一化建筑指数(NDBI)、改进的归一化水体指数(MNDWI)、不透水面比例(ISA)等一系列指数，进一步分析土地覆盖对城市热环境的影响。土地覆盖的变化除了在像元尺度影响温度之外，其景观格局特征也对热环境有着不容忽视的影响。有研究基于土地覆盖数据计算得到了一系列景观格局指数，可探究城市土地覆盖景观格局对热环境的影响。

2. 三维结构对热环境的影响分析

与自然地表相比，城市具有复杂的立体三维结构。城市内部不同建筑物空间分布与格局造成不同位置地表吸收太阳入射辐射、发射地面长波辐射存在着一定

差异，对城市热环境产生影响。城市空间结构可利用建筑密度、天空开阔度、迎风面积指数等城市空间形态学参数进行描述，其中许多形态学参数与城市热岛效应具有紧密的联系(黄群芳，2021)。

建筑密度(building density，BD)定义为建筑物平面面积与研究区总平面面积之比。计算公式为

$$\mathrm{BD} = A_P \,/\, A_T \tag{7.14}$$

式中，BD 为建筑密度；A_P为建筑物平面面积；A_T为研究区域总平面面积。

天空开阔度(sky view factor，SVF)定义为地表表面接收(或发射)的辐射量与整个半球发射(或接收)的辐射量之比，用于衡量某特定位置的辐射传输被阻挡程度。SVF 值域范围为 0～1，值为 0 表示天空完全被阻碍物遮挡以至于辐射全部被阻截；SVF 值等于 1 则意味着天空没有被阻碍物遮挡，地表会接收(或发射)全部辐射。天空开阔度 SVF 计算方法可以分为四种：分析方法、鱼眼相机技术、GPS 信号估测和利用 3D 建筑物数据估算。随着高空间分辨率城市 3D 建筑物数据采集技术的发展，采用 3D 建筑物数据估算天空开阔度的研究与应用越来越多。

3D 建筑物数据由城市建筑物的简单视图组成，每个建筑物高度形成的点和多边形 $g(x)$ 视为可见天空的边界[图 7.2(a)]。如图 7.2(b)所示，方位角间距α将搜索半径R组成的半球平均分割若干块，在每个扇形体S中寻找最大建筑物高度角。当β为所在扇形体S的最大建筑物高度角时，扇形体S的开阔度为 $\mathrm{VF_{slice}}=\cos^2\beta$，遮蔽度为 $1-\cos^2\beta=\sin^2\beta$。角间距 α 对应扇形块 S 的遮蔽度为 $\sin^2\beta \cdot (\alpha/360)$，则待计算点 O 的天空开阔度 $\mathrm{SVF_s}$ 等于 1 减去所有扇形体的遮蔽度之和，即公式为

$$\mathrm{SVF_s} = 1 - \sum_{i=1}^{n} \sin^2\beta_i \cdot \left(\frac{\alpha}{360}\right) \tag{7.15}$$

$$\beta_i = \arctan\left[h\left(p_i\right) / r_i\right] \tag{7.16}$$

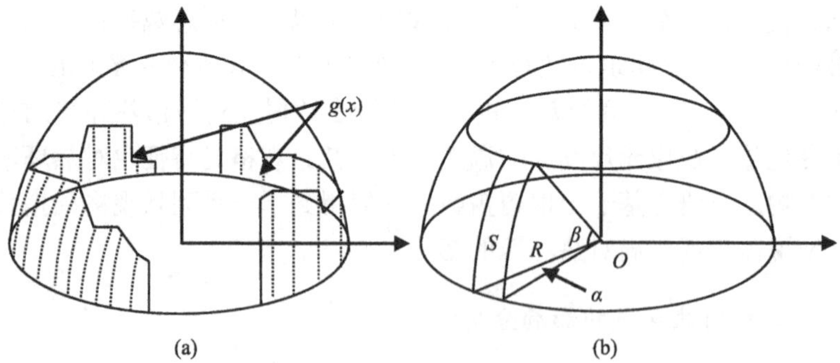

(a)　　(b)

图 7.2　基于城市 3D 建筑物数据计算天空开阔度示意图

式中，β_i 为某个搜索方向上最大建筑物高度角；$h(p_i)$ 为最大建筑物 p_i 的高度；r_i 是 p_i 和 O 两点之间的水平距离；$n=360/\alpha$。一般来说，搜索角间距越小，搜索半径越大，SVF 估测精度越高，但也会增加运算时间。

建筑物迎风面积指数(frontal area index，FAI)是在特定风向上，建筑物迎风方向总面积与研究平面面积之比(图 7.3)。在计算建筑物迎风面积指数时，按照风向玫瑰图，根据气象站实测的风向方位角信息计算出在某时刻不同风向(一般可以取 16 个风向)出现的概率，基于城市 3D 建筑物数据，利用加权平均法计算出不同时刻的 FAI。FAI 值较小表明建筑物对风的阻碍程度较小，风的流动更加通畅，热量散失较快。计算公式为

$$\text{FAI} = \sum_{i=1}^{16} w_i \cdot \frac{A(i)_{\text{facets}}}{A_T} \tag{7.17}$$

$$w_i = \frac{f_i}{c + \sum_{i=1}^{16} f_i} \tag{7.18}$$

式中，$A(i)_{\text{facets}}$ 为风向 i 方向上建筑物总迎风面积，被前方建筑物遮挡住的后方建筑物表面不再重复计入；A_T 为研究平面面积；w_i 为风向 i 所占权重；f_i 为不同季节内某时刻风向 i 出现的次数；c 为静风次数。

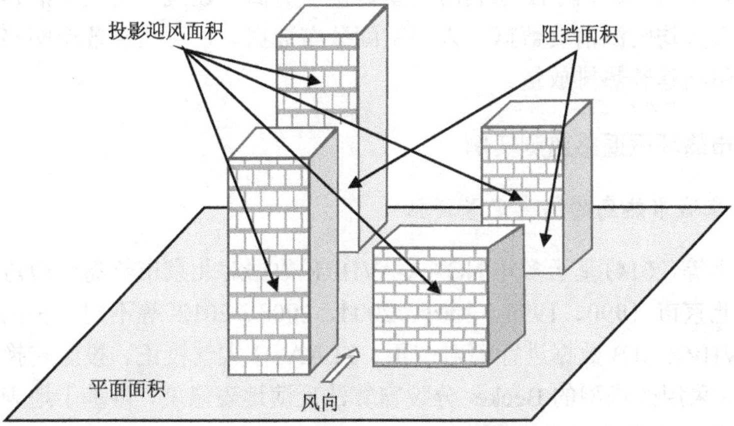

图 7.3　基于城市建筑物分布数据计算 FAI 原理示意图

3. 人为热排放对热环境的影响分析

随着城市化进程的加快，城市人口急剧膨胀，人为热排放对于城市热岛效应的影响越来越明显。人为热排放的估算方法主要分为三类：能源清单法、地表能量平衡法、建筑能效建模法(王业宁等，2016)。其中，自下而上的能源清单法是

估算区域人为热排放最常用的方法，具有时间、空间分辨率高的优势，能有效体现城市小尺度人为热排放在时间和空间上的变化。

能源清单法通常将综合人为热排放分解为人体新陈代谢热排放、工业热排放、交通热排放、建筑热排放 4 个部分，计算公式为

$$Q_F = Q_M + Q_I + Q_V + Q_B \tag{7.19}$$

式中，Q_F 为综合人为热排放量；Q_M 为人体各种活动时新陈代谢向大气释放的热量；Q_I 为工业生产过程中能源(煤、石油、天然气等)消耗向大气释放的热量；Q_V 为机动车在行驶过程中燃油向大气释放的热量；Q_B 为商业建筑和居民生活建筑所消耗的电力、天然气、液化气等向大气释放的热量。

人体新陈代谢热排放与人类活动状态和人口数量密切相关，可以通过格网化人口数据和不同状态的人体新陈代谢率来估算。交通热排放与交通车流量、油耗指标等密切相关，可以通过各车型车流量、燃油密度、百公里汽车油耗和燃油热值进行估算。工业热排放主要为工业生产过程中所消耗的煤炭、电力、石油、天然气等向大气释放的热量，可通过空间化的工业行业类型，各工业行业煤、油、气、电等能耗量及工业能源利用效率进行估算。建筑物的能耗变化随建筑物功能的不同而有所区别，以商业为主的商业建筑通常在白天能耗较大，能耗主要用于空调、照明以及餐饮业等，而居民生活建筑能耗多用于照明、空调运行、其他家用电器和炊事活动。基于土地利用类型数据，对商业建筑和居民生活建筑进行空间化，结合人均能源消费数据、人口空间分布数据等，可估算各个网格的商业建筑和居民生活建筑热排放量。

7.1.5 城市热环境遥感监测实例

1. 北京城市热岛的遥感定量评估

刘勇洪等(2014)基于多年 NOAA-AVHRR 数据对北京市热岛效应进行了定量评估。对北京市 1990、1996、2001、2004、2008、2012 等不同年份的晴空时相 NOAA-AVHRR L1B 数据进行辐射校正、FLAASH 大气校正、投影转换和空间重采样之后，采用改进型的 Becker 分裂窗算法反演地表温度，再基于地表温度运用式(7.1)计算城市热岛强度指数(UHII)。

按热岛强度值的大小，划分为 7 级热岛强度：强冷岛、较强冷岛、弱冷岛、无热岛、弱热岛、较强热岛和强热岛。图 7.4 给出了北京地区 1990、1996、2001、2004、2008 和 2012 年热岛强度等级分布及范围，其中，强冷岛、较强冷岛、弱冷岛、无热岛 4 个等级归并为无热岛级别显示。由图 7-4 可知，1990 年北京的热岛主要集中于城区，以较强热岛及以上等级为主，城区邻近地区、通县、大兴、密云等部分城镇区域和永定河谷等地区有弱热岛；1996 年除了城区之外，丰台、

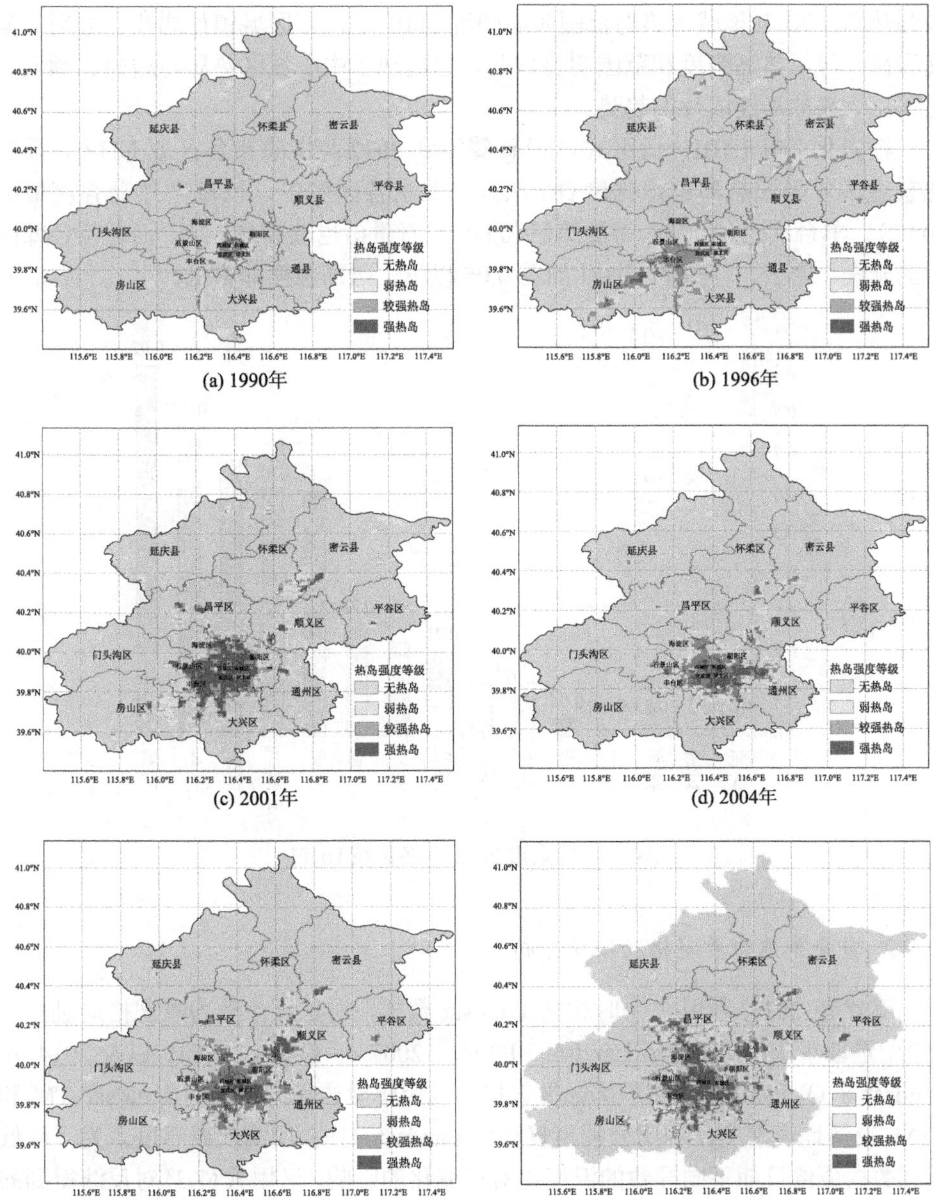

(a) 1990年　(b) 1996年

(c) 2001年　(d) 2004年

(e) 2008年　(f) 2012年

图 7.4　1990～2012 年北京城市热岛强度空间分布图

海淀南部、永定河谷以及房山等地出现明显的较强热岛，郊区大兴、通县、顺义、平谷、密云等城镇出现弱热岛；2001 年热岛强度和范围明显增加，向南、向北扩展趋势明显，城区大部被较强热岛和强热岛所笼罩，各个郊区城镇也出现明显的较强热岛；2012 年城市热岛范围明显超过 2001 年，郊区城镇如通州、大兴、顺义和昌平等，热岛强度和范围明显增强，已出现了中心城区热岛与通州、顺义、昌平、大兴热岛连成片的趋势。

根据北京市 UHII，运用式(7.4)计算得到 2012 年北京市各区域 UHPI，反映北京地区各区域热岛总体强度(图 7.5)。北京各区域中，以城区热岛强度最高(0.92)，丰台次之(0.77)，海淀第三(0.64)，石景山也较高(0.62)；而北京各郊区中的延庆、密云、怀柔的 UHPI 均在 0.05 以下，热岛强度非常低。

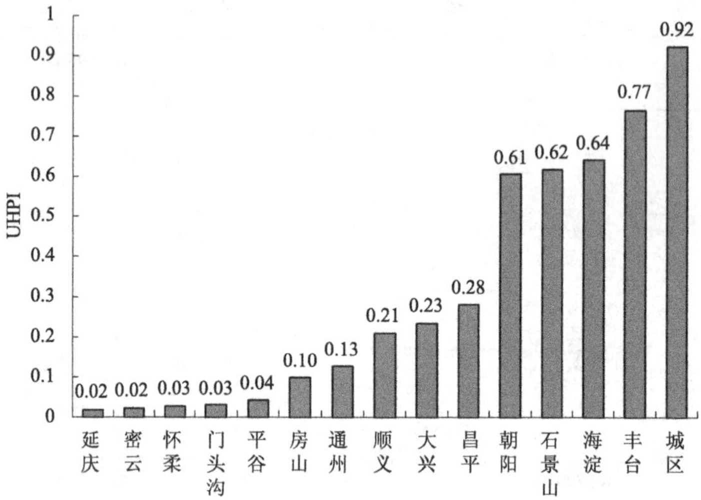

图 7.5　北京市 2012 年各区域 UHPI

2. 重庆市热力景观格局演变分析

邓睿等(2017)利用 3 个时相的 Landsat 数据，对重庆市热力景观格局进行了分析。选取重庆市 2001 年 Landsat 7 ETM+、2007 年 Landsat 5 TM 以及 2014 年 Landsat 8 OLI/TIRS 三期遥感影像数据，利用辐射传输方程法对 Landsat TM 和 ETM+反演地表温度，利用分裂窗算法对 Landsat TIRS 反演地表温度。为了降低遥感数据成像日期不同导致的温度绝对值变化的影响，运用式(7.3)对反演得到的 2001、2007 和 2014 年地表温度进行归一化处理，得到重庆市 3 年的城市热场强度指数空间分布图(图 7.6)。重庆市主城地区存在较明显的热岛效应且热岛区域呈现快速扩张趋势。2001 年温度相对较高地区域集中在两江交汇区周围。随着城市扩张，2007 年温度较高的区域相比 2001 年明显增多，最明显的是渝北区西部、江北机场以北一带。2014 年温度较高的区域相比 2007 年增量更加明显。

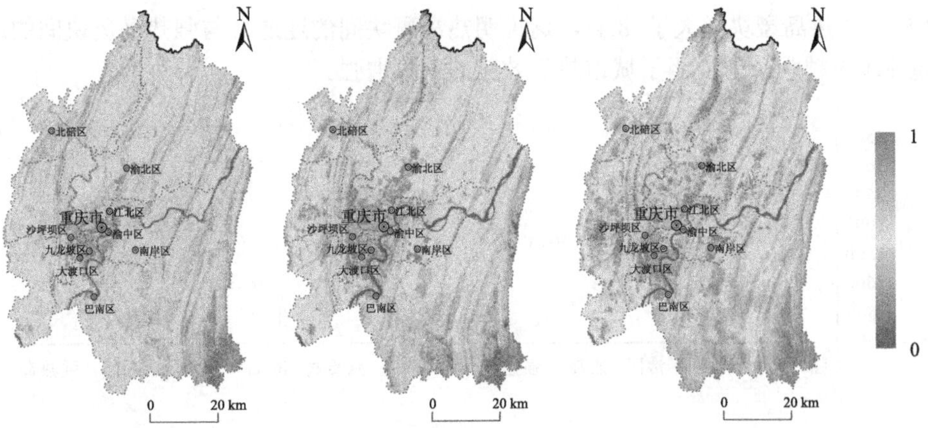

(a) 2001年　(b) 2007年　(c) 2014年

图 7.6　重庆市城市热场强度指数空间分布图(改绘自邓睿等，2017)

以 0.2 为步长对重庆市城市热场强度指数进行等级划分：0～0.2 为强冷岛区、0.2～0.4 为冷岛区，0.4～0.6 为正常区，0.6～0.8 为热岛区，0.8～1 为强热岛区。基于分级后的城市热场强度指数图计算热力景观指数，采用的景观指数包括各类型水平的类型面积(CA)、斑块密度(PD)、最大斑块指数(LPI)、平均斑块面积(AREA_MN)、面积加权平均形状指数(SHAPE_AM)、连通性指数(COHESION)，景观水平的斑块数量(NP)、斑块密度(PD)、平均斑块面积(AREA_MN)、面积加权平均形状指数(SHAPE_AM)、聚合度指数(AI)、连通性指数(COHESION)、多样性指数(SHDI)、均匀度指数(SHEI)，从数量、形态和结构 3 个方面表征热力景观格局的特征和变化。

图 7.7 给出了 2001、2007 和 2014 年重庆市类型水平的热力景观格局变化趋势。对于类型面积(CA)，正常区斑块所占面积最大且逐渐减小，而热岛和强热岛斑块面积逐渐增大。对于斑块密度(PD)，热岛区由 2001 年的 4.14 减小到 2014 年的 0.81，强热岛区由 2001 年的 0.99 减小到 2014 年的 0.34，热力景观类型斑块破碎度变小，说明随着城市扩展，热岛与强热岛斑块不断扩张，变得大而集中。2014 年热岛区的平均斑块面积(AREA_MN)是 2001 年的 6 倍，而强热岛区的平均斑块面积(AREA_MN)是 2001 年的 5 倍，说明斑块外部相互连接形成大片，斑块破碎程度变小。强热岛斑块的最大斑块指数(LPI)由 2001 年的 0.16 增加到 2007 年的 0.19，再增加到 2014 年的 0.59，说明强热岛斑块在热力景观中的优势度不断加大，热岛效应不断增强。根据面积加权平均形状指数(SHAPE_AM)可以发现，形状最复杂的是正常区斑块且其复杂程度逐渐变小，而热岛斑块形状复杂程度先由 9.86 增大到 18.85，再降低到 15.80，反映热岛斑块形状先变得复杂，再趋于简单。对于连通性指数(COHESION)，从 2001～2014 年，热岛斑块增大了

3.51，强热岛斑块增大了 8.41，这说明热岛斑块间的连通性与强热岛斑块间的连通性越来越强，也说明了城市热岛效应的不断增强。

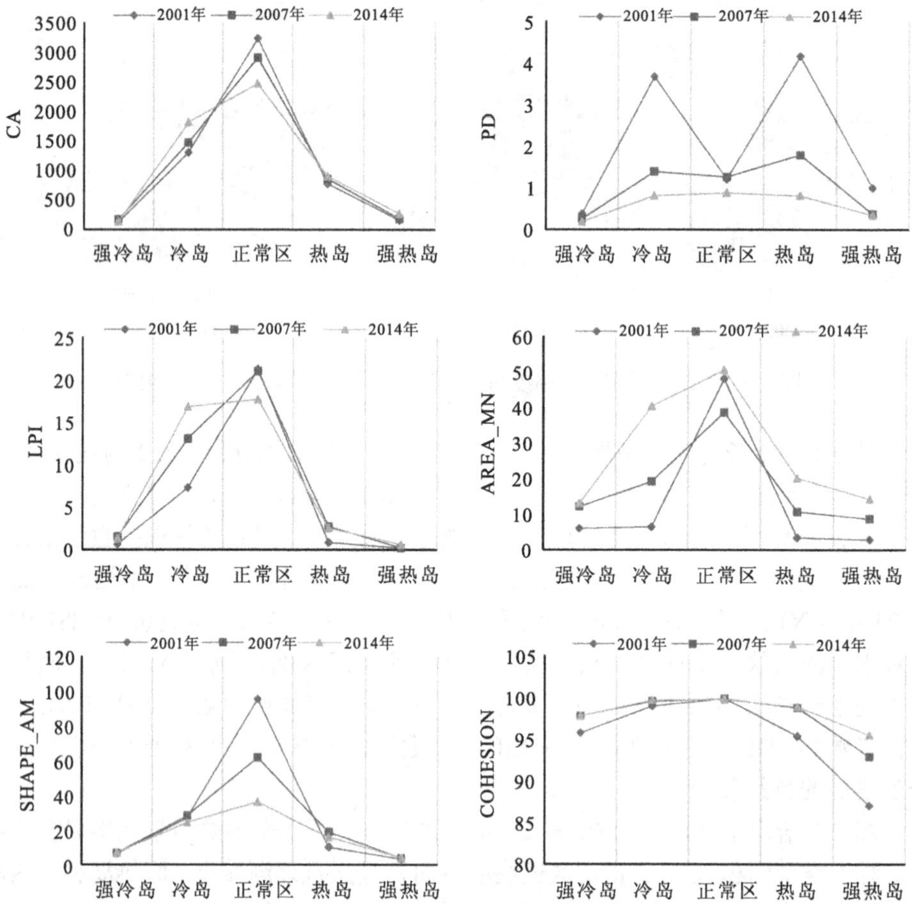

图 7.7　斑块类型水平上重庆市的热力景观指数变化(改绘自邓睿等，2017)

表 7.5 给出了 2001 年、2007 年和 2014 年景观水平上的景观指数。斑块数量(NP)与斑块密度(PD)逐渐减小，平均斑块面积(AREA_MN)逐渐增大，这三个趋势共同反映了重庆市热力景观总体破碎化程度逐渐降低，在城市化进程中热岛或强热岛斑块聚集在一起，降低了热力景观破碎化程度。面积加权平均形状指数(SHAPE_AM) 逐渐减小，说明斑块形状的复杂程度降低。连通性指数(COHESION)均大于 99.5，说明同景观斑块间的连通性十分高。聚合度指数(AI)逐渐增大，说明城市热力景观中像素聚合成斑块的程度变大。多样性指数(SHDI)与均匀度指数(SHEI)呈现升高趋势，表明重庆市各热力景观斑块类型丰富程度增

加，面积越来越均匀。

表 7.5　2001 年、2007 年和 2014 年景观水平上景观指数

景观指数	2001 年	2007 年	2014 年
NP	57 868	28 169	16 775
PD	10.38	5.05	3.01
AREA_MN	9.64	19.8	33.25
SHAPE_AM	63.01	41.19	26.78
COHESION	99.63	99.63	99.57
SHDI	1.11	1.23	1.25
SHEI	0.69	0.77	0.78
AI	71.5	81.39	86.36

3. 基于遥感的北京城市热环境与不透水面的关系研究

Xu 和 Liu(2015)利用 Landsat 遥感数据分析了北京市不透水面和气温之间的关系。利用北京市 2011 年 7 月 26 日的 Landsat 5TM 数据，在几何精校正和大气校正后，采用单通道算法反演地表温度，选择大气校正后红波段和近红外波段地表反射率计算 NDVI，利用 Gratton 经验公式计算地表反照率，根据 ASTER GDEM 数据获得研究区海拔数据。基于北京市 225 个气象站的逐小时气温观测资料，根据 Landsat 卫星过境时间取相邻两个整点时刻的气象资料进行线性插值，得到卫星过境时的气温。

以站点观测气温为因变量，以地表温度、NDVI、海拔和地表反照率作为自变量来估算气温。气温估算模型的形式为

$$T_a = a \cdot T_s + b \cdot \mathrm{NDVI} + c \cdot H + d \cdot \alpha_s + e \tag{7.20}$$

式中，T_a 为气温；T_s 为地表温度；NDVI 为归一化植被指数；H 为海拔；α_s 为地表反照率；a、b、…、e 为经验系数。

将 225 个样本随机分割为两个部分：70%作为建模样本(157 个站点)，30%作为验证样本(68 个站点)。依据建模样本建立气温估算模型，利用验证样本对估算精度进行评价，以判定系数 R^2 和平均绝对误差 MAE 作为评价指标。

地表与大气的相互作用不仅仅局限于单个像元的范围，气温不仅仅受到该点地表的影响，还受到周围像元的影响。分别统计了以各个气象站点为中心，半径为 15、45、…、495 m 圆形窗口范围的平均地表温度、NDVI、海拔和地表反照率，基于建模样本建立不同窗口半径下的回归模型，然后利用验证样本计算不同窗口半径下的估算误差 MAE。比较 MAE 随窗口半径的变化以确定最佳的气温估

算空间窗口尺寸来估算气温。图 7.8 给出了气温估算 MAE 随空间窗口半径的变化趋势。反演误差随着窗口半径的增加在整体上呈下降趋势，在窗口半径从 15 m 增加到 195 m 时下降较快，其后呈缓慢下降趋势。

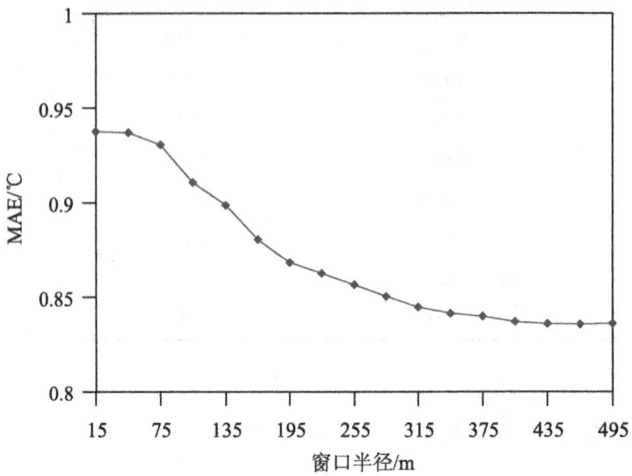

图 7.8　气温估算精度随窗口半径的变化

综合考虑计算精度、计算量和空间分辨率，195 m 是估算气温的合适窗口尺寸。根据 195 m 窗口的回归模型得到北京市近地表气温的空间分布图。图 7.9 给出了统计模型验证精度，MAE=0.87℃，R^2=0.67。从散点图可以看出，大部分样本分布在 1∶1 线附近，估算精度比较理想。

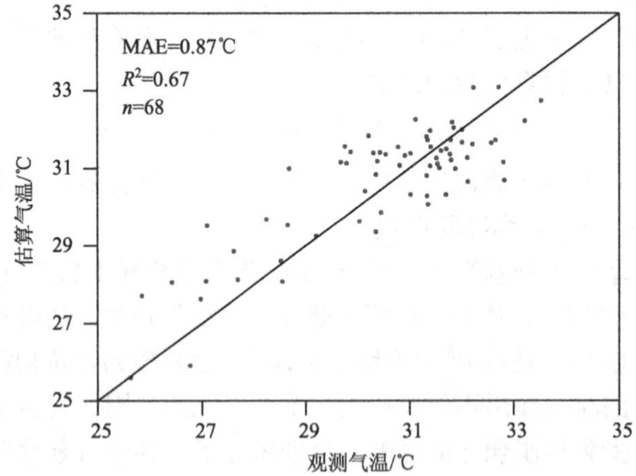

图 7.9　北京市遥感估算气温与站点观测气温的散点图

图 7.10 给出了遥感估算的北京市气温空间分布图。北京市气温主要在 22～33℃范围变化，平均温度为 29.41℃。气温的空间差异显著，西部和北部山区的温度多在 28℃以下，而城区气温则大多在 32℃以上。山区气温较低一方面是由于其海拔较高，另一方面则是由于其多为林地覆盖，林地的蒸散作用及冠层遮蔽效应有效降低了近地表温度。东南部平原上，城区的气温多在 32℃以上，明显高于周边，体现出了显著的城市热岛效应。高温区以主城区为中心向郊区蔓延，主城区南部的热岛范围及强度高于主城区北部，怀柔、密云、平谷等地也存在零星热点，但是面积远小于主城区热岛。总体上说，北京市热岛的空间格局以单核特征为主，集聚程度较高。此外，在主城区中，如天坛、景山等植被覆盖度较高的公园，温度显著低于周边地区。

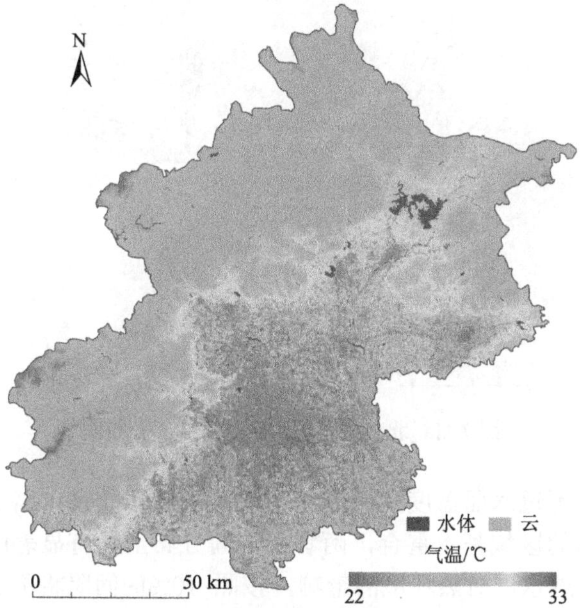

图 7.10　北京市气温空间分布图

运用混合像元线性光谱分解方法提取城市不透水面盖度 ISC。依照 VIS (vegetation-impervious surface-soil)模型的思想，城市景观除水体外，主要由植被、土壤、不透水表面三种典型覆被景观组成，选取植被、土壤、不透水面作为构成混合像元的端元。先对遥感影像进行最小噪声 MNF 变换以减少数据冗余和波段之间的相关性。然后，通过像元纯净度 PPI 计算和 N 维散度分析提高植被、土壤、不透水面端元光谱特征的精度。最后，依据选取的 3 种端元光谱对 TM 影像进行光谱线性分解，求出的不透水表面的面积比例即为不透水面盖度 ISC。

图 7.11 给出了计算得到的北京市不透水面盖度的空间分布。西部和北部山区

的不透水面盖度非常低，不透水面主要分布于东南部的平原上，呈现出以主城区为中心“摊大饼”式向四周辐射的分布，怀柔、密云、延庆、房山和平谷等地的不透水面盖度也比较高。另外值得注意的是，主城区的不透水面盖度低于后发展起来的新区，这是由于主城区植被覆盖度相对较高，尤其是2008年奥运会建设期间大力开展的绿化建设提高了城市绿化率，降低了不透水面盖度。

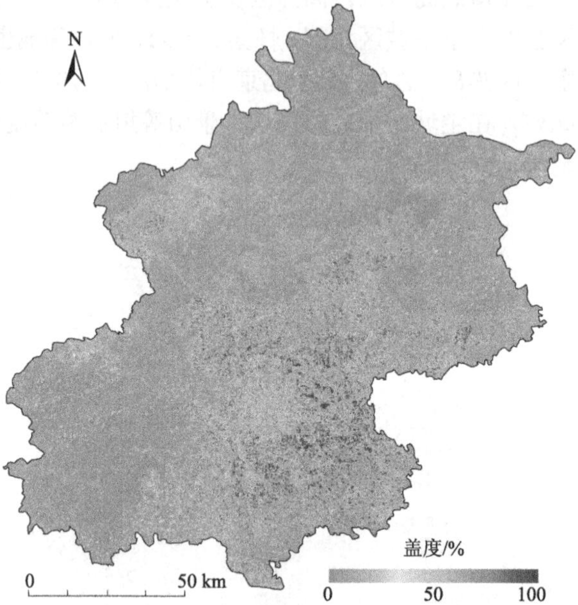

图 7.11 北京市不透水面盖度空间分布图

对比气温和不透水面盖度空间分布图，可以发现北京市高温热岛区域和不透水面盖度较高的区域基本重合，两者在空间分布上具有显著的一致性。为了定量分析城市不透水面对热环境的影响，按照 10%的间隔将不透水面盖度 ISC 从低到高划分为 10 个区间，统计每个区间内的气温平均值(图 7.12)。从图 7.12 中可见，气温与不透水面盖度之间呈现显著的正相关关系，不透水面盖度越高，气温越高。不过，两者之间并非简单的线性关系：当不透水面盖度低于 40%时，随着不透水面盖度增加，气温呈指数关系迅速上升；当不透水面盖度高于 40%时，气温的上升趋势变缓，且趋近于线性增加。这说明气温的变化速率依赖于不透水面盖度，但当不透水面盖度达到一定比例之后，进一步地增加对环境温度的影响也会下降。

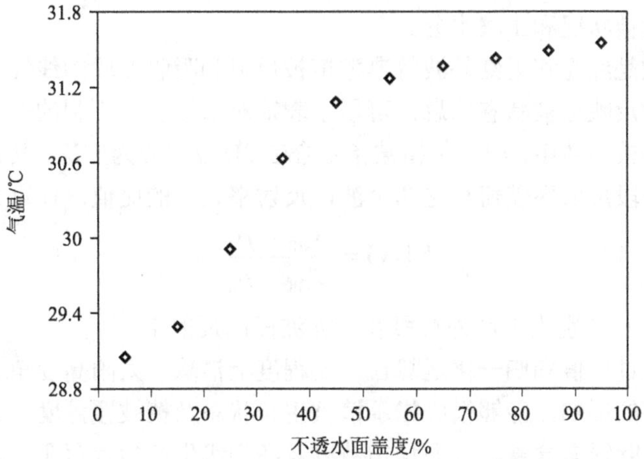

图 7.12　气温随不透水面盖度的变化关系

7.2　干旱遥感监测

干旱是对人类社会影响最为严重的自然灾害之一，具有范围广、频率高、持续时间长的特点。近些年来，随着人类经济发展和人口增长，水资源短缺情况日趋严峻，干旱的危害性越来越重。

根据全国自然灾害损失数据，干旱灾害损失约占气象灾害损失的 55%，已成为我国主要自然灾害之一。1949～2000 年，我国干旱受灾率、成灾率和因旱粮食损失率都呈现出增加趋势，2001～2020 年干旱灾害呈逐步减缓趋势。2000～2001 年、2003 年、2009～2010 年、2011 年等年份，我国均发生了严重干旱。其中，2009～2010 年的西南地区大旱，耕地受灾面积达到 1.01 亿亩，2088 万人饮水受限。2011 年长江中下游大旱，鄱阳湖和洞庭湖水体面积萎缩超过 50%，耕地受灾面积 370.51 万 hm^2，3483.3 万人受灾，423.6 万人饮水受限。快速准确地对干旱进行监测和评估，能够为有效应对干旱灾害、降低干旱损失提供重要的辅助决策信息。遥感技术具有宏观、快速、实时等优势，是大范围旱情监测的重要手段，其中热红外遥感监测方法是较为常用的重要监测方法之一(黄友昕等，2015；周磊等，2015；黄诗峰等，2016)。

7.2.1　基于植被指数的干旱遥感监测

植被具有在红光波段强吸收和近红外波段强反射的典型光谱特征。当植被受水分胁迫时，其生长受到限制，叶绿素含量、叶面积指数等会下降，导致植被红光波段反射率升高而近红外波段反射率降低。因此，可以通过植被指数等光谱特征指数表征植被状况和土壤水分。

植被指数是红光和近红外波等典型植被反射和吸收波段的线性或者非线性组合，能够有效反映植被状态信息，可用于表征对植被生长不利的干旱环境。

在所有植被指数中，归一化植被指数(NDVI)应用最为广泛，其定义为近红外波段与红光波段反射率差值和这两个波段反射率之和的比值。计算公式如下：

$$\mathrm{NDVI}=\frac{\rho_{\mathrm{NIR}}-\rho_{\mathrm{R}}}{\rho_{\mathrm{NIR}}+\rho_{\mathrm{R}}} \tag{7.21}$$

式中，ρ_{NIR}和ρ_{R}分别为近红外波段和红光波段的反射率。

NDVI 通过比值和归一化运算在一定程度上消除了太阳高度角、卫星观测角以及大气散射的影响，能够很好指示植被生长状态及植被覆盖度。大量研究表明 NDVI 与植被叶绿素含量、叶面积指数以及净初级生产力等存在密切联系，是植被生长条件和覆盖情况的良好指示因子。

除了 NDVI 之外，还有一些植被指数也可以用于干旱监测，包括比值植被指数(ratio vegetation index，RVI)、垂直植被指数(perpendicular vegetation index，PVI)、增强型植被指数(enhanced vegetation index，EVI)等。

比值植被指数(RVI)定义为近红外波段和红光波段反射率的比值。计算公式为

$$\mathrm{RVI}=\rho_{\mathrm{NIR}}/\rho_{\mathrm{R}} \tag{7.22}$$

式中，ρ_{NIR}和ρ_{R}分别为近红外波段和红光波段的反射率。

垂直植被指数(PVI)定义为红光波段-近红外波段二维坐标系内，植被像元到土壤亮度线的垂直距离。计算公式为

$$\mathrm{PVI}=(\rho_{\mathrm{NIR}}-a\cdot\rho_{\mathrm{R}}-b)/\sqrt{1+a^2} \tag{7.23}$$

式中，ρ_{NIR}和ρ_{R}分别为近红外波段和红光波段的反射率；a和b为红光波段-近红外波段二维坐标系中土壤亮度线的斜率和截距。

增强型植被指数(EVI)是在 NDVI 基础上的改进，引入蓝光波段降低大气和土壤的影响。计算公式为

$$\mathrm{EVI}=2.5\cdot\frac{\rho_{\mathrm{NIR}}-\rho_{\mathrm{R}}}{\rho_{\mathrm{NIR}}+6.0\rho_{\mathrm{R}}-7.5\cdot\rho_{\mathrm{B}}+1} \tag{7.24}$$

式中，ρ_{NIR}、ρ_{R}和ρ_{B}分别为近红外波段、红光波段和蓝光波段的反射率。

利用植被指数进行干旱遥感监测的方法主要有植被状态指数(vegetation condition index，VCI)、距平植被指数(anomaly vegetation index，AVI)等。

植被状态指数(VCI)计算公式为

$$\mathrm{VCI}=\frac{\mathrm{NDVI}_i-\mathrm{NDVI}_{\min}}{\mathrm{NDVI}_{\max}-\mathrm{NDVI}_{\min}} \tag{7.25}$$

式中，NDVI_i为某时期 NDVI 值，$\mathrm{NDVI}_{\max}$和$\mathrm{NDVI}_{\min}$分别为多年同期 NDVI 最

大值和最小值。也可以将 NDVI 换成其他植被指数进行计算。

VCI 表示遥感像元相对于过去一段时间内平均条件的绿度变化情况，是表征植被状态的一个相对值，监测的是相对变化。

距平植被指数(AVI)计算公式为

$$\mathrm{AVI}=\mathrm{NDVI}_i-\overline{\mathrm{NDVI}} \tag{7.26}$$

式中，NDVI_i 为某时期 NDVI 值；$\overline{\mathrm{NDVI}}$ 为同期多年平均 NDVI 值。

AVI 反映了某一年某一时期 NDVI 与多年该时期 NDVI 平均值的差值，反映了植被年际间的变化。AVI 值为正表示植被生长较一般年份好，为负则表示较一般年份差。

7.2.2　基于地表温度的干旱遥感监测

地表温度是地表与大气之间水分和能量交换的重要参数，能够反映土壤水分的变化，可用来间接判断地表水分蒸散状况。干旱时，植被叶片气孔关闭以减少蒸腾引起的水分散失，潜热通量减少，感热通量增加，进而导致植被冠层表面温度上升。因此，地表温度是干旱的良好指示因子。

利用地表温度进行干旱遥感监测的方法主要有温度状态指数(temperature condition index，TCI)和表观热惯量(apparent thermal inertia，ATI)等。

温度状态指数(TCI)计算公式为

$$\mathrm{TCI}=\frac{T_{\max}-T_i}{T_{\max}-T_{\min}} \tag{7.27}$$

式中，T_i 为某时期地表温度值；$T_{\max}$ 和 $T_{\min}$ 分别为多年同期地表温度最大值和最小值。

TCI 的思路与 VCI 比较相似，表示遥感像元相对于过去一段时间内平均条件的温度变化情况，是表征温度状态的一个相对值。

土壤热惯量是衡量土壤热惰性大小的物理特性，与土壤水分密切相关。土壤含水量高，土壤热惯量大，土壤阻碍温度升高或降低的能力强，昼夜温差小。因此，土壤表面温度的昼夜变化幅度在一定程度上反映了干旱程度。不考虑太阳高度角和纬度等因素，在热惯量概念的基础上简化得到表观热惯量(ATI)作为干旱监测指标。计算公式为

$$\mathrm{ATI}=\frac{1-\alpha}{T_{\max}-T_{\min}} \tag{7.28}$$

式中，α 为全波段反照率；$T_{\max}$ 和 $T_{\min}$ 分别为一天中地表温度最大值和最小值，可由白天和夜间热红外遥感数据反演得到。

ATI 值越高，表示土壤含水量越大，反之亦然。但是该方法仅适用于低植被

覆盖区，因为植被覆盖度较高的话，植被蒸腾会影响土壤水分传输平衡及热量分配，进而影响土壤温度，影响土壤热惯量计算的准确性。

7.2.3 基于地表温度-植被指数关系的干旱遥感监测

植被指数与地表温度能够表征干旱情况。但是单独运用地表温度或植被指数进行监测，会受到不完全植被覆盖条件下土壤背景或植被对于暂时的水分胁迫不能敏感反映的影响，存在局限性。将植被指数与地表温度结合起来，既能够消除土壤背景的影响，又能够信息互补，提高旱情监测的准确性。

大量研究表明，地表温度与植被指数之间存在密切的负相关关系。并且，随着土壤湿度的不同，两者之间的负相关关系也不同。以植被指数为横坐标、地表温度为纵坐标的二维特征空间中，像元在特征空间中的位置反映了由植被指数表征的植被覆盖状况和由地表温度表征的土壤湿度。在研究区足够大的理想情况下，能够覆盖从裸土到高密度植被，从干旱到湿润的各种土壤湿度和植被覆盖情况。特征空间将由一系列不同植被指数和地表温度的散点构成，这些散点可以拟合得到不同土壤湿度对应的一系列地表温度与植被指数负相关直线。可以根据温度信息与同一植被覆盖状况下干湿边界的对比，确定相同植被覆盖度下因土壤水分条件不同而形成的温度变化的干湿边界。基于地表温度-植被指数特征空间建立的各种干旱监测模型，基本都以这一原理为基础。

基于地表温度-植被指数关系的干旱遥感监测方法主要有植被供水指数(vegetation supply water index，VSWI)、温度植被干旱指数(temperature vegetation dryness index，TVDI)、作物缺水指数(crop water stress index，CWSI)、水分亏缺指数(water deficit index，WDI)等。

1. 植被供水指数(VSWI)

干旱发生时作物水分亏缺，生长受到影响，植被指数降低，冠层表面温度升高，地表温度和植被指数的比值可以反映干旱状况。植被供水指数(VSWI)定义为归一化植被指数和地表温度的比值，计算公式为

$$\mathrm{VSWI} = \mathrm{NDVI}/T_s \tag{7.29}$$

式中，NDVI 为归一化植被指数；T_s 为地表温度。

一方面，当植被受干旱胁迫时，会关闭部分叶面气孔以减少水分损失，导致冠层叶面温度升高。另一方面，干旱也导致叶片枯萎，植被指数降低。因此，VSWI 值低，表示植被长势差而地表温度高，旱情严重。VSWI 指数适用于植被覆盖区，尤其在植被覆盖度较高的区域，但是在植被低覆盖区域或者植被非生长季效果不理想。

2. 作物缺水指数(CWSI)

作物缺水指数(CWSI)建立在实际蒸散和潜在蒸散比值的理论基础上,其定义为

$$\mathrm{CWSI} = 1 - \mathrm{ET} / \mathrm{PET} \tag{7.30}$$

式中，ET 和 PET 分别是实际蒸散量和潜在蒸散量。

由于蒸散量与土壤水分有很大关系，CWSI 与土壤水分也有密切联系。实际蒸散量越小，CWSI 越大，反映了土壤供水能力差，即干旱程度高。需要注意的是，蒸散计算涉及月平均最高气温、月平均最低气温、饱和水汽压等参数，大范围实际应用中难以获取这些参数的空间分布，限制了其使用。

3. 水分亏缺指数(WDI)

水分亏缺指数(WDI)模型以地表温度与气温差值为横坐标，以植被指数体现的植被覆盖度为纵坐标，特征空间呈梯形，如图 7.13 所示。图 7.13 中，1～4 分别代表水分充足和水分胁迫时的密闭植被以及湿润裸土和干燥裸土，1—3 为湿边，2—4 为干边。

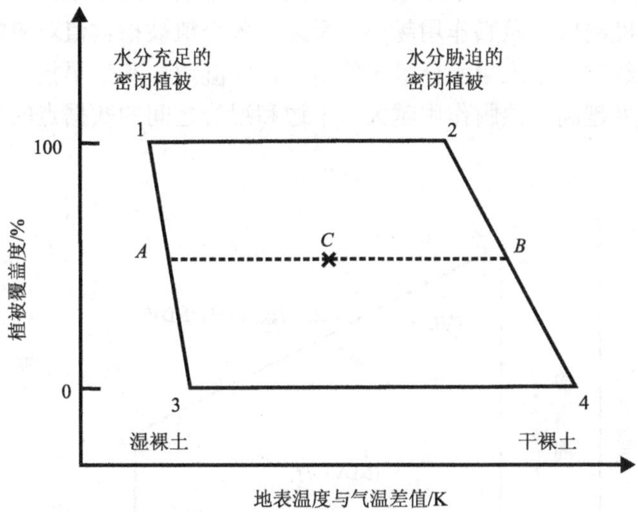

图 7.13　WDI 梯形特征空间

一定植被覆盖度下的水分亏缺指数(WDI)定义为

$$\mathrm{WDI} = \frac{\Delta T - \Delta T_{13}}{\Delta T_{24} - \Delta T_{13}} \tag{7.31}$$

式中，ΔT、ΔT_{13}、ΔT_{24} 分别为某一植被覆盖度、湿边、干边的对应地表温度与气

温差值(对于植被覆盖区域，即冠层温度与气温差)，对照图 7.13 可以看出，WDI 其实就是线段 AC 与 AB 的长度比值。WDI 值越高，表示干旱程度越严重。

WDI 是在 CWSI 基础上假设土壤与植被冠层之间没有感热交换，结合冠气温差与植被指数得到的区域干旱指标。在植被生长初期冠层稀疏时反演精度较 CWSI 好，并且克服了后者只能应用于观测点尺度的郁闭植被冠层条件的缺陷。但是其梯形特征空间 4 个顶点的确定是从蒸散发和能量平衡的角度推导出来的，需要与气象数据配合。

4. 温度植被干旱指数(TVDI)

Sandholt 等(2002)提出了简化的地表温度-植被指数特征空间(图 7.14)。在该特征空间中，4 个顶点分别代表了四种土壤状态：*A* 点代表土壤表层处于缺水状态，且植被覆盖度低，地表温度较高；*B* 点代表土壤表层湿润，植被覆盖和 *A* 点一样，地表温度较低；*C* 点代表土壤表层处于湿润且密闭植被，地表温度较低；*D* 点代表处于干旱且植被覆盖较高。理论上研究区的像元将分布在 *ABCD* 四个点构成的梯形内，可以看作由一系列土壤湿度等值线构成。在相同的植被覆盖情况下，土壤水分少，蒸散作用小，温度高。因此各个植被指数值对应的温度最高值拟合得到的直线对应了土壤水分最低的情况，即干边，其干旱指数为 1。与干边越近，土壤湿度越低，蒸腾作用越小。反之，各个植被指数值对应的温度最低值拟合得到的直线对应了土壤水分最多的情况，即湿边，其干旱指数为 0。越靠近湿边，土壤湿度越高，蒸腾作用越大。干边和湿边之间的数据点的干旱指数分布在 0～1 之间。

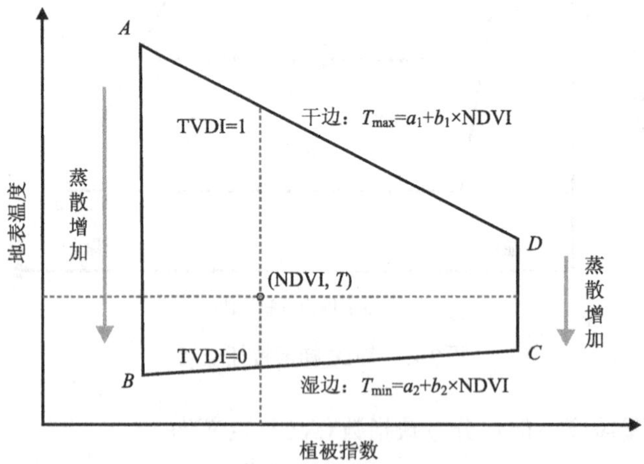

图 7.14 简化的地表温度-植被指数特征空间(改绘自 Sandholt et al.，2002)

基于简化的地表温度-植被指数特征空间，温度植被干旱指数(TVDI)为

$$\mathrm{TVDI}=\frac{T-T_{\min}}{T_{\max}-T_{\min}} \tag{7.32}$$

式中，T 为某像元的地表温度；$T_{\min}$ 表示该像元植被指数值所对应的最低温度(即湿边温度)；$T_{\max}$ 为该像元植被指数值所对应的最高温度(即干边温度)。TVDI 值的有效范围为 0～1，值越大，表示干旱程度越严重。TVDI=1 表示完全干旱，TVDI=0 表示水分充足。

干边方程为

$$T_{\max}=a_1+b_1\cdot\mathrm{NDVI} \tag{7.33}$$

式中，a_1 和 b_1 为干边方程的系数值。

湿边方程为

$$T_{\min}=a_2+b_2\cdot\mathrm{NDVI} \tag{7.34}$$

式中，a_2 和 b_2 为湿边方程的系数值。

按照一定的 NDVI 数值间隔，计算出各个 NDVI 值域内对应的地表温度最高值和最低值，可拟合得到干边方程和湿边方程。根据干边方程和湿边方程，将某个像元 NDVI 值代入，计算得到 $T_{\max}$ 和 $T_{\min}$，再根据该像元地表温度值即可计算得到该像元的 TVDI 值。

TVDI 通过统计特征空间中的数据拟合干边和湿边后直接可以计算，不需要其他辅助数据，比 WDI 更方便实用。该指数可以定性地反映土壤湿度情况，但为了使特征空间的边界具有代表性，影像覆盖范围必须有裸土到密闭植被的变化，而且它在不同区域不具有可比性，对特征空间的干湿边物理意义也缺乏严格定义。

7.2.4 基于遥感的干旱监测实例

黄静等(2020)利用遥感数据对新疆维吾尔自治区 2000～2016 年干旱情况进行了监测。遥感数据主要为 MODIS 8 日的合成地表温度产品(MOD11A2)与 16 日的合成植被指数产品(MOD13A2)，空间分辨率均为 1 km。从 MOD11A2 数据中提取地表温度，从 MOD13A2 提取 NDVI，对这些数据进行镶嵌、投影转换、空间裁切等预处理。为了与 16 日合成植被指数的时间尺度一致，对相邻 2 个 8 日合成地表温度数据依次平均合成为 16 日地表温度数据。基于地表温度和植被指数数据，运用式(7.32)计算新疆 TVDI 指数。

利用新疆 23 个农业气象观测站 2008 年 6 月和 7 月的 20 cm 土壤相对湿度观测数据与对应像元 TVDI 值进行拟合(图 7.15)。两者之间存在明显的负相关关系，说明 TVDI 指数可以有效表征土壤湿度情况和干旱情况。

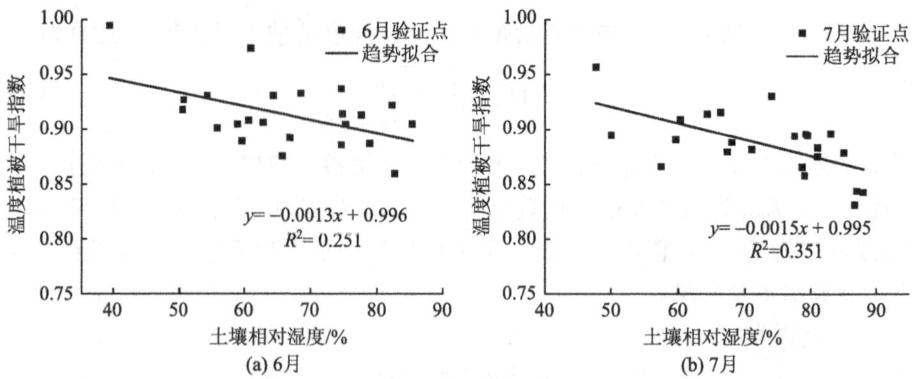

图 7.15　2008 年 6 月与 7 月温度植被干旱指数与土壤相对湿度的拟合

根据 TVDI 值将干旱情况划分为 5 个等级(表 7.6)，2000～2016 年新疆平均干旱等级空间分布见图 7.16。新疆干旱具有明显的空间差异性，天山山脉以北及昆仑山脉地区较湿润，塔里木盆地地区较干旱。统计冰雪覆盖等地表区域（图 7.16 中的空白区域）以外的有效 TVDI，得到各等级干旱所占比例。其中，无旱地区占新疆地域面积的 12.75%，主要分布在阿勒泰山地区、天山地区以及昆仑山系地区，多为农田和草地分布区域。轻旱地区占新疆地域面积的 11.77%，主要分布在天山以北地区、克孜勒苏柯尔克孜地区以及喀什南部、和田南部及巴音郭勒南部地区，土地利用类型以草地和林地为主。中旱地区占新疆地域面积 8.33%，主要分布在克拉玛依、哈密北部、阿克苏中北地区、克孜勒苏柯尔克孜地区以及喀什中南部、和田中南及巴音郭勒的中南部地区。重旱地区占新疆地域面积 11.65%，分布在塔里木盆地、吐鲁番以及哈密中南部地区。特旱地区占新疆地域面积 6.23%，主要分布在巴音郭勒中部、吐鲁番以及哈密南部。

表 7.6　干旱等级划分

等级	TVDI 值	等级描述
1	< 0.67	无旱
2	0.67～0.74	轻旱
3	0.74～0.80	中旱
4	0.80～0.86	重旱
5	> 0.86	特旱

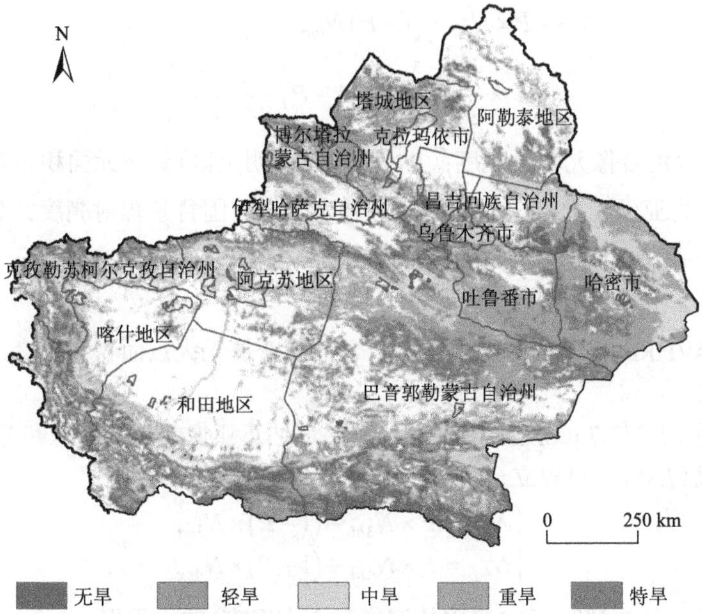

图 7.16　2000～2016 年新疆平均干旱等级空间分布图

7.3　火点遥感检测

根据热辐射原理，高温热源在中红外、热红外波段上具有较高的亮温，而且高温引起的中红外、热红外波段的辐射增长率具有较大差异。根据这一规律，可以充分利用中红外、热红外波段数据，并结合可见光、近红外波段数据中燃烧区、过火区和正常区域的光谱特征差异，实现不同遥感图像的火点检测与识别、火区面积监测等研究与应用目的。在火点检测算法上，比较成熟的算法主要包括：单通道阈值法、多通道阈值法、有效背景像元法、基于烟羽掩模的算法、基于多时相影像变化信息的算法等。

7.3.1　火点遥感检测算法

1. 基于 AVHRR 数据的火点检测算法

极轨气象卫星 NOAA-AVHRR 探测器具有中红外、热红外波段，能够容易地获取火点在中红外、热红外通道引起的辐射差异。利用这一特点，建立相应的算法，可以估算混合像元(含火点像元)中明火区的实际面积及温度。

当地面出现火点时，含有火点的混合像元辐射亮度为

$$\begin{aligned} N_{if} &= P\times N_{ihi} + \left(1-P\right)N_{ibg} \\ &= P\times\frac{c_1{\nu_i}^3}{e^{c_2\nu_i/T}-1} + \left(1-P\right)\frac{c_1{\nu_i}^3}{e^{c_2\nu_i/T_{bg}}-1} \end{aligned} \tag{7.35}$$

式中，N_{if} 为混合像元辐射亮度；P 为火点(即明火区)亚像元面积占像元面积百分比；N_{ihi} 为亚像元火点辐射亮度；N_{ibg} 为火点周围背景辐射亮度；T 为亚像元火点亮温；T_{bg} 为背景亮温；i=3, 4, 5 表示 AVHRR 红外通道序号；ν_i 为通道 i 的中心波数；c_1,c_2 为常数。

利用 AVHRR 传感器的不同通道组合估算亚像元火点面积和温度，主要包括 3 种方法。

1) 利用 CH3 (3.7 μm) 和 CH4 (11 μm) 通道估算亚像元火点面积和温度

根据式(7.35)，可建立一组 CH3 和 CH4 混合像元表达式：

$$\begin{cases} N_{3f} = P\times N_{3hi} + \left(1-P\right)\times N_{3bg} \\ N_{4f} = P\times N_{4hi} + \left(1-P\right)\times N_{4bg} \end{cases} \tag{7.36}$$

并建立有关 P 和 T (即式(7.36)中的亚像元火点温度)的方程组：

$$\begin{cases} U\left(P,T\right) = P\times N_{3hi} + \left(1-P\right)\times N_{3bg} - N_{3f} = 0 \\ V\left(P,T\right) = P\times N_{4hi} + \left(1-P\right)\times N_{4bg} - N_{4f} = 0 \end{cases} \tag{7.37}$$

这是一个二元非线性方程组，可使用牛顿迭代法求解这一方程组中亚像元火点面积比例 P 和火点温度 T_{hi}，迭代精度可达10^{-4}以上。例如，设火点混合像元亮温分别为 CH3=320 K、CH4=284 K，背景像元亮温 T_{bg}=282 K，利用牛顿迭代法对火点亚像元面积比例和温度估算结果为 P=0.286%、T=608.4 K(刘诚等，2004)。得到 P 值后，再乘以像元面积，便可得到亚像元火点面积。

2) 利用 CH4 (11 μm) 和 CH5 (12 μm) 通道估算亚像元火点面积和温度

极轨气象卫星红外通道的亮温上限一般在 320～330 K，地面出现火点时，CH3 的辐射亮度将急剧增长，很容易饱和，即达到亮温上限。在实际的火情监测中，一般稍大的火点即会出现 CH3 亮温饱和情况。由于 CH4 和 CH5 的波长很接近，其亚像元火点面积比例 P 函数曲线的切线斜率也很接近，因此对 CH4、CH5 混合像元表达式，无法用牛顿迭代法解出 P 和 T 值。当温度增高时，CH4 辐射亮度增长率大于 CH5 波段，因而当出现火点时，CH4 的辐射增量将大于 CH5 的辐射增量，从而引起两个通道亮温增量的差异增大。

CH4 亮温增量的表达式，CH4 与 CH5 亮温增量差异的表达式分别为

$$\mathrm{CH}_{4D} = T_{4f} - T_{4bg} = \frac{c_2\nu_4}{\ln\left(1+\dfrac{c_1{\nu_4}^3}{N_{4f}}\right)} - \frac{c_2\nu_4}{\ln\left(1+\dfrac{c_1{\nu_4}^3}{N_{4bg}}\right)} \tag{7.38}$$

$$CH_{45D} = T_{4f} - T_{5f} \tag{7.39}$$

根据 P、T 与 CH_{4D}、CH_{45D} 的关系，可以建立一个互相对应的查阅表，通过这一查阅表，可从 CH4 亮温增量 CH_{4D} 和 CH4、CH5 亮温增量的差异 CH_{45D} 检索到对应的亚像元火点面积比例 P 和温度 T 的估算值。

查阅表的建立过程和使用方法为

(1) 将 P、T 值代入式(7.38)，P 的单位增量为 0.1%，T 的单位增量为 10 K。生成多个在不同背景温度下，有关 P、T 对应 CH_{4D}、CH_{45D} 的数组。

(2) 建立 CH_{4D}、CH_{45D} 对应的 P、T 关系数组。P 数组和 T 数组中每一个元素值取自对 CH_{4D} 数组和 CH_{45D} 数组检索的对应元素值。

(3) 检索火点亚像元面积和温度。利用混合像元的 CH_{4D} 和 CH_{45D} 即可检索到 P、T 数组中对应的元素地址 (I,J)，从而得到 P、T 值。

3) 利用短波红外(1.6 μm)和热红外通道(11 μm)估算亚像元火点面积和温度

卫星从 1.6 μm 通道获取的辐射主要是来自太阳辐射的反射，在不考虑大气影响情况下，地表在 1.6 μm 通道对太阳辐射的反射率达到 100%时，反射太阳辐射的辐射亮度约为 $17\ \mathrm{mW \cdot m^{-2} \cdot sr^{-1} \cdot cm}$。地表在常温(300K)情况下，1.6 μm 波长的辐射出射度极为微小，仅为 $2.8367\times10^{-7}\ \mathrm{mW \cdot m^{-2} \cdot sr^{-1} \cdot cm}$ 左右，只有当地表温度达到 700 K 以上时，其辐射出射度才达到与反射太阳辐射率相比的程度。而森林、草原火灾是有可能达到 700 K 以上高温的。通过提取 1.6 μm 通道混合像元中的热辐射信息，可估算亚像元火点面积和温度。具体估算方法如下。

首先由周围背景像元的反射率和太阳在 1.6 μm 波长垂直于大气层顶部的辐照度估算混合像元反射的辐射亮度，然后建立 1.6 μm 通道混合像元表达式，并和热红外通道混合像元表达式建立联立方程组，再用牛顿迭代法即可进行计算。

假定含火点混合像元和背景像元中 1.6 μm 的反射率和 11 μm 通道(CH4)的亮温分别为 $\rho_{1.6\mu mf} = 0.532$，$CH_{4f} = 313.2\ \mathrm{K}$；$\rho_{1.6\mu mbg} = 0.277$，$CH_{4bg} = 284.7\ \mathrm{K}$。由混合像元和背景像元在 1.6 μm 通道上的反射率差异可计算得到 1.6 μm 通道发射的辐射亮度约为 $4.34\ \mathrm{mW \cdot m^{-2} \cdot sr^{-1} \cdot cm}$。由此可建立 1.6 μm 通道混合像元表达式，联立 11 μm 通道混合像元表达式建立方程组，利用牛顿迭代法计算得出亚像元火点面积比例 P 和火点温度 T(刘诚等，2004)，分别为

$$P = 1.53\%,\quad T = 972\ \mathrm{K} \tag{7.40}$$

可以看到这一估算结果远超过一般情况利用 CH3、CH4 估算的结果。实际上利用 1.6 μm 通道检测火点的相对较少，只有在较大火情发生时才有可能利用短波红外 1.6 μm 通道参与计算。

2. 基于 MODIS 传感器的火点检测算法

MODIS 火点检测算法是在 AVHRR 数据检测算法基础上发展起来的，因此两类数据的检测算法互相适用。基于 MODIS 数据的火点检测代表算法有：三波段合成法、绝对火点识别方法和 MODIS 上下文火点检测算法。

1) 三波段合成法

利用 MODIS 数据 B7、B2、B1 这 3 个波段进行假彩色合成，利用颜色差异可以识别火点，其中红色代表火点所在位置，绿色代表植被。

2) 绝对火点识别法

绝对火点识别法的前身是基于 AVHRR 数据的固定阈值法，在其检测算法上进行了改进。利用 MODIS 数据检测时，将 4 μm 和 11 μm 波段间的关系信息作为背景信息来参与检测过程。首先云的出现会干扰火点的提取，云在第 1 波段上相较于地表和植被有很强的反射率，可以利用这一特性对云进行剔除。一般 B1 波段的反射率大于 0.2 时，可有效地对云进行识别。然后进行火点检测，这一部分通常需要两步来完成：一是排除非火点像元，二是确认火点像元，都是利用 4 μm 和 11 μm 波段间的关系信息来实现判识的。最后利用 B1、B2 波段的反射率滤除耀斑，去除干扰点信息，完成火点检测。

MODIS 绝对火点识别法的具体步骤为

(1) 云检测：

$$\rho_1 > 0.2 \tag{7.41}$$

(2) 水体判识：在水陆交界处由于水陆温度差异也会产生虚假火点，采用 MODIS 影像几何定位产品中的水体数据进行水体掩模处理。

(3) 排除非火点像元：

$$T_4 < 315\ \text{K}（夜间为305K） \tag{7.42}$$

或者

$$T_{41} < 5\ \text{K}（夜间为3 K） \tag{7.43}$$

(4) 确认火点像元：

$$T_4 > 360\ \text{K}（夜间为330 K） \tag{7.44}$$

$$T_{41} > 20\ \text{K}（夜间为15 K） \tag{7.45}$$

$$T_4 > T_{4b} + 4\delta T_{4b} \text{ 并且 } T_{41} > T_{41b} + 4\delta T_{41b}（夜间为10 K） \tag{7.46}$$

(5) 滤除耀斑：

$$\rho_1 > 0.3 \text{ 并且 } \rho_2 > 0.3 \tag{7.47}$$

式中，ρ_1 和 ρ_2 分别是 B1 和 B2 波段的反射率；T_4 代表 4 μm 波段的亮温值；T_{41} 为

4 μm 和 11 μm 波段的亮温差；T_{4b} 和 T_{41b} 分别为 T_4 和 T_{41} 的均值；δT_{4b} 和 δT_{41b} 分别为 T_4 和 T_{41} 的方差。

3) MODIS 上下文火点识别法

Giglio 等(2016)利用 MODIS 数据对绝对火点识别法做了改进，得到了上下文火点识别法，被用作 MODIS 火点产品的第四版算法。该算法主要利用 B1 波段的反射率和扫描角限定进行云检测，对 MODIS 影像几何定位产品中的水体数据进行掩模处理实现水体检测；建立 4 μm 和 11 μm 波段间的关系，设定绝对阈值判识火点，利用目标点与其周围像元点的关系估算背景温度；然后进行火点确认，这部分一般分为两步：一是排除非火点像元，二是确认火点像元；三是滤除耀斑，去除干扰点信息，完成火点监测。

上下文火点识别方法与绝对火点识别法相似，但需要判识的阈值条件增多，在提取算法上有了更高要求，能够达到更好的检测效果。阈值的选择是通过多次实验确定的，因此是一个具有广泛性和通用性的火点检测算法。但在使用时会有一些地域性偏差影响火点检测过程，在实际应用中要根据实际情况对阈值做适当调整。

上下文火点识别方法的具体步骤如下：

(1) 云检测：

$$\rho_1 > 0.2 \tag{7.48}$$

$$\text{扫描角} < 45^\circ \tag{7.49}$$

(2) 水体判识：在水陆交界处由于水陆温度差异也会产生虚假火点，采用 MODIS 影像几何定位产品中的水体数据进行水体掩模处理。

(3) 绝对火点判识：

$$T_4 > 360\ \text{K（夜间为330 K）} \tag{7.50}$$

$$T_{41} > 20\ \text{K（夜间为15 K）} \tag{7.51}$$

(4) 有效背景像元判识：

$$T_{41} = T_4 - T_{11} > 20\ \text{K（夜间为10 K）} \tag{7.52}$$

$$T_4 > 320\ \text{K（夜间为315 K）} \tag{7.53}$$

(5) 火点排除：

$$T_4 < 315\ \text{K（夜间为305 K）} \tag{7.54}$$

$$\text{或}\quad T_{41} < 5\ \text{K（夜间为3 K）} \tag{7.55}$$

(6) 火点确认：

$$(\text{A 或 B})\text{且}\ (\text{a 或 b})\text{或}(\text{X}) \tag{7.56}$$

$$\text{A:}\quad T_4 > T_{4b} + 4\delta T_{4b} \tag{7.57}$$

$$B: T_4 > 320\,\text{K}（夜间为315\,\text{K}） \tag{7.58}$$

$$a:\ T_{41} > T_{41b} + 4\delta T_{41b} \tag{7.59}$$

$$b: T_{41} > 20\,\text{K}（夜间为10\,\text{K}） \tag{7.60}$$

$$X: T_4 > 360\,\text{K}（夜间为330\,\text{K}） \tag{7.61}$$

(7) 滤除耀斑：

$$\rho_1 > 0.3 \text{ 并且 } \rho_2 > 0.3 \tag{7.62}$$

$$\text{或}\quad T_4 > 312\,\text{K} \tag{7.63}$$

式中，ρ_1 和 ρ_2 分别是 B1 和 B2 波段的反射率；T_4 和 T_{11} 分别为波段 4 μm 和 11 μm 波段的亮温值；T_{41} 为 4 μm 和 11 μm 波段的亮温差；T_{4b} 和 δT_{4b} 是 4 μm 的背景像元亮温的均值和标准偏差；δT_{41b} 和 T_{41b} 是两波段背景像元亮温差的标准偏差和平均值。

在上述三种火点检测方法中，三波段合成法较为简单，其火点检测结果精度相对较低，因此只能作为辅助检测或辅助验证手段。绝对火点识别法计算简单快捷，但缺少广泛适用性。上下文火点识别法对不同区域的适应性相对较高，但背景信息的稳定性较差，容易影响火点检测过程与检测结果精度。

3. 针对风云系列卫星影像的火点检测算法

风云 3 号 D 卫星 (FY-3D) 是我国自主研发的第二代极轨气象卫星。FY-3D 携带的中分辨率成像光谱仪 (MERSI) 是在 FY-3A/3B/3C 卫星在轨运行和观测应用经验积累基础上，研发的改进型传感器。在采用 FY-3D MERSI 数据进行火点识别时，由于数据参数特征、观测环境条件等差异，FY-3C VIRR 火点识别算法难以直接用于 FY-3D MERSI 数据，对潜在火点的识别会出现大量误判。基于 FY-3D MERSI 数据，可利用改进的潜在火点识别算法，并结合动态阈值检测和上下文火点检测，进行火点识别实验和算法验证 (殷针针等，2020)。具体步骤如下。

1) 云和水体的去除

利用 MERSI 数据的可见光波段 12 通道、近红外波段 15 通道的反射率 ρ_{12} 和 ρ_{15}，以及热红外波段 25 通道的亮度温度 T_{25}，如果某个像元满足以下条件组合，则将其定义为云。

白天：

$$\begin{aligned}&\rho_{12} + \rho_{15} > 1.2 \ \text{或}\ T_{25} < 265\,\text{K} \quad \text{或}\\&\rho_{12} + \rho_{15} > 0.7 \ \text{或}\ T_{25} < 285\,\text{K} \quad \text{或}\\&\text{水体像元，且}\rho_{15} > 0.25\text{且}T_{25} < 300\,\text{K}\end{aligned} \tag{7.64}$$

夜间：

$$T_{25} < 265\,\mathrm{K} \tag{7.65}$$

MERSI L1 数据中提供的海陆掩模数据集可直接用于识别水体像元。通过该步骤处理后可将云和水体像元排除。

2)潜在火点识别算法

潜在火点识别过程可以排除明显的非火点像元，同时如果像元具有类似于火点像元的特征，则将其标记为潜在的火点像元。首先计算整个图像中第 20 通道亮温 T_{20}、第 24 通道亮温 T_{24}、两个通道亮温差异 $\Delta T(\Delta T = T_{20} - T_{24})$ 及其平均亮度温度分别表示为$\overline{T_{20}}$、$\overline{T_{24}}$和$\overline{\Delta T}$。将去除云和水体后的像元作为有效像元，计算有效像元中 T_{20} 的最小值和 ΔT 的平均值，分别表示为$T'_{20,\min}$ 和 $\overline{\Delta T'}$。中红外通道比热红外通道对高温点的发射强度更敏感，因此 ΔT 是火点识别中的一个重要指标。

满足以下条件的像元归类为潜在火点像元：

$$T_{20} - T'_{20,\min} > 10\,\mathrm{K} \tag{7.66}$$

$$\Delta T > \left[\overline{\Delta T}, \overline{\Delta T'}\right]_{\min} \tag{7.67}$$

$$T_{20} > 310\,\mathrm{K} \tag{7.68}$$

3)动态阈值火点检测

动态阈值火点检测算法可更好地进行不同环境背景下的火点检测，其过程主要包括：

(1)统计中红外波段图像直方图；

(2)计算 T_{20} 图像前 0.01%的值，并将其表示为 $T_{20,\mathrm{threshold}}$；

(3)如果 $T_{20,\mathrm{threshold}} < 320\,\mathrm{K}$，设置 $T_{20,\mathrm{threshold}}$ 为 $320\,\mathrm{K}$，否则保留原始值；

(4)标记 $T_{20} > T_{20,\mathrm{threshold}}$ 的像元为火点像元，且标记为火点的像元不需要再进行后续步骤的检测。

4)上下文火点检测

上下文火点检测主要原理是计算中红外波段与热红外波段像元值的比值，从而引入红外通道斜率的概念，并将经过动态阈值检测之后的非火点像元(排除云、水体和火点像元)作为有效背景像元。通过 9×9 的移动窗口分别计算有效背景像元和整个图像所有像元中红外波段与热红外波段像元值的比值，表示为红外通道斜率 ρ_{base} 和 ρ_{pixel}，最后根据两种斜率值之间差异识别火点像元。

$$\rho_{\mathrm{base}} = \frac{\overline{T_{20,\mathrm{valid}}} - T_{20,\mathrm{valid},\min}}{\overline{T_{24,\mathrm{valid}}} - T_{24,\min 20}} \tag{7.69}$$

$$\rho_{\mathrm{pixel}} = \frac{T_{20} - T_{20,\mathrm{valid},\min}}{T_{24} - T_{24,\min 20}} \tag{7.70}$$

$$\rho_{pixel} - \rho_{base} > 0.10 \tag{7.71}$$

式中：$\overline{T_{20,valid}}$、$\overline{T_{24,valid}}$ 和 $T_{20,valid,min}$ 分别表示有效背景像元中 T_{20} 的均值、T_{24} 的均值和 T_{20} 的最小值；$T_{24,min20}$ 表示在有效背景中具有最小 T_{20} 像素的 T_{24} 取值。

5）误判火点的去除

（1）滤除太阳耀斑。对图像上所有像元归类后，仍会存在一定误差，其中一些误差是陆地表面对太阳光的高反射率引起的，因此还需消除由太阳耀斑引起的高反射率像元错分误差。如像元满足式（7.73）和式（7.74）两个条件，则被标记为非火点像元。

$$\cos\theta_g = \cos\theta_v\cos\theta_s - \sin\theta_v\sin\theta_s\cos\varphi \tag{7.72}$$

$$\theta_g < 10^{\circ} \tag{7.73}$$

$$r_{12} + r_{15} > 0.2 \tag{7.74}$$

式中，θ_v 和 θ_s 分别为观测天顶角和太阳天顶角；φ 为相对方位角；θ_g 为指向地面到卫星和镜面反射方向的矢量之间的角度。

（2）消除虚警。某些陆地像元具有与火点像元相似的光谱特征，因此易被错归为火点，导致出现虚警。为了消除此类错误，需将标记为火点的所有像元进行消除虚警处理：

$$\Delta T < \overline{\Delta T} \tag{7.75}$$

$$T_{20} < T_{limit}\text{（白天或夜间）} \tag{7.76}$$

$$T_{20} < 330\ \text{K且}\ r_{12} > 0.09\text{（或}\ r_6 > 0.15\text{）} \tag{7.77}$$

$$T_{20} < 340\ \text{K且}\ (r_{12} + r_{15}) > 0.26 \tag{7.78}$$

在上述条件中，日间像元必须满足上述所有条件，而夜间像元只需满足前两个条件。式（7.76）设置动态阈值 T_{limit}，该阈值为整个图像中红外波段亮温值的直方图中前 10%。式（7.77）和式（7.78）为反射率及亮温值阈值的设定，旨在排除同时具有高反射和高亮温的像元。满足以上条件的火点像元将被划分为非火点，反之则保留原火点识别结果不变。

4. 基于 Himawari-8 卫星影像的火点检测算法

在 NPP/VIIRS 火点判识算法的基础上，陈洁等（2017）结合静止气象卫星特点及中国草原区域植被固有特性，对原算法进行了改进，提出了针对中国草原区域阈值变化的自适应算法，实现 Himawari-8 静止气象卫星火点昼夜连续监测。具体算法如下。

（1）云检测：在火点判识中，云信息提取至关重要。利用云区可见光的高反射

(白天)特性以及热红外通道温度特性，区分非火点和云区。

(2)大气校正：对热红外通道数据利用 6S 辐射传输模型做大气校正。

(3)辐射校正：利用卫星和太阳的天顶角、方位角数据，校正可见光、近红外波段的反射率以及热红外辐射亮温值。

(4)背景像元亮温计算：火点像元判识的关键在于同背景温度的比较，背景亮温计算尤为重要。初始背景窗区大小设定为 5 像元×5 像元，窗口区内背景像元的平均温度为 $T_{3.9\text{bg}}=\text{mean}\left(T_{3.9}\right)$，计算 $T_{3.9\text{bg}}$ 时需要去除云区、水体、高温可疑火点像元，其中高温可疑像元的判识条件为

$$T_{3.9}>T_{\text{th}} \quad \text{或} \quad T_{3.9}>T'_{3.9\text{bg}}+\Delta T_{3.9\text{bg}} \tag{7.79}$$

式中，$T_{3.9}$ 表示 3.9 μm 通道的亮温值；T_{th} 表示 3.9 μm 通道的亮温阈值，默认取值为窗口内所有像元亮温的平均值和亮温标准差的 2 倍之和；$T'_{3.9\text{bg}}$ 表示窗口区内，相同土地利用类型在 3.9 μm 通道上的亮温平均值，$\Delta T_{3.9\text{bg}}$ 表示可疑火点像元与背景亮温的差异，可用相同土地利用类型像元亮温的 2.5 倍标准差表示。

如果 5 像元×5 像元的窗区中满足上述条件的晴空像元不足 20%，将窗区扩大到 7 像元×7 像元、9 像元×9 像元、…、51 像元×51 像元，若仍达不到要求，则像元放弃计算，标示为非火点像元。

(5)火点像元确认：如果像元满足以下两项条件，可初步将该像元确认为火点像元。

$$T_{3.9}>T_{3.9\text{bg}}+n_1\times\delta T_{3.9\text{bg}} \tag{7.80}$$

$$\Delta T_{3.9\_11}>\Delta T_{3.9\_11\text{bg}}+n_2\times\delta T_{3.9\_11\text{bg}} \tag{7.81}$$

式中，$\delta T_{3.9\text{bg}}$ 表示背景窗中 3.9 μm 亮温的标准差；$\Delta T_{3.9\_11}=T_{3.9}-T_{11}$，$T_{3.9}$、$T_{11}$ 分别表示 3.9 μm、11 μm 通道的亮温值；$T_{3.9\text{bg}}$ 表示 3.9 μm 通道亮温的平均值；$\Delta T_{3.9\_11\text{bg}}$ 表示背景窗 $\Delta T_{3.9\_11}$ 的平均值；$\delta T_{3.9\_11\text{bg}}$ 表示背景窗 $\Delta T_{3.9\_11}$ 的标准偏差。该条件设置的主要目的在于区分窗口内不同下垫面类型像元固有亮温值的差异，当窗口区域内像元类型比较一致时，$\delta T_{3.9\_11\text{bg}}$ 值较小。火点判识过程中，当 $\delta T_{3.9\text{bg}}$ 小于 2 K 时，用 2 K 替代；当大于 4 K 时，用 4 K 替代。n_1 和 n_2 为背景系数，该系数随监测的不同区域、不同时间以及不同角度而变化。对于北方草原地区，n_1 可设为 3，n_2 可设为 3.5。

(6)耀斑角滤除：当初步判识为火点像元的可见光、近红外反射率大于 0.3，3.9 μm 通道亮温大于 305 K，并且耀斑角小于 30°时，则该像元为耀斑点，剔除火点属性。

(7)常年高温滤除：常年高温点通常以人工热源为主，利用土地利用类型等辅

助数据进行删选剔除。

(8)确认火点可信度类型：利用监测像元与窗区背景像元的不同温差值确定火点可信度，可信度越高，判识为火点的可能性越高。火点可信度类型定义为，火点：$T_{3.9} > T_{3.9bg} + T$；可能火点：$T_{3.9} < T_{3.9bg} + T$；云区火点：火点位于云区边缘。T 为火点可信度亮温阈值，可采用窗口内与被判识为火点像元相同土地利用类型的所有像元亮温标准差的 3 倍表示。

5. 基于 Landsat 8 卫星影像的火点检测算法

由于热红外图像空间分辨率的限制，常用的火点检测方法对于小规模火点检测效果不明显，漏检率较高。部分研究利用了 Landsat 系列卫星进行火点检测，在常用的中红外、热红外波段检测火点基础上，将火点检测所用的波段扩展到了可见光与近红外波段。Landsat 8 携带陆地成像仪 OLI 和热红外传感器 TIRS，其中陆地成像仪 OLI 包括 8 个空间分辨率为 30 m 的多光谱波段和一个空间分辨率为 15 m 的全色波段。在火点检测中用到的陆地成像仪 OLI 波段及其作用如表 7.7 所示。

表 7.7　用于火点检测的 Landsat 8 OLI 波段及作用

波段序号	波段	波长范围/μm	作用
1	海岸波段	0.433～0.453	火点检测、水体掩模
2	蓝光波段	0.450～0.515	水体掩模
3	绿光波段	0.525～0.680	水体掩模
4	红光波段	0.630～0.670	水体掩模
5	近红外波段	0.845～0.885	火点检测、水体掩模
6	短波红外 1	1.560～1.660	火点检测、水体掩模
7	短波红外 2	2.100～2.300	火点检测、水体掩模

利用陆地成像仪 OLI 波段数据计算表观反射率，通过设置阈值实现火点检测。基于 OLI 传感器数据的火点检测算法包括如下步骤(Schroeder et al.，2016)。

(1)云检测：利用 Landsat 8 辅助数据质量波段得到逐像元的云覆盖信息，进行云检测。

(2)水体检测：利用判断条件对海水和内陆水体进行检测，条件为

$$\{\rho_4 > \rho_5 \text{且} \rho_5 > \rho_6 \text{且} \rho_6 > \rho_7 \text{且} \rho_1 - \rho_5 < 0.2\} \text{且}$$
$$\{(\rho_3 > \rho_2) \text{或} (\rho_1 > \rho_2 \text{且} \rho_2 > \rho_3 \text{且} \rho_3 > \rho_4)\} \tag{7.82}$$

式中，ρ_i 为第 i 波段的表观反射率。

(3)候选火点像元初步判别：利用条件对候选火点像元进行判别，条件为

$$R_{75} > 2.5 \text{且} \rho_7 - \rho_5 > 0.3 \text{且} \rho_7 > 0.5 \tag{7.83}$$

式中，R_{75} 是第 7 波段与第 5 波段的表观反射率之比，即 $R_{75}=\rho_7/\rho_5$。

(4) 标识 DN 交叠的像元：当火点面积较大、燃烧旺盛时，火点会超出 OLI 短波红外波段的最大辐射范围，从而出现像元饱和现象，在短波红外波段上表现出像元 DN 交叠现象。为此，可以采用条件对出现 DN 交叠的像元进行标识，这些被标识的像元也将作为候选火点像元的一部分。条件为

$$\rho_6 > 0.8\text{且}\rho_1 < 0.2\text{且}(\rho_5 > 0.4\text{或}\rho_7 < 0.1) \tag{7.84}$$

(5) 候选火点像元判别：为避免遗漏火点像元，也可以将第三步里面的判断条件放宽为下面条件，即所有满足下面条件的像元都作为候选火点像元。条件为

$$R_{75} > 1.8\text{且}\rho_7 - \rho_5 > 0.17 \tag{7.85}$$

(6) 确认火点：以候选火点像元为中心建立 61 像元×61 像元大小的窗口，该窗口内第 7 波段表观反射率大于 0 的像元为有效像元，计算该窗口内所有有效像元在第 7 波段上的平均值 $\bar{\rho}_7$ 和标准差 σ_{ρ_7}，以及该窗口内所有像元第 7 波段和第 5 波段表观反射率之比 R_{75} 的平均值 $\bar{R}_{75}$ 和标准差 $\sigma_{R_{75}}$。对中心像元是否为火点进行确认的条件为

$$\begin{gathered}R_{75} > \bar{R}_{75} + \max(3\sigma_{R_{75}}, 0.8)\ \text{且}\\ \rho_7 > \bar{\rho}_7 + \max(3\sigma_{\rho_7}, 0.08)\ \text{且}\\ R_{76} > 1.6\end{gathered} \tag{7.86}$$

式中，R_{76} 是第 7 波段与第 6 波段的表观反射率之比，即 $R_{76}=\rho_7/\rho_6$。

7.3.2　火点检测实例

2022 年 4 月 9 日 22 时，山东省威海市文登区与烟台市牟平区交界处发生一起森林火情。为检测火灾发生详细情况，采用空间分辨率为 2 km、时间分辨率为 10 min 的 Himawari-8 卫星数据进行火情分析，选取火灾前一时次 2022 年 4 月 9 日 21 时 50 分与火灾发生时次 2022 年 4 月 9 日 22 时的卫星遥感影像进行对比，对两个时次的卫星遥感数据进行质量检查、辐射定标、大气校正及几何校正等预处理，利用全国地表覆盖类型数据制作水体掩模数据，用作辅助数据以消除水体像元的影响。

根据 7.3.1 火点遥感检测算法中介绍的基于 Himawari-8 卫星影像的火点检测方法，首先进行云检测，将夜间图像 12.4 μm 波段亮温小于 265 K 的像元确定为云像元；然后判断潜在火点像元，一是通过 3.9 μm 波段亮温大于 320 K 的条件判定潜在火点像元，二是在背景像元搜索的基础上计算相关统计值，对于满足式(7.80)和式(7.81)的像元，也将其判定为潜在火点像元；最终对判定为潜在火点的像元进行假火点滤除，包括耀斑、固定人工热源等非火点滤除，剩下的火点像元

即为真实火点像元。

火灾发生前后的中红外波段(3.9 μm)图像以及火点检测结果如图 7.17 所示。火灾发生前一时次，根据 2022 年 4 月 9 日 21 时 50 分的卫星中红外图像，图 7.17(a)黑框位置所示的威海市文登区界石镇无亮温异常，确定火情尚未发生；火灾发生时次，在 2022 年 4 月 9 日 22 时的卫星中红外图像上，图 7.17(b)黑框内出现异常高温，判定为火灾已发生。

进一步地，Himawari-8 卫星数据监测显示，2022 年 4 月 10 日 3 时 50 分，火灾逐渐往烟台市牟平区龙泉镇方向蔓延；4 时 10 分，卫星监测到 6 个像元的火情，地跨威海、烟台两市，结果如图 7.18 所示。

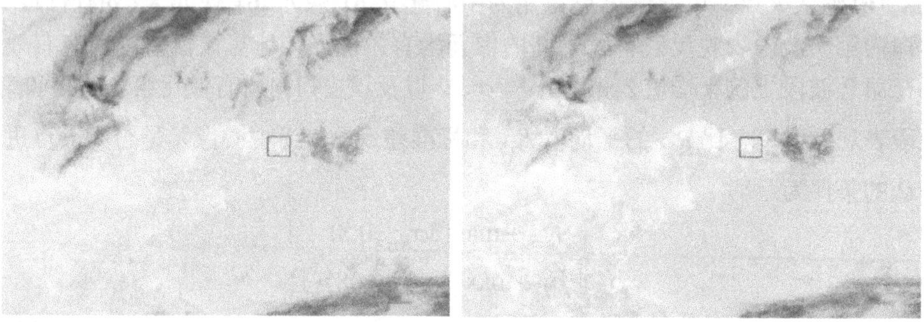

(a) 21 时 50 分火灾前影像　　(b) 22 时火灾影像

图 7.17　火灾前后时次 Himawari-8 号卫星中红外影像对比图

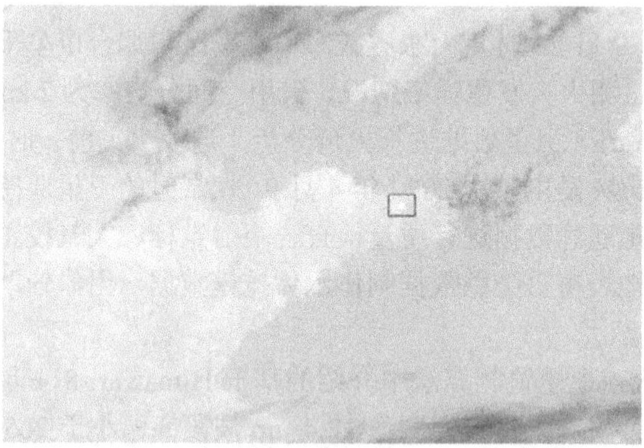

图 7.18　基于 Himawari-8 卫星影像的 4 月 10 日 4 时 10 分火点检测结果

相关部门在接到监测与预警信息后迅速组织了灭火队伍。随着救援力量的介入，火势逐渐得到控制。截止到 2022 年 4 月 10 日 17 时 10 分，通过 Himawari-8

卫星对该场大火监测次数超过百次。

7.4　基于热红外遥感的陆面蒸散估算

蒸散发(evapotranspiration，ET)包括土壤水分蒸发、植被水分蒸腾、冠层截流蒸发和水体表面蒸发，是陆地表面热量平衡和水量平衡的主要过程参量。在全球尺度上，蒸散发约占陆地降水总量的 60%；作为其能量表达形式，潜热通量约占地表净辐射的 80%。作为陆地表层水循环过程中仅次于降水的第二大组分，蒸散发是水循环过程中最难估算的分量。随着卫星遥感技术的发展，地表温度、植被指数、土壤水分等与地表水热通量密切相关的地表参数信息可以通过遥感反演获取，这为高精度、高时效估算区域及全球尺度蒸散发时空分布提供了可能。

陆面蒸散(ET 或 E)，是指从土壤或植被冠层、茎、枝干的表面及水面传输到大气中的水分。这种水分交换通常包括水从液态到气态的相变过程，因此伴随着能量吸收和地表降温的过程。正是由于该过程吸收潜热，我们用 λE 表示进入到大气中的能量通量，其中 λ 代表汽化潜热。

遥感方法具有空间上连续和时间上动态变化的特点，可以实现由点到面的转换，同时可见光、近红外和热红外等波段能够提供与地表蒸散和能量平衡过程密切相关的参数。经过多年探索，利用遥感手段研究全球和区域尺度的蒸发状况，已经成为遥感应用领域的一个重要分支。

在用遥感估算地球表面能量和水汽通量时，最为常用的大气窗口波段是：可见光(0.3～0.7 μm)、近红外(0.8～1.1 μm)、热红外(8.0～14.0 μm)，以及微波(1～50 cm)。前两个波段可以用于估算地表反照率和冠层结构等参数，热红外波段可用于地表温度的反演，而微波的某些波段与表面土壤湿度有很好的相关关系。多时相、多光谱和多角度的遥感资料能综合地反映地表的几何结构和温、湿状况，特别是热红外波段提供的地表温度信息是反映近地层热量平衡的重要参数。

7.4.1　地表能量平衡方程

地表能量平衡表示局地表面各种形式的能量流入与流出之间的平衡关系，对于具有一定面积和某种覆盖类型(水体、土壤、植被或冰雪等)的地面，到达和离开该区域的能量通量密度具有如下守恒关系：

$$R_n + A_h = \mathrm{LE} + H + G + P + S \tag{7.87}$$

式中，各项的单位均为 $\mathrm{W \cdot m^{-2}}$。式(7.87)左边代表能量输入的各项，而右边则是能量消耗和输出的项。R_n 代表地表的净辐射，是各种波长的辐射能在地表的净收支；A_h 是通过气流平流至该层的热量以及降水和流水带来的热量，在假设水平均匀的垂直一维模型中很少考虑此项，而在三维能量平衡模型中，平流是一个重要的考虑对象；LE 是蒸发潜热通量；H 是显热通量；G 是通过下边界传导向下的热通量，在 24 h 或更长时段内，向上和向下的土壤热通量互相抵消，可计为 0，但在某个瞬时，G 占总能量的比例可能很大，因此不可忽略；P 是在光合作用和呼吸作用中消耗的能量(即固定 CO_2 所消耗的能量)，在有植被的良好条件下，P 可占总辐射 5%的数量级，但一般仅在 1%以下，可以忽略不计；S 是地表储存的能量的变化，在高植被(如松林)中，曾观测到 S 在日出后和日落时几乎和净辐射 R_n 具有相同的数量级，对土壤或低矮植被而言该项可忽略。因此，能量平衡方程可简写为

$$R_n - G = \mathrm{LE} + H \tag{7.88}$$

净辐射减去土壤热通量就是有效能量，有效能量在显热和潜热之间的分配主要取决于地表湿润状况。显热通量是地表温度和空气温度的差异导致的热量流通量，而潜热通量是由于发生相变引起的能量变化，二者都依赖大气湍流现象来完成在地面和大气间的传送。图 7.19 显示了地表能量平衡过程中各分量的基本特征。

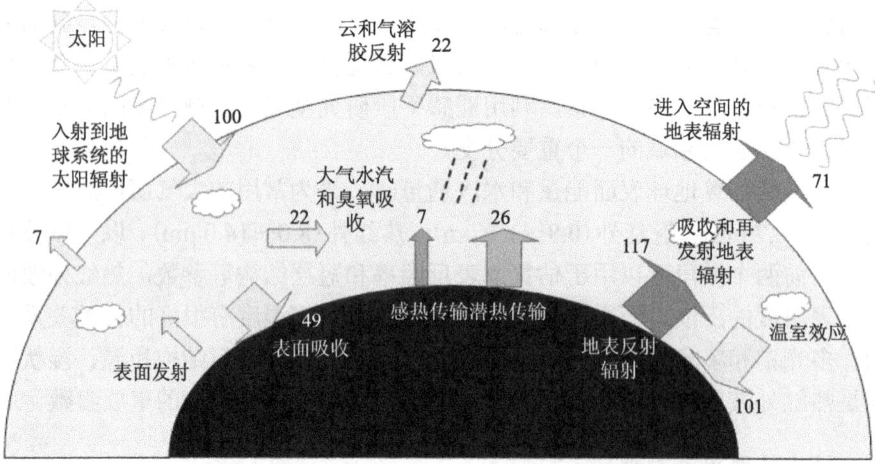

图 7.19　地球系统能量平衡的各通量项及其与平均入射太阳辐射($340 W\cdot m^{-2}$)之比(%) (Stephens et al.，2012)

地表能量交换信息的获取和模型分析是全球变化、生态系统研究等领域中最为重要的问题之一。近年来许多学者开展了大量有关地表-大气相互作用的观测、模拟研究，并取得了许多重要进展。其中，许多地表能量交换与平衡过程的研究采用了卫星遥感手段来快速、及时、动态地获取关键地表参数。

7.4.2　地表净辐射通量遥感估算

地表净辐射通量即地表辐射能量收支的差额，是指地表净短波辐射与长波辐射之和，是地表能量、动量、水分输送与交换过程中的主要能源。一般来说，净辐射通量在夜间为负值，日出后从负值转为正值，正午出现最大值，午后又逐渐减小，日落后由正值转为负值。

根据地表辐射平衡方程，地表净辐射通量可利用式(7.89)来表达：

$$R_n = R_{s\downarrow} - R_{s\uparrow} + R_{L\downarrow} - R_{L\uparrow} = (1-\alpha)R_{s\downarrow} + \varepsilon_a\sigma T_a^4 - \varepsilon_s\sigma T_s^4 \tag{7.89}$$

式中，$R_{s\downarrow} - R_{s\uparrow}$ 为地表的短波辐射平衡，即地表对太阳短波辐射的净收入；$R_{L\downarrow} - R_{L\uparrow}$ 为地表的长波辐射平衡，又称地面有效辐射；R_n 为地表净辐射；$R_{s\downarrow}$ 为入射到达地表的太阳短波辐射；$R_{s\uparrow}$ 为地表反射的太阳短波辐射；$R_{L\downarrow}$ 为大气长波辐射；$R_{L\uparrow}$ 为地表发射到大气中的长波辐射；ε_a 为大气有效发射率；ε_s 为地表发射率；T_a 为参考高度(一般为距离地面 2 m 高度)的空气温度；T_s 为地表温度；α 为地表反照率；σ 为斯特藩-玻尔兹曼常数。

$R_{s\downarrow}$ 又称为太阳总辐射，是纬度、时间、地形以及云的函数，是被动遥感的主要能量来源，其中纬度和时间体现在太阳高度角、方位角和日角的变化，地形起伏变化也会对入射太阳辐射产生影响。$R_{s\downarrow}$ 由太阳直射辐射 I_b 和大气散射辐射 I_d 两部分组成，可以利用辐射表进行观测，理论上的计算公式为

$$I_b = E\tau_b \tag{7.90}$$

$$I_d = \left[E\tau_d / (2\sin h)\right]\mathrm{SVF} \tag{7.91}$$

式中，E 为大气上界太阳辐射；h 为太阳高度角；τ_b 和 τ_d 分别为大气直射透过率和大气散射透过率；SVF 为天空开阔度，定义为地表表面接收(或发射)辐射量与整个半球发射(或接收)辐射量之比，与地形、城市建筑布局等因素有关。

大气有效发射率 ε_a 是空气水汽压 e_a、空气温度 T_a 的函数，在无云和有云情况下分别利用式(7.92)、式(7.93)进行计算：

$$\varepsilon_a = 1.24(e_a / T_a)^{1/7} \tag{7.92}$$

$$\varepsilon_a(c) = (1-0.84c)\varepsilon_a + 0.84c \tag{7.93}$$

式中，c 为云量百分比。

7.4.3　显热通量遥感估算

显热通量表征下垫面与大气之间湍流形式的热交换，也被称为感热通量，可用一维通量梯度公式来表达：

$$H = \frac{\rho c_p \mathrm{d}T}{\gamma_{ah}} \tag{7.94}$$

式中，ρ 为空气密度(kg·m^{-3})；c_p 为空气比热容(1004 J·kg^{-1}·K^{-1})；γ_{ah} 为空气动力学阻抗(s·m^{-1})，与近地表湍流状况有关，表征下垫面-参考高度之间大气对显热传输的阻力；dT 为气温观测高度气温与地-气水热交汇处的空气温度差异，由于地-气水热交汇处的空气温度难以测量，一般采用遥感反演的地表温度代替，即 $\mathrm{d}T=T_s-T_a$。

在式(7.94)中，空气动力学阻抗 γ_{ah} 需要利用气象数据获得，而且需要地表特性的相关数据，可通过湍流模式进行计算。在中性条件下，γ_{ah} 可利用式(7.95)进行计算：

$$\gamma_{ah} = \frac{\left[\ln\left(\frac{z-d}{z_0}\right)\right]^2}{k^2 u} \tag{7.95}$$

式中，z 为地表以上 2 m 左右的参考高度；d 为零平面位移高度(m)，即近地面平均风速为 0 的高度；k 为 Karman 常数；u 为 z 高度处的风速，$u(z)=\left(\frac{u^*}{k}\right)\ln\left(\frac{z-d}{z_0}\right)$，$\mu^*$为摩擦风速，$z_0$ 为表面粗糙度(m)，决定着地表湍流交换强度与地表类型、几何形状、几何大小等因素有关。

在不稳定条件下，Hatfield 等(1983)提出了空气动力学阻抗的稳定度订正方法：

$$\gamma'_{ah} = \gamma_{ah}\left[\frac{1-n(z-d)g(T_s-T_a)}{T_0 u^2}\right] \tag{7.96}$$

式中，n 为常数，可取值为 5；g 为重力加速度，取值为 9.8 m·s^{-2}；$T_0=(T_s+T_a)/2$。

7.4.4 潜热通量遥感估算

潜热通量指地表与大气之间以水分形式进行的热交换，即地表吸收辐射能与蒸发耗热的热交换，包括地面蒸发或植被蒸腾、蒸发的能量，又称蒸散。潜热交换是地-气能量转换的重要组成部分，是地表水分循环的重要过程之一，也与 CO_2 的吸收与释放以及气候变化密切相关。

目前已有多种模型与方法计算潜热通量，如空气动力学阻抗法、Penman-Monteith 法、Priestly-Taylor 法、Shuttleworth-Wallace 法等。近年来，学者们主要基于地表热量平衡和水分平衡，采用遥感数据与地面观测数据相结合的方法提取土壤-植被-大气界面的能量信息，进而估算地表潜热通量，主要方法包括余项法和定量遥感蒸散模型两大类。余项法根据地表能量平衡方程，利用遥感数据、地面观测数据估算净辐射通量、土壤热通量、显热通量后，计算潜热通量。定量遥感蒸散模型考虑地表植被和土壤的分布状况，根据是否分开建立植被和土壤的能量平衡模型，又可分为单层模型和双层模型，其中单层模型机理简单，在下垫面地表类型均一、性质类似的区域应用较多；而在植被部分覆盖区域，双层模型综合考虑植被、裸土与大气之间水热交换过程的差异，可获得更为准确的计算结果。

1. 单层模型

1) 彭曼蒸散方程

彭曼蒸散方程不区分土壤与植被，把植被覆盖的地表作为一个整体，假定能量交换界面为一片大叶，潜热交换发生在叶面上，则潜热通量可表达为

$$\mathrm{LE}=\frac{\rho c_p\left(e_s^*-e_a\right)}{\gamma(\gamma_{ah}+\gamma_c)} \tag{7.97}$$

式中，e_s^*为地表温度 T_s 时的下垫面饱和水汽压(hPa)；e_a为与空气温度 T_a 同高度处的空气水汽压(hPa)；γ_{ah}为空气动力学阻抗($\mathrm{s\cdot m^{-1}}$)；γ_c 为下垫面表面阻抗($\mathrm{s\cdot m^{-1}}$)，是大气、植被、土壤因子的函数，可通过叶面积指数(LAI)或植被覆盖度(f)有关的模型进行计算。

假设地面处于饱和状态，引入饱和水汽压对空气温度变化的斜率Δ：

$$\Delta=\frac{e_s^*-e_a}{T_s-T_a} \tag{7.98}$$

假设地表温度与空气温度接近的情况下，根据地表能量平衡方程，可推导出 Penman-Monteith 实际蒸散方程为

$$\mathrm{LE}=\frac{\Delta\left(R_n-G\right)+\rho c_p\left(e_s^*-e_a\right)/\gamma_{ah}}{\Delta+\gamma(1+\gamma_c/\gamma_{ah})} \tag{7.99}$$

在潜在蒸散情况下(水分充足)，表面阻抗 γ_c 近似为 0，则潜在蒸散 LE_p 为

$$\mathrm{LE}_p=\frac{\Delta\left(R_n-G\right)+\rho c_p\left(e_s^*-e_a\right)/\gamma_{ah}}{\Delta+\gamma} \tag{7.100}$$

实际蒸散与潜在蒸散之比(相对蒸散比)，即式(7.99)除以式(7.100)可得

$$\frac{\mathrm{LE}}{\mathrm{LE}_p}=\frac{\Delta+\gamma}{\Delta+\gamma\left(1+\gamma_c/\gamma_{ah}\right)} \tag{7.101}$$

2) 地表能量平衡指数(surface energy balance index，SEBI)模型

给定一组边界层特征参数(位温、风速、湿度等)，假设“干”限地表蒸散(潜热通量)为 0，显热通量为地表可利用能量，“湿”限地表温度最低，被认为是潜

在蒸散点，SEBI 模型基于作物水分胁迫指数，使用 Penman-Monteith 公式假定内在阻抗为 0，计算地表能量平衡指数(SEBI)：

$$\text{SEBI} = \frac{H - H_{\text{wet}}}{H_{\text{dry}} - H_{\text{wet}}} \tag{7.102}$$

式中，H_{dry}、H_{wet} 分别对应于极干、极湿显热通量。

潜热通量(LE)可由潜在蒸散(LE_p)和地表能量平衡指数(SEBI)进行计算：

$$\text{LE} = (1 - \text{SEBI})\text{LE}_p \tag{7.103}$$

3) 地表能量平衡系统(surface energy balance system，SEBS)模型

Su 等(2003)提出了地表能量平衡系统模型(SEBS)，SEBS 模型利用 BAS 理论计算摩擦速度、Monin-Obukhov 长度，确定感热通量；采用蒸发比不变法估算实际蒸散。SEBS 模型假设“干”限处的潜热通量为 0，显热通量最大；“湿”限处显热通量最小。

$$H_{\text{dry}} = R_n - G \tag{7.104}$$

$$H_{\text{wet}} = \frac{(R_n - G) - \dfrac{\rho c_p}{\gamma_{ah}} \dfrac{\text{VPD}}{\gamma}}{1 + \dfrac{\Delta}{\gamma}} \tag{7.105}$$

$$\text{EF}_r = \frac{1 - (H - H_{\text{wet}})}{H_{\text{dry}} - H_{\text{wet}}} \tag{7.106}$$

$$\text{EF} = \frac{\text{EF}_r \text{LE}_{\text{wet}}}{R_n - G} \tag{7.107}$$

4) S-SEBI 模型

为了解决地面气象数据获取困难的问题，Roerink 等(2000)提出了 S-SEBI 模型，该模型可利用遥感图像反演的地表温度计算蒸发比 EF 来表达蒸散量。S-SEBI 模型使用时，需要在遥感图像中找到极干像元温度 T_H 和极湿像元温度 T_{LE}，应用范围受到一定限制。

$$\text{EF} = \frac{T_H - T_{\text{LE}}}{T_H + T_{\text{LE}}} \tag{7.108}$$

5) SEBAL (surface energy balance algorithm for land) 模型

根据能量平衡原理，Bastiaanssen 等(1998)提出了 SEBAL 模型来估算区域蒸散发，具有对站点观测气象数据要求低的优点。SEBAL 模型针对遥感估算显热通量存在着不准确的问题，假设地表温度(T_s)与地温-气温之差(dT)之间存在着一定的线性关系，即

$$dT = aT_s + b \tag{7.109}$$

同时 SEBAL 模型假设在研究区域中存在着“干”“湿”像元，其中“干”像元的潜热通量为 0，“湿”像元的显热通量为 0。在“干”像元上，地气温差可以通过求解一源整体空气动力学传输方程得到

$$dT_{dry} = \frac{H_{dry}\gamma_{ah}}{\rho c_p} = \frac{(R_{n,dry} - G_{dry})\gamma_{ah}}{\rho c_p} \tag{7.110}$$

在“湿”像元上，潜热通量等于净辐射通量与土壤热通量之差，因此地气温差 dT_{wet} 等于 0。在此基础上，可得出式(7.109)中的系数 a 和 b：

$$\begin{cases} a = \dfrac{\gamma_{ah}}{\rho c_p}\dfrac{R_{n,dry} - G_{dry}}{T_{s,dry} - T_{s,wet}} \\ b = -\dfrac{\gamma_{ah}}{\rho c_p}\dfrac{(R_{n,dry} - G_{dry})T_{s,wet}}{T_{s,dry} - T_{s,wet}} \end{cases} \tag{7.111}$$

在考虑大气稳定度的情况下，显热通量 H 可以通过迭代求解整体传输空气动力学方程得到，并通过余项法最终求得潜热通量 LE。

2. 双层模型

根据 Beer 定律，双层模型一般将各通量分解为植被冠层表面通量和土壤表面通量之和，即 $R_n = R_{ns} + R_{nv}$，$\mathrm{LE} = \mathrm{LE}_s + \mathrm{LE}_v$，$H = H_s + H_v$，并分别定义一个能量平衡方程，分别解出植被冠层、土壤表面的最优解。

土壤和植被能量平衡组分可以通过下列方程计算得到

$$\begin{cases} R_{ns} = H_s + \mathrm{LE}_s + G \\ R_{nv} = H_v + \mathrm{LE}_v \end{cases} \tag{7.112}$$

$$H_s = \rho c_p \frac{T_{ss} - T_a}{\gamma_s} \tag{7.113}$$

$$H_v = \rho c_p \frac{T_{sv} - T_a}{\gamma_v} \tag{7.114}$$

式中，T_{ss}、T_{sv} 分别为土壤、植被冠层温度；γ_s 和 γ_v 分别为土壤阻抗和植被冠层的整体边界层阻抗。

可利用冠层孔隙率计算到达下层土壤的净辐射通量 R_{ns} 与植被冠层净辐射通量 R_{nv}，式中 $b(\theta)$ 为太阳辐射 θ 方向的冠层孔隙率，与叶倾角分布函数、叶面积指数等参数有关。

$$R_{ns} = b(\theta)R_n \tag{7.115}$$

$$R_{nv}=\left[1-b(\theta)\right]R_n \tag{7.116}$$

植被冠层潜热通量可利用 Priestley-Taylor 公式进行计算：

$$\mathrm{LE}_v=af_g\frac{\Delta}{\Delta+\gamma}R_{nv} \tag{7.117}$$

式中，a 为处于潜在蒸腾植被条件下的 Priestley-Taylor 系数；f_g 为绿色 LAI 所占比例。

土壤潜热通量 LE_s 则通过土壤能量平衡余项法计算得到，其中土壤热通量 G 可以利用土壤净辐射 R_{ns} 乘以与土壤类型、湿度、时间有关的比例系数得到。

7.4.5 土壤热通量遥感估算

土壤热通量(G)是指发生在土壤内部的热量交换，等于地面以下单位面积、单位厚度、单位时间内热焓的变化值。土壤热通量与热量流动方向的土壤梯度、土壤热容量、热扩散率成正比。土壤热通量不仅影响生态系统的物质、能量和动量交换过程，而且还通过影响地-气之间的热量与能量交换影响气候变化。白天，地表净辐射通量为正值，地表热量部分通过潜热通量与显热通量进行交换，剩余热量则进入土壤，影响土壤热通量；夜间，由于没有短波太阳辐射，地表净辐射通量为负值，地表热量由潜热、显热和土壤热通量来补偿。土壤热通量与植被参数(如叶面积指数、植被覆盖度、植被高度等)、土壤参数等有关，可利用遥感方法估算土壤热通量。张仁华(2009)根据多年实验观测得出，土壤热通量与净辐射通量之间有一定的相关性，对于裸露土壤，土壤热通量可达净辐射通量的 20%～50%；有作物覆盖情况下，土壤热通量为净辐射通量的 5%～20%。

Camuffo 和 Bernardi(1982)提出了一个目标滞后模型(OHM)，用于计算地表储热通量，该模型的建立基于地表储存的能量仅仅来自于太阳和大气辐射：

$$G=a_1R_n+a_2\frac{\partial R_n}{\partial t}+a_3 \tag{7.118}$$

式中，G 为地表储热通量；t 为时间；参数 a_1 表示地表储热通量对净辐射的依赖程度；参数 a_2 表示地表储热通量与净辐射是否完全一致；参数 a_3 表示当净辐射变成负值时地表储热通量的大小。对于不同的地表类型，参数 a_1、a_2、a_3 都应取其适当的系数值。

7.4.6 地表蒸散遥感监测实例

徐永明等(2012)利用遥感数据对 2002～2009 年新疆维吾尔自治区博斯腾湖流域的地表蒸散进行了监测。遥感数据主要为 MODIS 的年合成土地覆盖产品、月合成植被指数产品、8 日合成地表温度产品和 16 日合成反照率产品，空间分辨率均为 1 km。此外，海拔数据使用了 SRTM DEM 数据。对所有遥感数据先进行投影转换，对地表温度和反照率数据进行插补，消除无效值，然后按月进行合成处理，与 NDVI 数据相匹配。气象资料为博斯腾湖流域周边 9 个气象站点 2002～2009 年的逐日最高气温、平均风速、降水资料，以及 1 个站点(博湖站)2005～2009 年的蒸发皿观测资料。为了与遥感资料相匹配，对逐日气象资料进行月合成处理，得到月合成的逐日最高气温、平均风速、降水和蒸发资料。

运用式(7.89)计算地表净辐射。计算净辐射过程中有两个重要的参数需要计算：大气透过率和近地表气温。根据宗雪梅等(2005)研究结果中乌鲁木齐和喀什两地光学厚度及海拔，建立了新疆地区光学厚度与海拔的简单线性关系，根据 6S 模型模拟大气透过率随光学厚度及海拔的变化关系，建立二维查找表，根据查找表计算出研究区的大气透过率。根据站点气温数据和对应位置的地表温度、海拔、NDVI 及太阳天顶角等建立了气温的分段经验方程，反演得到研究区的近地表气温。

对于植被和非植被地区，分别用不同的经验公式来估算土壤热通量：

$$G=\begin{cases}\left[\dfrac{T_s}{\alpha}\left(0.0038\alpha+0.0074\alpha^2\right)\left(1-0.98\cdot\mathrm{NDVI}^4\right)\right]R_n & \text{植被区}\\ c_g\cdot R_n & \text{非植被区}\end{cases}\tag{7.119}$$

式中，T_s 为地表温度；R_n 为地表净辐射；α 为地表反照率；c_g 是针对不同地表的经验常数。

利用式(7.94)计算显热通量，求出中性稳定度下的摩擦风速 μ^* 与空气动力学阻抗 γ_{ah}，引入 Monin-Obukhov 长度，通过多次循环递归运算对 μ^* 和 γ_{ah} 修正，直到得到稳定的显热通量 H 值为止。

求出净辐射 R_n、土壤热通量 G 和显热通量 H 后，根据式(7.88)计算出瞬时潜热通量 LE，根据蒸发比不变法进行时间尺度扩展得到日蒸散量，然后计算出 2002～2009 年的月蒸散以及年蒸散量。

由于博斯腾湖流域缺乏通量观测资料，无法对蒸散遥感反演结果进行非常严格的验证。博湖站距离博斯腾湖非常近(<2 km)，其蒸发状况与湖面水体很相近，因此可用该站点蒸散数据与附近水体的遥感蒸散结果进行比较。根据博斯腾湖流域附近的塔里木河流域水面蒸散折算系数将蒸发皿数据转换为大面积水面蒸散量，与附近水体的遥感蒸散数据进行比较(图 7.20)。两者的相关系数为 0.97，平均绝对误差为 12.39 mm，相对误差为 14.15%。

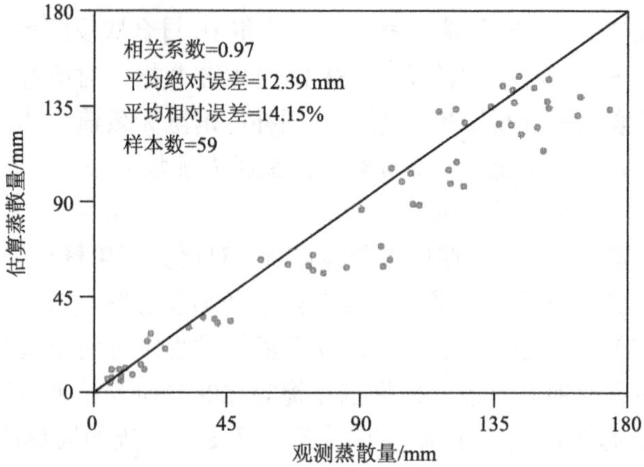

图 7.20　博湖站点观测蒸散量与附近水体遥感估算蒸散量

对遥感反演得到的 2003～2009 年的地表年蒸散进行平均，得到博斯腾湖流域的多年平均蒸散分布图(图 7.21)。从整体上看，研究区体现出西北高、东南低的特点。西北部主要是草地，蒸散年均值一般在 250～400 mm。东南部的博斯腾湖及小湖区湿地具有最高的蒸散值，普遍在 700 mm 以上，博湖西部的农耕区也具有较高的蒸散值，一般在 300～400 mm。湖区周围的荒漠地带年平均地表蒸散量多在 150 mm 以下，显著低于其他地区。

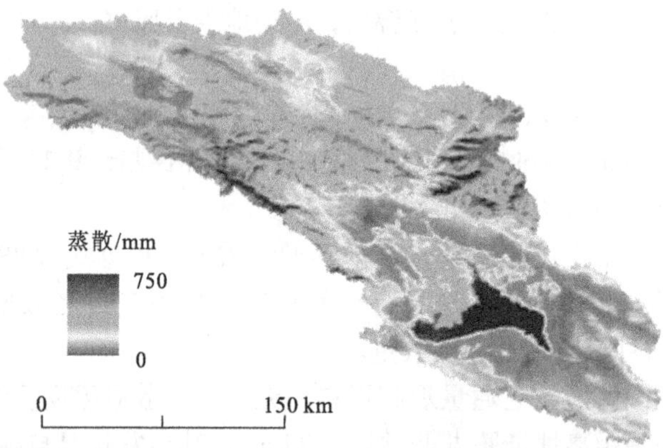

图 7.21　博斯腾湖流域多年平均蒸散分布

图 7.22 给出了博斯腾湖流域地表蒸散年内变化趋势。可以看出，蒸散的年内变化呈现单峰特征。1～4 月蒸散缓慢上升，4～7 月蒸散急剧升高，在 7 月达到最高值(56.25 mm)。然后 7～11 月期间迅速下降，11～12 月缓慢下降，12 月份的蒸散量为全年最低(8.48 mm)。博斯腾湖流域的地表蒸散主要集中于夏季，6～8 月的

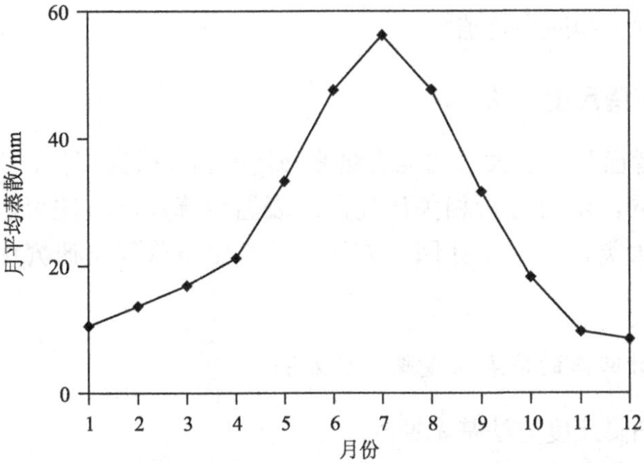

图 7.22　博斯腾湖流域月平均蒸散的年内变化趋势

地表蒸散量占全年总蒸散量的 48.10%。冬季蒸散最低是由于气温较低和降水少；春季由于气温回升，加上积雪融水的补给使得地表蒸散显著升高；夏季气温最高，冰雪融水最多，而且流域的降水也主要集中在该季节，因此地表蒸散保持在较高的水平上；秋季气温回落，降水也减少，使得地表蒸散迅速下降。

7.5　地表温度降尺度与应用

地表温度可以通过热红外或微波遥感传感器进行监测。但是微波遥感传感器获得的地表温度空间分辨率通常较低，而热红外遥感传感器在通道设计时需要综合考虑时间分辨率、空间分辨率等参数。受限于传感器设计技术等原因，热红外遥感传感器反演的地表温度往往在时间分辨率和空间分辨率上相互制约，而且数据有效性与成像时刻天气状况密切相关。静止气象卫星可提供时间分辨率高达分钟级的观测数据，但是其空间分辨率通常为 2～5 km；MODIS 传感器提供了每日地表温度产品，空间分辨率为 1000 m，其中等空间分辨率不足以准确表达地形复杂、下垫面土地覆盖异质性较高区域的地表温度；Landsat 8 TIRS 传感器可提供空间分辨率为 100 m 的地表温度数据，但重访周期长达 16 日，同时受云、气溶胶等天气状况的影响，使得实际可用数据的时间分辨率更低；航空有人驾驶飞机以及无人机搭载热红外传感器可以获得极高空间分辨率的图像，但成本较高、续航时间不稳定，不适用于大面积区域。由此可见，利用传感器直接采集并反演得到同时具有高时间分辨率与高空间分辨率的地表温度数据非常困难。因此，将热红外遥感反演的高时间分辨率地表温度进行空间降尺度，是获得高时空分辨率地表温度的常用有效方法。该方法对于城市热环境、城市气象灾害、城市气候等研究具有重要的理论和应用价值。

7.5.1 地表温度降尺度方法

国内外学者已开展了大量的地表温度降尺度相关研究工作，关于降尺度方法的分类各有不同。综合分析相关研究，地表温度降尺度方法可以分为统计回归和图像融合两大类，其中统计回归方法是地表温度降尺度研究中应用最为广泛的方法。

1. 基于统计回归的地表温度降尺度方法

1) 统计回归降尺度方法基本原理

利用统计回归方法，建立地表温度与地表参数单因子或多因子之间的统计关系，并假定这种关系不随空间尺度发生变化，将低分辨率地表温度与影响参数之间的统计关系应用到高分辨率图像上，得到高空间分辨率地表温度。

统计回归降尺度方法利用低空间分辨率图像，建立地表温度与 i 个影响参数之间的关系：

$$T_{s,c} = f\left(x_{i,c}\right) \tag{7.120}$$

$$e_c = T_{\mathrm{ref},c} - T_{s,c} \tag{7.121}$$

式中，$T_{s,c}$ 表示模型估算的低空间分辨率地表温度；$x_{i,c}$ 表示第 i 个低空间分辨率的影响参数；e_c 表示模型拟合误差；$T_{\mathrm{ref},c}$ 表示遥感反演的低空间分辨率地表温度。

假定这种统计关系在高空间分辨率上仍然成立，则高空间分辨率地表温度为

$$T_{s,f} = f\left(x_{i,f}\right) + e_f \tag{7.122}$$

式中，$T_{s,f}$ 表示降尺度后得到的高空间分辨率地表温度；$f()$ 为统计模型，由式(7.120)拟合得到；$x_{i,f}$ 表示第 i 个高空间分辨率的影响参数；e_f 表示由低分辨率模型拟合误差进行尺度转换后对应的高分辨率模型的误差。

2) 统计降尺度模型的因子选择

Kustas 等(2003)通过建立地表温度与归一化植被指数(NDVI)的关系，提出了 DisTrad 算法。Agam 等(2007)将植被覆盖度作为回归因子，提出了 TsHARP 算法。在此基础上，更多植被指数与非植被因子被加入降尺度模型中，包括归一化建筑指数(NDBI)、不透水面比例、归一化水体指数(NDWI)、反照率、发射率、DEM、叶面积指数(LAI)、土壤含水量、遥感反射率、主成分分析变换结果等地表二维遥感参数，以及与地表三维空间几何结构有关的天空开阔度(SVF)、建筑高度、建筑密度、迎风面积密度(FAD)等参数。

3) 地表温度统计降尺度模型

地表温度统计降尺度模型最早采用的是线性回归模型，该模型也经常用作与其他统计模型进行精度对比。然而，简单的线性回归模型难以准确表达地表温度与各种地球物理参数间的复杂关系；于是，地理加权回归模型、回归克里金模型、三层结构模型、神经网络、支持向量机、随机森林算法等多元非线性统计模型与机器学习模型被不断发展并应用于地表温度降尺度研究。

最早的降尺度模型为全局模型，即在整个图像范围内，建立一个不随空间位置发生变化的降尺度模型。然而，由于地表温度及其影响因子之间的关系通常随空间位置的不同而发生变化，而且同一参数对地表温度的影响作用在不同空间尺度上差异较大。局部模型开始被逐渐引入到降尺度模型的建立过程中，例如，移动窗口建模方法使用移动窗口内的数据构建降尺度关系模型，在局部区域范围内建立地理加权回归模型等。

4) 统计降尺度模型的尺度效应

地表温度降尺度方法假定统计模型尺度不变，然而由于不同分辨率图像上的混合像元影响，降尺度过程存在着尺度依赖性。已有研究表明，地表温度的初始空间分辨率、降尺度的目标空间分辨率，以及图像覆盖区域的空间范围，都会对降尺度结果产生重要影响。在较低空间分辨率图像上，混合像元现象严重，每个像元通常是多种地物的混合，在地表温度图像上的非同温混合像元更为常见，地表温度由多种土地覆盖类型共同决定。随着空间分辨率的提高，纯净像元相对越来越多，地表温度通常由特定的土地覆盖类型确定。因此，从较低空间分辨率(如 1000 m)向较高空间分辨率(如 30 m)降尺度时，由于空间分辨率跨度太大，降尺度模型的尺度效应对结果的影响较大。针对这种情况，可以采用逐级降尺度方法，如将 1000 m 依次降尺度到 500、200、100、30 m 分辨率，整个过程建立 4 个不同的降尺度模型，在中间分辨率上，将每次地表温度降尺度结果作为下一个层级分辨率降尺度模型的输入。

5) 地表温度降尺度结果精度评估

一般使用 3 种方法开展基于统计回归的地表温度降尺度结果精度评估，这 3 种评估方法同样适用于基于图像融合的地表温度降尺度方法。

(1) 将高空间分辨率热红外图像升尺度，得到低分辨率模拟数据，并进行降尺度模型构建，用于估算高分辨率地表温度，将其与原始相同分辨率的地表温度进行对比分析，其中使用 Landsat 系列卫星热红外图像作为基础数据开展研究最为常见。

(2) 构建降尺度模型，将低空间分辨率地表温度进行降尺度，得到高分辨率地表温度，并将其与相近时刻的其他高空间分辨率地表温度进行对比。例如，MODIS 地表温度降尺度结果与 ASTER 地表温度、TM/ETM+/TIRS 地表温度进行对比；

以MODIS地表温度作为参考，评估MSG SEVIRI地表温度降尺度、FY2F VISSR-II地表温度降尺度结果精度。

(3)综合上述两种方法，即在研究中同时使用模拟数据与真实热红外图像数据进行降尺度，并开展降尺度结果对比分析与精度评估。

2. 基于图像融合的地表温度降尺度方法

图像融合方法可以将低空间分辨率、高时间分辨率图像与高空间分辨率、低时间分辨率的图像有效融合，利用待融合像元时空邻域内的相似像元，依据光谱、时间和空间信息的综合权重，构建模型生成融合像元，获取高时空分辨率地表温度。与统计回归降尺度方法不同，图像融合方法在低空间分辨率尺度下不直接建立地表温度与影响参数之间的关系模型。

1)发射率调整的地表温度降尺度方法

在低空间分辨率图像上，根据玻尔兹曼定律和基尔霍夫定律，计算亮度温度：

$$T_{b,c}=\varepsilon_c^{1/4}T_{s,c} \tag{7.123}$$

式中，$T_{b,c}$、$T_{s,c}$和ε_c分别表示低分辨率图像对应的亮度温度、地表温度和发射率。

高空间分辨率地表温度，可以根据高、低空间分辨率发射率之间的关系进行估算：

$$T_{s,f}=T_{b,c}/\varepsilon_f^{1/4} \tag{7.124}$$

式中，$T_{s,f}$和ε_f分别表示高分辨率图像对应的地表温度和发射率。

2)基于比例因子的地表温度降尺度方法

该方法利用高低空间分辨率图像参数对应位置之间的比例因子，将低分辨率地表温度按一定比例分配至各子像元，获得高空间分辨率地表温度。

$$T_{s,f}=\frac{T_{s,c}x_f}{x_c} \tag{7.125}$$

式中，x_f和x_c分别为高空间分辨率和低空间分辨率图像的某个参数，例如高低分辨率的发射率、时间较为一致的高低分辨率地表温度(如MODIS地表温度、TIRS地表温度)等。

3)基于时空自适应融合方法的地表温度降尺度

假设t_1、t_2时刻的高、低空间分辨率辐射亮度图像分别为$I_f(t_1)$、$I_f(t_2)$、$I_c(t_1)$和$I_c(t_2)$，则t_p时刻的高空间分辨率辐射亮度可表达为

$$I_f(x_i,y_i,t_p)=I_f(x_i,y_i,t_1)+h(x_i,y_i)\left[I_c(x,y,t_p)-I_c(x,y,t_1)\right] \tag{7.126}$$

式中，(x_i,y_i)为低分辨率图像像元(x,y)包含的第i个高分辨率图像像元；时空融合的比例因子$h(x_i,y_i)$计算公式为

$$h(x_i,y_i)=\frac{I_f(x_i,y_i,t_2)-I_f(x_i,y_i,t_1)}{I_c(x,y,t_2)-I_c(x,y,t_1)} \tag{7.127}$$

根据 t_1、t_2 时刻遥感图像，利用式(7.127)计算得到比例因子 $h(x_i,y_i)$，进而根据式(7.126)结合 t_p 时刻的低分辨率图像，计算得到高空间分辨率辐射亮度，最后可通过地表温度反演过程得到高空间分辨率地表温度。

地表温度时空融合模型假设高、低分辨率同类像元辐射亮度一致，容易在空间和时间上受像元辐射亮度的变异影响，因此在地表覆盖类型均一区域的精度较高。在空间异质性较高的城市区域以及地形起伏较大的山区，由于低空间分辨率图像存在着严重混合像元现象，将其映射到高空间分辨率图像上会出现较大的融合误差。此外，基于时空融合方法的地表温度降尺度模型还有一些限制，如依赖于高质量的、晴空环境中获取的历史数据，且通常忽略了不同空间分辨率热红外波段辐射亮度之间的物理关系。

7.5.2　地表温度降尺度实例与应用

1. 南京城市部分区域 Sentinel-3 地表温度降尺度

Li 等(2022)选择南京城市部分区域作为研究区，将 2021 年 10 月 4 日 10:04 成像的 Sentinel-3 地表温度进行直接降尺度、逐级降尺度处理，并将降尺度结果与同一天 10:37 获取的 Landsat 8 地表温度进行对比，分析引入城市三维空间形态参数的逐级地表温度降尺度效果。

选择了 USGS 提供的 30m 空间分辨率的 Landsat 8 地表温度对 Sentinel-3 SLSTR 地表温度降尺度结果进行精度评估，该产品由单通道算法生成。降尺度研究所用的 Sentinel-3 SLSTR 地表温度产品利用分裂窗算法反演而得，精度为 1 K，首先采用双线性内插方法将其空间分辨率重采样到 900 m，并利用升尺度后相同分辨率的 Landsat 8 地表温度进行线性校正，减少传感器通道差异和地表温度反演算法差异造成的影响，以提高 Landsat 8 地表温度和 Sentinel-3 SLSTR 地表温度产品之间的可比性。采用 Sentinel-2B L2A 级别的反射率数据计算地表温度统计降尺度所需的改进的归一化水体指数(MNDWI)等 6 个地表二维遥感参数，计算公式如表 7.8 所示。

将南京建筑矢量数据转换为分辨率为 10m 的栅格数据，计算城市空间形态参数，包括建筑密度(BD)、迎风面积指数(FAI)、容积率(FAR)、平均高度(MH)和天空开阔度(SVF)等，计算公式如表 7.9 所示。其中，在计算每个像素位置的天空开阔度时，考虑了半径 100 m 内的建筑物影响；计算迎风面积指数、容积率等其他参数时，A_T 取值为 10 000 m^2。

表 7.8 用于 Sentinel-3 SLSTR 地表温度降尺度的遥感指数

变量	计算公式
改进的归一化水体指数(modified normalized difference water index，MNDWI)	$\mathrm{MNDWI}=\dfrac{\rho 3-\rho 12}{\rho 3+\rho 12}$
归一化建筑指数(normalized difference building index，NDBI)	$\mathrm{NDBI}=\dfrac{\rho 12-\rho 8}{\rho 12+\rho 8}$
归一化建成区与土壤指数(normalized difference built-up and soil index，NDBSI)	$\mathrm{NDBSI}=\dfrac{\mathrm{IBI}+\mathrm{SI}}{2}$ $\mathrm{IBI}=\dfrac{\dfrac{2\times\rho 11}{\rho 11+\rho 8}-\left(\dfrac{\rho 8}{\rho 8+\rho 4}+\dfrac{\rho 3}{\rho 3+\rho 11}\right)}{\dfrac{2\times\rho 11}{\rho 11+\rho 8}+\left(\dfrac{\rho 8}{\rho 8+\rho 4}+\dfrac{\rho 3}{\rho 3+\rho 11}\right)}$ $\mathrm{SI}=\dfrac{(\rho 11+\rho 4)-(\rho 8+\rho 2)}{(\rho 11+\rho 4)+(\rho 8+\rho 2)}$
归一化湿度指数(normalized difference moisture index，NDMI)	$\mathrm{NDMI}=\dfrac{\rho 8-\rho 11}{\rho 8+\rho 11}$
归一化植被指数(normalized difference vegetation index，NDVI)	$\mathrm{NDVI}=\dfrac{\rho 8-\rho 4}{\rho 8+\rho 4}$
土壤调节植被指数(soil-adjusted vegetation index，SAVI)	$\mathrm{SAVI}=\dfrac{\rho 8-\rho 4}{\rho 8+\rho 4+0.5}(1+0.5)$

注：$\rho 1$～$\rho 12$ 分别表示 Sentinel-2 卫星搭载的多光谱成像仪(multispectral imager，MSI)的通道 1～通道 12 的光谱反射率

表 7.9 用于 Sentinel-3 SLSTR 地表温度降尺度的城市空间形态参数

变量	计算公式
建筑密度(building density，BD)	式(7.14)
迎风面积指数(frontal area index，FAI)	式(7.17)
容积率(floor area ratio，FAR)	$\mathrm{FAR}=\dfrac{\sum_{i=1}^{n}F_i*A_i}{A_T}$ (F_i 为第 i 个建筑物的层数，A_i 为第 i 个建筑的面积，A_T 为计算平面面积)
平均高度(mean height，MH)	$\mathrm{MH}=\dfrac{\sum_{i=1}^{n}H_i}{n}$ (H_i 为第 i 个建筑物的高度，n 为建筑物总数量)
天空开阔度(sky view factor，SVF)	式(7.15)

本节使用随机森林算法构建地表温度降尺度模型。随机森林算法是Breiman(2001)提出的一种基于决策树的集成学习算法，该算法使用 bootstrap 重采样方法，从原始样本中抽取并生成训练样本子集，根据训练样本子集生成多个决策树并组成随机森林，回归模型结果由决策树投票分数确定。随机森林算法的主要参数有决策树数目和树节点预选变量个数等。决策树数目是对原始数据集进行有放回抽样生成的子数据集个数，即决策树的个数。树节点预选变量个数是指构建决策树最优模型时考虑的最大特征数。

随机森林算法在处理非线性问题方面比传统的统计回归算法更好。由于引入了随机选择的训练样本子集，每个决策树之间的相关性更小，随机森林算法比其他算法具有更强的抗噪声能力。只要决策树数目足够多，随机森林算法可以有效地避免过拟合问题，训练速度更快。随机森林算法可以在训练过程中检查特征之间的相互作用，并输出特征的重要性，这为分析特征的影响程度提供了参考。

当空间分辨率跨越更大范围时，降尺度结果不能准确地描述地表温度的空间分布，往往会低估建筑区域的地表温度，高估水体和植被区域的温度。本节提出了一种基于随机森林算法的地表温度逐级降尺度方法(step-by-step random forest downscaling，SSRFD)(Li , et al.，2022)，将 900 m 分辨率的 Sentinel-3 SLSTR 地表温度顺序降尺度到 450、150、30 m 的空间分辨率，并与直接随机森林降尺度(direct random forest downscaling, DRFD)方法将 900 m 分辨率直接降尺度到 30 m 分辨率的结果进行对比。

图 7.23 给出了 30m 空间分辨率情况下的 Landsat 8 参考地表温度、直接降尺度 DRFD 结果和逐级降尺度 SSRFD 结果的对比，表 7.10 给出了对应图像的地表温度最大值、最小值、平均值、标准方差的对比。

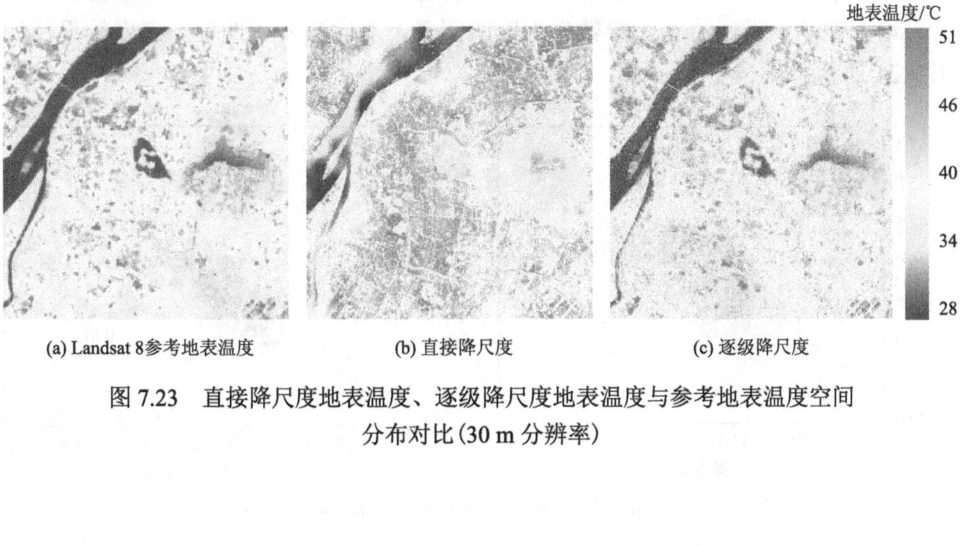

(a) Landsat 8参考地表温度　(b) 直接降尺度　(c) 逐级降尺度

图 7.23　直接降尺度地表温度、逐级降尺度地表温度与参考地表温度空间分布对比(30 m 分辨率)

表 7.10　直接降尺度、逐级降尺度与 Landsat 8 参考地表温度的统计对比

统计量	Landsat 8 参考地表温度/℃	直接降尺度/℃	逐级降尺度/℃
最大值	51.06	42.80	50.76
最小值	13.94	28.95	24.36
平均值	36.50	37.91	36.78
标准方差	3.46	2.64	3.73

与 Landsat 8 参考地表温度相比，直接降尺度和逐级降尺度都捕捉到了更为精细的地表温度空间差异特征和纹理特征，所得到的地表温度分布基本一致。然而，在图 7.23(b)中，直接降尺度结果中存在着高温区域的总体低估和低温区域高估现象，例如长江西北海岸、玄武湖和紫金山一带区域都显示出明显的温度高估误差，且高温区和亚高温区之间的特征差异不如图 7.23(a)明显。与直接降尺度相比，逐级降尺度结果更准确，建筑高温区和水面、植被低温区的分布特征与图 7.23(a)更为一致[图 7.23(c)]。

表 7.10 的统计数据表明，在地表温度最大值、最小值、平均值、标准方差 4 个统计指标上，直接降尺度与 Landsat-8 参考地表温度的差异较大，而逐级降尺度与 Landsat 8 参考地表温度更为接近，最大值、平均值和标准方差分别为 50.76℃、36.78℃和 3.73℃，仅与 Landsat 8 参考地表温度的相应统计指标相差约 0.3℃。图 7.23 和表 7.10 的总体分析结果表明，逐级降尺度方法能够获得比直接降尺度方法更高的精度，这是由于每次中间降尺度过程都会为降尺度模型增加更多、更精细的地表信息。

为了研究城市空间形态参数对降尺度结果的影响，分别以南京市鼓楼区、秦淮区、建邺区和玄武区 4 个行政区为子区域，并以 Landsat 8 地表温度数据作为参考，增加表 7.9 所列的 5 个参数作为影响因子，对比分析了地表降尺度结果，如图 7.24 所示。

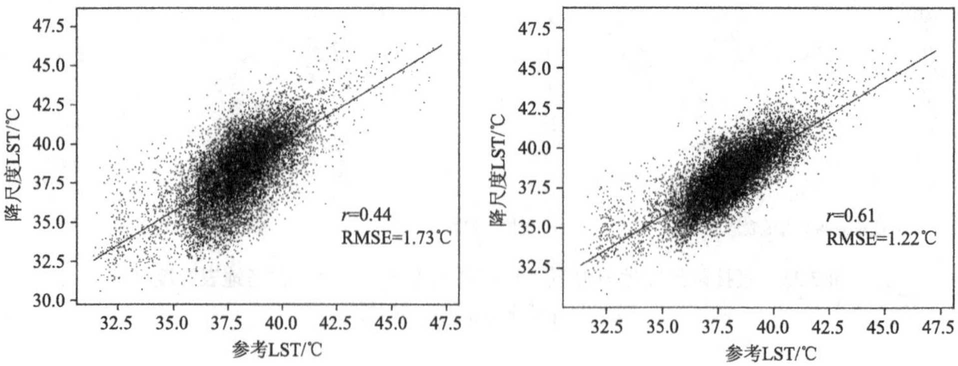

(a) 鼓楼区(右图为增加了城市空间形态参数的降尺度结果)

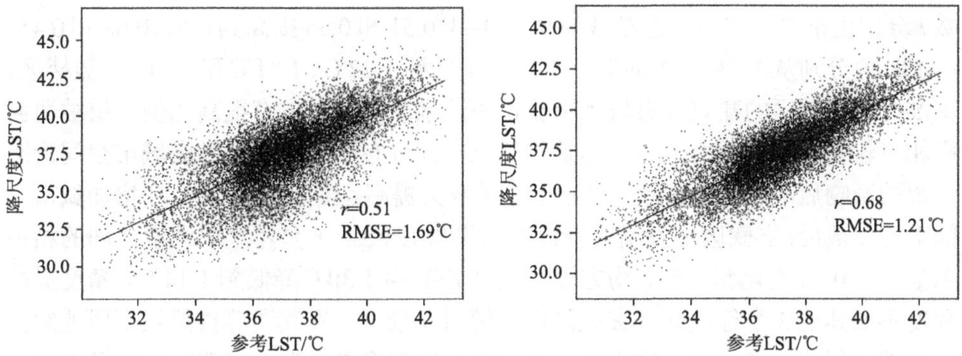

(b) 秦淮区(右图为增加了城市空间形态参数的降尺度结果)

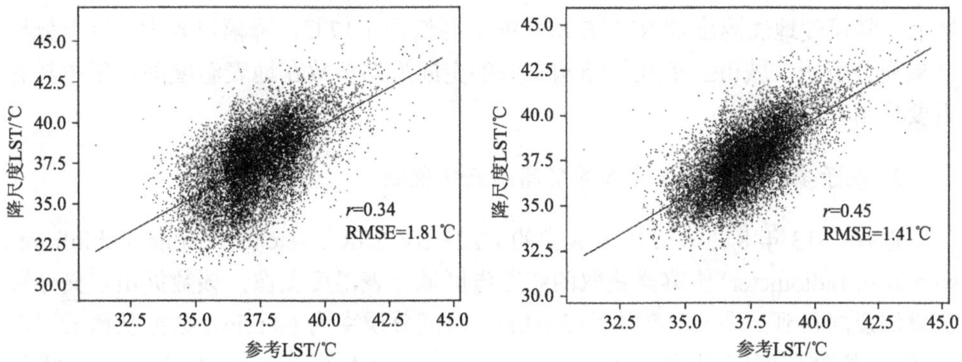

(c) 建邺区(右图为增加了城市空间形态参数的降尺度结果)

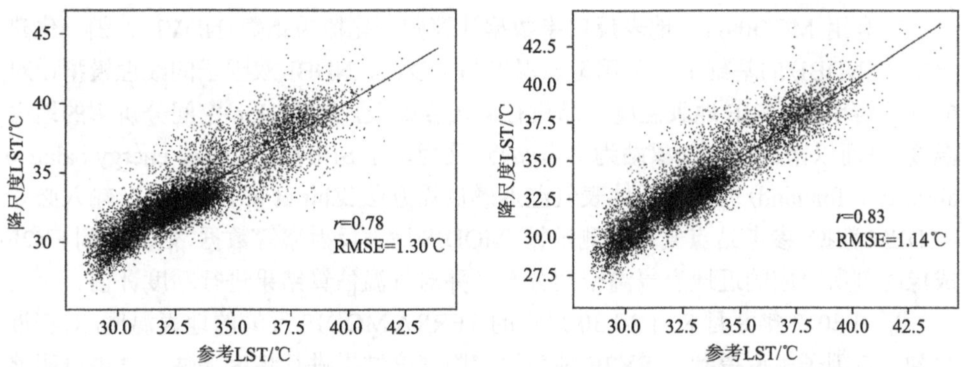

(d) 玄武区(右图为增加了城市空间形态参数的降尺度结果)

图 7.24　增加城市空间形态参数前后的地表温度降尺度结果对比

空间分辨率为 30 m

根据图 7.24(a)～7.24(c)，在逐级降尺度模型中考虑城市空间形态参数后，鼓楼区、秦淮区、建邺区域的降尺度结果与 Landsat 8 参考地表温度之间的相关系

数 r 分别由未考虑空间形态参数模型的0.44、0.51和0.34提高到0.61、0.68和0.45，RMSE值分别从1.73℃、1.69℃和1.81℃降低到1.22℃、1.21℃和1.41℃。鼓楼区、秦淮区、建邺区的建筑分布较为密集，不透水表面分布占有很高比例，植被覆盖率相对较低，地表温度分布与建筑物三维空间分布密切相关，考虑城市空间形态参数的影响后，地表温度降尺度精度有了较大提高。图7.24(d)中，在增加城市空间形态参数后，玄武区地表温度降尺度结果与Landsat 8参考地表温度之间的相关系数 r 从0.78变化到0.83，均方根误差RMSE由1.30℃降低到1.14℃，精度提高程度不如其他3个行政区。玄武区内，钟山风景区、玄武湖等自然景观用地约占总区域面积的一半，建筑物空间分布有关的空间形态参数对玄武区地表温度影响相对较弱。如果只针对玄武区不透水区域进行地表温度降尺度，增加空间形态参数后，降尺度地表温度的RMSE从1.96℃降低到1.17℃，降幅也较大。以上分析结果充分表明，城市三维几何结构有关的空间形态参数在地表温度降尺度中具有重要作用。

2. 基于多源遥感数据的江苏省高温天气监测

选择2013年8月8日白天成像的FY2F SVISSR(stretched visible and infrared spin scan radiometer)传感器获取的江苏省区域地表温度图像，该数据由广义分裂窗算法反演得到，空间分辨率为5.0 km，时间分辨率为60 min，数据从风云卫星遥感数据服务网下载(http://data.nsmc.org.cn/portalsite/default.aspx)。对下载的FY2F地表温度进行几何校正等预处理。

在利用MOD09GA地表反射率数据计算归一化植被指数(NDVI)、归一化建筑指数(NDBI)的基础上，采用地表温度与NDVI、NDBI双因子的线性模型，对5km分辨率的FY2F地表温度产品进行降尺度处理，生成1km空间分辨率的地表温度。进而以南京江宁气象站为参考站点，采用基于SEBAL(surface energy balance algorithm for land)理论的近地表气温遥感估算方法(Zhu et al.，2017)，输入必要的DEM数据、参考站点气象观测数据、MODIS地表反射率等数据，估算得到FY2F成像时刻所对应的近地表气温空间分布，并对气温估算结果进行精度评估。

采用2013年8月8日10:30采集的TERRA MODIS反演的地表温度，对相近时刻的双因子模型得到的FY2F地表温度降尺度结果进行精度评估，结果表明整个区域的降尺度均方根误差为1.3℃，其中林地、草地、城镇建设用地、水域的地表温度降尺度均方根误差分别为1.1℃、1.2℃、2.4℃和1.0℃。站点观测气温对遥感估算气温的检验结果表明，两者之间的决定系数 R^2 为0.7574，MAE和RMSE分别为1.6℃和1.8℃；针对气象站点位置遥感估算气温而言，45.09%的站点误差在1.0℃以内，35.53%的站点误差为1.0～2.0℃，12.90%的站点误差为2.0～3.0℃，仅有6.48%的站点误差大于3.0℃。

在多时相 FY2F 地表温度降尺度与气温遥感估算的基础上，Zhu 等(2018)研究了江苏省 2013 年 8 月 8 日 7:30～18:30，逐小时的气温时空分布变化。结果表明 7:30～14:30，高温覆盖区域逐渐增加，从城市中心区域开始不断扩散，并形成高温连续区域，这主要是由于城市中心区域有大量人口分布，建成区和不透水表面的面积快速增加，从而使得城市热岛效应、地表温度和近地表气温明显高于郊区。15:30～18:30，每个位置的气温都随着时间的推移而逐渐降低，并且高温炎热天气所覆盖的区域逐渐变得离散并减少。而空间分布上，总体表现出了气温从北向南逐渐升高、在黄海附近的东部地区气温略低的特点。此外，统计不同土地覆盖类型上方平均气温随时间的变化曲线，可以发现水体上方区域的气温始终为最低值，这是由于水的比热容在不同土地覆盖类型中最大，其日气温变化最小；而城市地区上方的气温明显高于其他陆地表面，草地、林地上方气温次之。

参考刘勇洪和权维俊(2014)的研究，定义高温比例指数(high temperature proportion index，HTPI)，定量比较不同城市的高温情况。HTPI 是一个综合指标，它综合了高温强度及其面积大小的综合影响，HTPI 值越大，高温热浪现象就越严重。

$$\mathrm{HTPI}=\frac{1}{100m}\sum_{i=1}^{n}w_i p_i \tag{7.128}$$

式中，m 为近地表气温等级数，本节中从低到高划分为 4 级，分别对应于近地表气温小于 35℃、35～37℃、37～40℃和大于 40℃；n 为高温等级数，设定为 3，包括气温为 35～37℃、37～40℃和大于 40℃，共 3 种情况；w_i 为每个像元位置的高温等级，根据像元位置估算气温的大小，分别取值为 1、2 和 3；p_i 为每个城市第 i 个高温等级所占面积比例。

根据遥感估算的气温空间分布结果，利用式(7.128)计算得到江苏省 13 个地级市的高温比例指数(HTPI)，结果如图 7.25 所示。

从图 7.25 可以看出，常州、镇江、无锡、南京和苏州的高温比例指数较高，HTPI 值达到或超过了 0.6，这些区域的许多位置在很多时刻的气温都超过了 37℃，部分时刻超过了 38℃；位于江苏中部的扬州、泰州和南通的高温比例指数(HTPI)为 0.5～0.6，这些区域在很多时刻的气温超过了 35℃；江苏北部的一些城市，包括徐州、连云港、宿迁、淮安和盐城，除了中心城区外，其他区域的气温相对要低得多，高温比例指数(HTPI)最高不超过 0.51。需要说明的是，在计算高温比例指数时，考虑了每个地级市的整体面积，与苏中、苏南区域相比，苏北区域的中心城区面积与气温都相对较低，因此 HTPI 值相对更小。

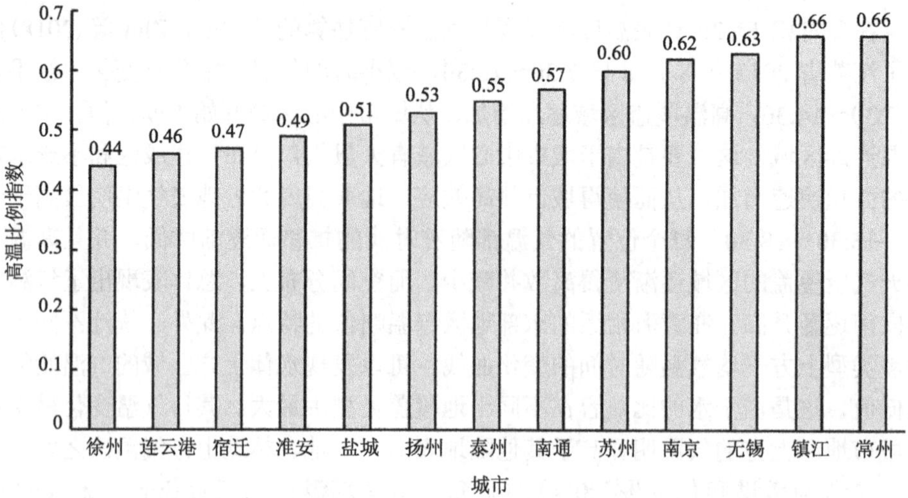

图 7.25　2013 年 8 月 8 日江苏省 13 个地级市的高温比例指数(HTPI)

参考文献

陈爱莲, 孙然好, 陈利顶. 2012. 基于景观格局的城市热岛研究进展[J]. 生态学报, 32(14): 4553-4565.

陈洁, 郑伟, 刘诚. 2017. Himawari-8 静止气象卫星草原火监测分析[J]. 自然灾害学报, 26(4): 197-204.

陈良富, 范闻捷, 柳钦火. 2001. 地表热辐射方向性研究进展[J]. 地理科学进展, 20(3): 262-267.

陈云浩, 周纪, 宫阿都, 等. 2014. 城市空间热环境遥感: 空间形态与热辐射方向性模拟[M]. 北京: 科学出版社.

程昌玉, 梁海河, 王柏林. 2010. 红外与铂电阻地表温度测量值分析对比[J]. 气象科技, 38(4): 450-455.

邓睿, 刘亮, 徐二丽. 2017. 基于 Landsat 时间序列数据的重庆市热力景观格局演变分析[J]. 生态环境学报, 26(8): 1349-1357.

段四波, 高彩霞, 李召良, 等. 2020. 静止卫星热红外数据地表温度遥感反演研究[M]. 北京: 科学出版社.

范闻捷, 徐希孺. 2005. 陆面组分温度的综合反演研究[J]. 中国科学-D 辑, 35(10): 989-996.

傅伯杰, 陈利顶, 马克明, 等. 2011. 景观生态学原理及应用. 2 版[M]. 北京: 科学出版社.

顾行发, 田国良, 余涛, 等. 2013. 航天光学遥感器辐射定标原理与方法[M]. 北京: 科学出版社.

黄静, 张运, 汪明秀, 等. 2020. 近 17 年新疆干旱时空分布特征及影响因素[J]. 生态学报, 40(3): 1077-1088.

黄群芳. 2021. 城市空间形态对城市热岛效应的多尺度影响研究进展[J]. 地理科学, 41(10): 1832-1842.

黄诗峰, 辛景峰, 杨永民, 等. 2016. 旱情遥感监测理论方法与实践[M]. 北京: 中国水利水电出版社.

黄友昕, 刘修国, 沈永林, 等. 2015. 农业干旱遥感监测指标及其适应性评价方法研究进展[J]. 农业工程学报, 31(16): 186-195.

李爱农, 等. 2016. 山地遥感[M]. 北京: 科学出版社.

李小文, 王锦地, Strahler A H. 2000. 尺度效应及几何光学模型用于尺度纠正[J]. 中国科学-E 辑, 30(C1): 12-17.

李小文, 刘素红. 2008. 遥感原理与应用[M]. 北京: 科学出版社.

李召良, 段四波, 唐伯惠, 等. 2016. 热红外地表温度遥感反演方法研究进展[J]. 遥感学报, 20(5): 899-920.

刘诚, 李亚军, 赵长海, 等. 2004. 气象卫星亚像元火点面积和亮温估算方法[J]. 应用气象学报,

15(3): 273-280.

刘向阳, 唐伯惠, 李召良. 2021. 耦合双时相与邻近像元信息的极轨卫星地表组分温度反演[J]. 遥感学报, 25(8): 1700-1709.

刘勇洪, 权维俊. 2014. 北京城市高温遥感指标初探与时空格局分析[J]. 气候与环境研究, 19(3): 332-342.

刘勇洪, 徐永明, 马京津, 等. 2014. 北京城市热岛的定量监测及规划模拟研究[J]. 生态环境学报, 23(7): 1156-1163.

刘振华, 赵英时. 2012. 基于遗传算法的不同光照条件下植被和土壤组分温度反演[J]. 农业工程学报, 28(1): 161-167.

乔治, 黄宁钰, 徐新良, 等. 2019. 2003—2017 年北京市地表热力景观时空分异特征及演变规律[J]. 地理学报, 74(3): 475-489.

覃志豪, Karnieli A. 2001. 用 NOAA-AVHRR 热通道数据演算地表温度的劈窗算法[J]. 国土资源遥感, (2): 33-43.

覃志豪, Li W J, Zhang M H, 等. 2003. 单窗算法的大气参数估计方法[J]. 国土资源遥感, (2): 37-43.

宋贵才, 全薇, 宦克为, 等. 2018. 红外物理学[M]. 北京: 清华大学出版社.

孙珂, 陈圣波. 2012. 基于遗传算法综合 Terra/Aqua MODIS 热红外数据反演地表组分温度[J]. 红外与毫米波学报, 31(5): 462-468.

孙铁钢, 肖荣波, 蔡云楠. 2016. 城市热环境定量评价技术研究进展及发展趋势[J]. 应用生态学报, 27(8): 2717-2728.

唐伯惠, 李召良, 吴骅, 等. 2014. 热红外地表发射率遥感反演研究[M]. 北京: 科学出版社.

田国良, 柳钦火, 陈良富, 等. 2014. 热红外遥感. 2 版[M]. 北京: 电子工业出版社.

王奋勤, 范闻捷, 秦其明, 等. 2004. 矩阵表达与对象统计特性相结合的组分温度反演方法[J]. 遥感学报, 8(2): 102-106.

王珲, 盘毅, 李华, 等. 2009. 基于快速傅立叶红外光谱仪的自然地物光谱发射率测量[J]. 红外技术, 31(4): 210-214.

王业宁, 孙然好, 陈利顶. 2016. 人为热计算方法的研究综述[J]. 应用生态学报, 27(6): 2024-2030.

吴骅, 李秀娟, 李召良, 等. 2021. 高光谱热红外遥感: 现状与展望[J]. 遥感学报, 25(8): 1567-1590.

徐希孺, 陈良富, 庄家礼. 2001. 基于多角度热红外遥感的混合像元组分温度演化反演方法[J]. 中国科学(D 辑), 31(1): 81-88.

徐希孺, 庄家礼, 陈良富. 2000. 热红外多角度遥感和反演混合像元组分温度[J]. 北京大学学报(自然科学版), 36(4): 555-560.

徐永明, 赵巧华, 巴雅尔, 等. 2012. 基于MODIS数据的博斯腾湖流域地表蒸散时空变化[J]. 地理科学, 32(11): 1351-1357.

姚远, 陈曦, 钱静. 2018. 城市地表热环境研究进展[J]. 生态学报, 38(3): 1134-1147.

叶彩华, 刘勇洪, 刘伟东, 等. 2011. 城市地表热环境遥感监测指标研究及应用[J]. 气象科技,

39(1): 95-101.

殷针针, 陈方, 林政阳, 等. 2020. 基于 FY-3D MERSI 数据的火点识别方法研究[J]. 遥感技术与应用, 35(5): 1099-1108.

张佳华, 等. 2010. 城市热环境遥感[M]. 北京: 气象出版社.

张仁华. 2009. 定量热红外遥感模型及地面实验基础[M]. 北京: 科学出版社.

张舒婷, 段四波, 幸泽峰, 等. 2019. 地表组分温度遥感反演算法研究进展[J]. 中国农业信息, 31(1): 11-23.

张勇, 顾行发, 余涛, 等. 2006. 中巴地球资源卫星热红外通道的交叉辐射定标[J]. 红外与毫米波学报, 25(4): 261-266.

赵英时, 等. 2013. 遥感应用分析原理与方法. 2 版[M]. 北京: 科学出版社.

周磊, 武建军, 张洁. 2015. 以遥感为基础的干旱监测方法研究进展[J]. 地理科学, 35(5): 630-636.

周廷刚, 何勇, 杨华, 等. 2015. 遥感原理与应用[M]. 北京: 科学出版社.

朱金顺, 任华忠, 叶昕, 等. 2021. 热红外遥感地表温度与发射率地面验证进展[J]. 遥感学报, 25(8): 1538-1566.

祝善友, 张桂欣, 刘莹. 2012. 苏州下垫面格局演变及其局地热环境效应[J]. 地理科学, 32(7): 859-865.

庄家礼, 陈良富, 徐希孺. 2001. 用遗传算法反演连续植被的组分温度[J]. 遥感学报, 5(1): 1-7.

宗雪梅, 邱金桓, 王普才. 2005. 近10年中国16个台站大气气溶胶光学厚度的变化特征分析[J]. 气候与环境研究, 10(2): 201-208.

Agam N, Kustas W P, Anderson M C, et al. 2007. A vegetation index based technique for spatial sharpening of thermal imagery[J]. Remote Sensing of Environment, 107(4): 545-558.

Baldridge A M, Hook S J, Grove C I, et al. 2009. The ASTER spectral library version 2.0 [J]. Remote Sensing of Environment, 113(4): 711-715.

Barducci A, Pippi I. 1996. Temperature and emissivity retrieval from remotely sensed images using the "grey body emissivity" method[J]. IEEE Transactions on Geoscience and Remote Sensing, 34: 681-695.

Bastiaanssen W G M, Menenti M, Feddes R A, et al. 1998. A remote sensing surface energy balance algorithm for land (SEBAL). 1. Formulation[J]. Journal of Hydrology, 212: 198-212.

Becker F. 1987. The impact of spectral emissivity on the measurement of land surface temperature from a satellite[J]. International Journal of Remote Sensing, 8(10): 1509-1522.

Becker F, Li Z L. 1990a. Temperature-independent spectral indices in thermal infrared bands[J]. Remote Sensing of Environment, 32(1), 17-33.

Becker F, Li Z L. 1990b. Towards a local split window method over land surfaces[J]. International Journal of Remote Sensing, 11(3): 369-393.

Borel C C. 1998. Surface emissivity and temperature retrieval for a hyperspectral sensor[C]. Proceedings of IEEE International Symposium on Geoscience and Remote Sensing (IGARSS). Seattle, WA: IEEE: 546-549.

Borel C C. 2008. Error analysis for a temperature and emissivity retrieval algorithm for hyperspectral imaging data[J]. International Journal of Remote Sensing, 29 (17/18): 5029-5045.

Breiman L. 2001. Random forests[J]. Machine Learning, 45 (1): 5-32.

Buettner K J K, Kern C D. 1965. The determination of infrared emissivities of terrestrial surfaces[J]. Journal of Geophysical Research Atmospheres, 70 (6): 1329-1337.

Camuffo D, Bernardi A. 1982. An observational study of heat fluxes and their relationships with net radiation[J]. Boundary-Layer Meteorology, 23 (3): 359-368.

Chen L F, Li Z L, Liu Q H, et al. 2004. Definition of component effective emissivity for heterogeneous and non-isothermal surfaces and its approximate calculation[J]. International Journal of Remote Sensing, 25: 231-244.

Chen S S, Ren H Z, Ye X, et al. 2021. Geometry and adjacency effects in urban land surface temperature retrieval from high-spatial-resolution thermal infrared images[J]. Remote Sensing of Environment, 262: 112518.

Coll C, Caselles V, Sobrino J A, et al. 1994. On the atmospheric dependence of the split-window equation for land surface temperature[J]. International Journal of Remote Sensing, 15 (1): 105-122.

Combs A C, Weickmann H K, Mader C, et al. 1965. Application of infrared radiometers to meteorology[J]. Journal of Applied Meteorology and Climatology, 4 (2): 253-262.

Cristóbal J, Jimenez-Munoz J C, Prakash A, et al. 2018. An improved single-channel method to retrieve land surface temperature from the Landsat-8 thermal band[J]. Remote Sensing, 10 (3): 1-14.

Cuenca J, Sobrino J A. 2004. Experimental measurements for studying angular and spectral variation of thermal infrared emissivity[J]. Applied Optics, 43: 4598-4602.

Dash P, Göttsche F M, Olesen F S, et al. 2005. Separating surface emissivity and temperature using two-channel spectral indices and emissivity composites and comparison with a vegetation fraction method[J]. Remote Sensing of Environment, 96 (1): 1-17.

Deilami K, Kamruzzaman M, Liu Y. 2018. Urban heat island effect: A systematic review of spatio-temporal factors, data, methods, and mitigation measures[J]. International Journal of Applied Earth Observation and Geoinformation, 67: 30-42.

Duan S B, Li Z L, Cheng J, et al. 2017. Cross-satellite comparison of operational land surface temperature products derived from MODIS and ASTER data over bare soil surfaces[J]. ISPRS Journal of Photogrammetry and Remote Sensing, 126: 1-10.

Ermida S L, DaCamara C C, Trigo I F, et al. 2017. Modelling directional effects on remotely sensed land surface temperature[J]. Remote Sensing of Environment, 190: 56-69.

França G B, Cracknell A P. 1994. Retrieval of land and sea surface temperature using NOAA - 11 AVHRR data in northeastern Brazil[J]. International Journal of Remote Sensing, 15: 1695-1712.

Giglio L, Schroeder W, Justice C O. 2016. The collection 6 MODIS active fire detection algorithm and fire products[J]. Remote Sensing of Environment, 178: 31-41.

Gillespie A R. 1985. Lithologic mapping of silicate rocks using TIMS[C]//Proceedings of the Thermal Infrared Multispectral Scanner Data User's Workshop. Pasadena: Jet Propulsion Laboratory, California Institute of Technology: 29-44.

Gillespie A, Rokugawa S, Hook S, et al. 1999. Temperature/Emissivity Separation Algorithm Theoretical Basis Document, Version 2.4 [M]. Washington. D. C.: NASA.

Gillespie A, Rokugawa S, Matsunaga T, et al. 1998. A temperature and emissivity separation algorithm for advanced spaceborne thermal emission and refletion radiometer (ASTER) images[J]. IEEE Transactions on Geoscience and Remote Sensing, 36(4): 1113-1126.

Göttsche F M, Olesen F S, Bork-Unkelbach A. 2013. Validation of land surface temperature derived from MSG/SEVIRI with in situ measurements at Gobabeb, Namibia[J]. International Journal of Remote Sensing, 34(9/10): 3069-3083.

Hatfield J L, Perrier A, Jackson R D. 1983. Estimation of evapotranspiration at one time-of-day using remotely sensed surface temperatures[J]. Agricultural Water Management, 7(1-3): 341-350.

Hurtado E, Vidal A, Caselles V. 1996. Comparison of two atmospheric correction methods for Landsat TM thermal band[J]. International Journal of Remote Sensing, 17(2): 237-247.

Jiménez-Muñoz J C, Cristobal J, Sobrino J A, et al. 2009. Revision of the single-channel algorithm for land surface temperature retrieval from Landsat thermal-infrared data[J]. IEEE Transactions on Geoscience and Remote Sensing, 47(1): 339-349.

Jiménez-Muñoz J C, Sobrino J A. 2003. A generalized single-channel method for retrieving land surface temperature from remote sensing data[J]. Journal of Geophysical Research-Atmospheres, 108(D22): 4688.

Jiménez-Muñoz J C, Sobrino J A, Gillespie A, et al. 2006. Improved land surface emissivities over agricultural areas using ASTER NDVI[J]. Remote Sensing of Environment, 103(4): 474-487.

Jiménez-Muñoz J C, Sobrino J A, Skokovic D, et al. 2014. Land surface temperature retrieval methods from Landsat-8 thermal infrared sensor data[J]. IEEE Geoscience and Remote Sensing Letters, 11(10): 1840-1843.

Kahle A B, Rowan L C. 1980. Evaluation of multispectral middle infrared aircraft images from lithologic mapping in the east Tintic Mountains. Utah[J]. Geology, 8: 234-239.

Kealy P S, Gabell A R. 1990. Estimation of emissivity and temperature using alpha coefficients[C]. Proceedings of 2nd TIMS Workshop, JPL Publication: (90-55): 11-15.

Kopp G, Lean J L. 2011. A new, lower value of total solar irradiance: Evidence and climate significance[J]. Geophysical Research Letters, 381: L01706.

Korb A R, Salisbury J W, Daria D M. 1999. Thermal-infrared remote sensing and Kirchhoff's law: 2. Field measurements[J]. Journal of Geophysical Research, 104(B7): 15339-15350.

Kustas W P, Norman J M, Anderson M C, et al. 2003. Estimating subpixel surface temperatures and energy fluxes from the vegetation index-radiometric temperature relationship[J]. Remote Sensing of Environment, 85(4): 429-440.

Labed J, Stoll M P. 1991. Angular variation of land surface spectral emissivity in the thermal infrared:

Laboratory investigations on bare soils[J]. International Journal of Remote Sensing, 12(11): 2299-2310.

Li X W, Wang J D, Strahler A H. 1999. Scale effect of Planck's law over nonisothermal blackbody surface[J]. Science in China Series E: Technological Sciences, 42(6): 652-656.

Li X Y, Zhang G X, Zhu S Y, et al. 2022. Step-by-step downscaling of land surface temperature considering urban spatial morphological parameters[J]. Remote Sensing, 14: 3038.

Li Z L, Becker F, Stoll M P, et al. 1999. Evaluation of six methods for extracting relative emissivity spectra from thermal infrared images[J]. Remote Sensing of Environment, 69(3): 197-214.

Li Z L, Petitcolin F, Zhang R H. 2000. A physically based algorithm for land surface emissivity retrieval from combined mid-infrared and thermal infrared data[J]. Science in China Series E: Technological Sciences, 43: 23-33.

Li Z L, Tang B H, Wu H, et al. 2013. Satellite-derived land surface temperature: Current status and perspectives[J]. Remote Sensing of Environment, 131: 14-37.

Liu X G, Tang B H, Li Z L, et al. 2020. An improved method for separating soil and vegetation component temperatures based on diurnal temperature cycle model and spatial correlation[J]. Remote Sensing of Environment, 248: 111976.

Luz B R D, Crowley J K. 2007. Spectral reflectance and emissivity features of broad leaf plants: Prospects for remote sensing in the thermal infrared (8 0-14. 0μm) [J]. Remote Sensing of Environment, 109: 393-405.

Lyon R J P. 1965. Analysis of rocks by spectral infrared emission (8 to 25 microns) [J]. Economic Geology, 60(4): 715-736.

Matsunaga T. 1994. A temperature-emissivity separation method using an empirical relationship between the mean, the maximum, and the minimum of the thermal infrared emissivity spectrum[J]. Journal of the Remote Sensing Society of Japan, 14(2): 230-241.

McClain E P, Pichel W G, Walton C C, et al. 1983. Multi-channel improvements to satellite-derived global sea surface temperatures[J]. Advances in Space Research, 2(6): 43-47.

McMillin L M. 1975. Estimation of sea surface temperatures from two infrared window measurements with different absorption[J]. Journal of Geophysical Research, 80(36): 5113-5117.

Mira M, Schmugge T J, Valor E, et al. 2009. Comparison of thermal infrared emissivities retrieved with the two-lid box and the TES methods with laboratory spectra[J]. IEEE Transactions on Geoscience and Remote Sensing, 47(4): 1012-1021.

Momeni M, Saradjian M R. 2007. Evaluating NDVI-based emissivities of MODIS bands 31 and 32 using emissivities derived by Day/Night LST algorithm[J]. Remote Sensing of Environment, 106(2): 190-198.

Olioso A. 1995. Simulating the relationship between thermal infrared emissivity and the normalized difference vegetation index[J]. International Journal of Remote Sensing, 16(16): 3211-3216.

Price J C. 1984. Land surface temperature measurements from the split window channels of the

NOAA 7 advanced very high resolution radiometer[J]. Journal of Geophysical Research-Atmospheres, 89(D5): 7231-7237.

Qin Z H, Dall'Olmo G, Karnieli A. 2001a. Derivation of split window algorithm and its sensitivity analysis for retrieving land surface temperature from NOAA-advanced very high resolution radiometer data[J]. Journal of Geophysical Research: Atmospheres, 106(D19): 22655-22670.

Qin Z, Karnieli A, Berliner P. 2001b. A mono-window algorithm for retrieving land surface temperature from Landsat TM data and its application to the Israel-Egypt border region[J]. International Journal of Remote Sensing, 22(18): 3719-3746.

Rao P K. 1972. Remote sensing of urban heat islands from an environmental satellite[J]. Bulletin of the American Meteorological Society, 53: 647-648.

Roerink G J, Su Z, Menenti M. 2000. S-SEBI: A simple remote sensing algorithm to estimate the surface energy balance[J]. Physics and Chemistry of the Earth, Part B: Hydrology, Oceans and Atmosphere, 25(2): 147-157.

Rubio E, Caselles V, Badenas C. 1997. Emissivity measurements of several soils and vegetation types in the 8-14 μm waveband: Analysis of two field methods[J]. Remote Sensing of Environment, 59(3): 490-521.

Rubio E, Caselles V, Coll C, et al. 2003. Thermal infrared emissivities of natural surfaces: Improvements on the experimental set-up and new measurements[J]. International Journal of Remote Sensing, 24(24): 5379-5390.

Salisbury J W, Wald D, D'aria D M. 1994. Thermal-infrared remote sensing and Kirchhoff's law 1. Laboratory measurements[J]. Journal of Geophysical Research, 99(B6): 11897-11911.

Sandholt I, Rasmussen K, Andersen J. 2002. A simple interpretation of the surface temperature/vegetation index space for assessment of surface moisture status[J]. Remote Sensing of Environment, 79: 213-224.

Schroeder W, Oliva P, Giglio L, et al. 2016. Active fire detection using Landsat-8/OLI data[J]. Remote Sensing of Environment, 185: 210-220.

Shi Y L. 2011. Thermal infrared inverse model for component temperatures of mixed pixels[J]. International Journal of Remote Sensing, 32(8): 2297-2309.

Snyder W C, Wan Z M. 1998. BRDF models to predict spectral reflectance and emissivity in the thermal infrared[J]. IEEE Transactions on Geoscience and Remote Sensing, 36(1): 214-225.

Snyder W C, Wan Z, Zhang Y, et al. 1998. Classification-based emissivity for land surface temperature measurement from space[J]. International Journal of Remote Sensing, 19(14): 2753-2774.

Sobrino J A, Coll C, Caselles V. 1991. Atmospheric correction for land surface temperature using NOAA-11 AVHRR channels 4 and 5[J]. Remote Sensing of Environment, 38: 19-34.

Sobrino J A, Cuenca J. 1999. Angular variation of thermal infrared emissivity for some natural surfaces from experimental measurements[J]. Applied Optics, 38: 3931-3936.

Sobrino J A, Jiménez-Muñoz J C. 2005. Land surface temperature retrieval from thermal infrared data: An assessment in the context of the Surface Processes and Ecosystem Changes Through Response Analysis (SPECTRA) mission[J]. Journal of Geophysical Research-Atmospheres, 110(D16): D16103.

Sobrino J A, Jimenez-Munoz J C, Soria G, et al. 2008. Land surface emissivity retrieval from different VNIR and TIR sensors[J]. IEEE Transactions on Geoscience and Remote Sensing, 46(2): 316-327.

Sobrino J A, Li Z L, Stoll M P, et al. 1994. Improvements in the split-window technique for land surface temperature determination[J]. IEEE Transactions on Geoscience and Remote Sensing, 32(2): 243-253.

Sobrino J A, Li Z L, Stoll M P, et al. 1996. Multi-channel and multi-angle algorithms for estimating sea and land surface temperature with ATSR data[J]. International Journal of Remote Sensing, 17(11): 2089-2114.

Sobrino J A, Raissouni N. 2000. Toward remote sensing methods for land cover dynamic monitoring: application to Morocco[J]. International Journal of Remote Sensing, 21(2): 353-366.

Sobrino J A, Raissouni N, Li Z L. 2001. A comparative study of land surface emissivity retrieval from NOAA data[J]. Remote Sensing of Environment, 75(2): 256-266.

Sobrino J A, Sòria G, Prata A J. 2004. Surface temperature retrieval from Along Track Scanning Radiometer 2 data: Algorithms and validation[J]. Journal of Geophysical Research-Atmospheres, 109(D11): D11101.

Stephens G L, Li J, Wild M, et al. 2012. An update on Earth's energy balance in light of the latest global observations[J]. Nature Geoscience, 5: 691-696.

Stoll M. 1993. Restitution de la Temperature de Surface Par Teletedection Aeroportee Dans le Cadre de Hapex-Mobilhy[D]. Toulouse: Paul Sabastier University.

Su Z, Li X, Zhou Y, et al. 2003. Estimating areal evaporation from remote sensing[J]. IEEE International Geoscience & Remote Sensing Symposium: 1166-1168.

Sun D L, Pinker R T. 2003. Estimation of land surface temperature from a Geostationary Operational Environmental Satellite (GOES-8) [J]. Journal of Geophysical Research-Atmospheres, 108(D11): 4326.

Sun D L, Pinker R T. 2007. Retrieval of surface temperature from the MSG-SEVIRI observations: part I. Methodology[J]. International Journal of Remote Sensing, 28(23): 5255-5272.

Tang H J, Li Z L. 2014. Quantitative Remote Sensing in Thermal Infrared[M]. Heidelberg: Springer.

Valor E, Caselles V. 1996. Mapping land surface emissivity from NDVI: Application to European, African, and South American areas[J]. Remote Sensing of Environment, 57(3): 167-184.

Van de Griend A A, Owe M. 1993. On the relationship between thermal emissivity and the normalized difference vegetation index for natural surfaces[J]. International Journal of Remote Sensing, 14: 1119-1131.

Vinnikov K Y, Yu Y, Goldberg M D, et al. 2012. Angular anisotropy of satellite observations of land surface temperature[J]. Geophysical Research Letters, 39(23): L23802.

Voogt J A, Oke T R. 2003. Thermal remote sensing of urban climates[J]. Remote Sensing of Environment, 86: 370-384.

Wan Z M. 2014. New refinements and validation of the collection-6 MODIS land-surface temperature/emissivity product[J]. Remote Sensing of Environment, 140: 36-45.

Wan Z M, Dozier J. 1996. A generalized split-window algorithm for retrieving land-surface temperature from space[J]. IEEE Transactions on Geoscience and Remote Sensing, 34(4): 892-905.

Wan Z M, Li Z L. 1997. A physics-based algorithm for retrieving land-surface emissivity and temperature from EOS/MODIS data[J]. IEEE Transactions on Geoscience and Remote Sensing, 35(4): 980-996.

Wang F, Qin Z H, Song C Y, et al. 2015. An improved mono-window algorithm for land surface temperature retrieval from Landsat 8 thermal infrared sensor data[J]. Remote Sensing, 7(4): 4268-4289.

Wang N, Wu H, Nerry F, et al. 2011. Temperature and emissivity retrievals from hyperspectral thermal infrared data using linear spectral emissivity constraint[J]. IEEE Transactions on Geoscience and Remote Sensing, 49(4): 1291-1303.

Watson K. 1992a. Two-temperature method for measuring emissivity[J]. Remote Sensing of Environment, 42: 117-121.

Watson K. 1992b. Spectral ratio method for measuring emissivity[J]. Remote Sensing of Environment, 42(2): 113-116.

Xu Y M, Liu Y H. 2015. Monitoring the near-surface urban heat island in Beijing, China by satellite remote sensing[J]. Geographical Research, 53(1): 16-25.

Zhu S Y, Liu Y, Hua J W, et al. 2018. Monitoring spatio-temporal variance of an extreme heat event using multiple-source remote sensing data[J]. Chinese Geographical Science, 28(5): 744-757.

Zhu S Y, Zhou C X, Zhang G X, et al. 2017. Preliminary verification of instantaneous air temperature estimation for clear sky conditions based on SEBAL[J]. Meteorology and Atmospheric Physics, 129: 71-81.

Zhou J, Liang S L, Cheng J, et al. 2019. The GLASS land surface temperature product[J]. IEEE Journal of Selected Topics in Applied Earth Observations and Remote Sensing, 12(2): 493-507.

